AF292186

Praxis der Erhaltung von Bauten

Herausgegeben
von der Österreichischen Gesellschaft
zur Erhaltung von Bauten

Andreas Kolbitsch

Altbaukonstruktionen

Charakteristika
Rechenwerte
Sanierungsansätze

Springer-Verlag Wien New York

Dr. techn. Andreas Kolbitsch
ÖGEB, Wien

Gefördert aus Mitteln des Bundesministeriums
für Wirtschaftliche Angelegenheiten – Wohnbauforschung

Mit 81 Abbildungen

CIP-Titelaufnahme der Deutschen Bibliothek

Kolbitsch, Andreas:
Altbaukonstruktionen : Charakteristika, Rechenwerte,
Sanierungsansätze / Andreas Kolbitsch. - Wien ; New York :
Springer, 1989
(Praxis der Erhaltung von Bauten)
ISBN-13: 978-3-211-82123-7   e-ISBN-13: 978-3-7091-9033-3
DOI: 10.1007/978-3-7091-9033-3

ISBN-13: 978-3-211-82123-7

Geleitwort des Herausgebers

Nachdem mit dem Übersichtsband „Unterirdische Kanalsanierung" dem Bedürfnis einer nur kleinen Gruppe von Interessenten nach objektiver Information auf dem Gebiet der Infrastruktur entsprochen wurde, leitet der vorliegende Band eine Reihe von Veröffentlichungen ein, die sich mit der Erhaltung, Verbesserung und Erneuerung von Bestandsobjekten des Hochbaues befassen.

Vorangestellt wird eine Zusammenfassung üblicher Belastungsangaben, technologischer Eigenschaften, Bauweisen, Konstruktionsmethoden, Detaillösungen und sonstiger bautechnischer Annahmen, die für Bauten der zweiten Hälfte des vergangenen Jahrhunderts kennzeichnend waren.

Versucht wird, die Planungs- und Bauphilosophie einer Epoche darzulegen, die für die Entwicklung unserer Städte zumindest so bestimmend war wie die Zeit des Wiederaufbaues nach dem Zweiten Weltkrieg, und sie in Beziehung mit einer neuen, sich langsam herauskristallisierenden Auffassung des Bauens und Erhaltens, aber auch des Bewertens unserer überkommenen Bausubstanz zu bringen.

Dieses Buch richtet sich an die große Gruppe von Personen, die sich – als Planer, Ausführende, Gutachter oder Objekterhalter – die oft hohe Qualität des Wohnens und Arbeitens in alten Häusern sowie gewachsenen innerstädtischen Bezirken erhalten bzw. für die Zukunft sichern möchten.

Der vorliegende Band soll aber auch dem besseren Verständnis der demnächst erscheinenden Folgebände dienen, die sich einerseits mit der weiterführenden Dokumentation von Bauweisen und Berechnungsverfahren, andererseits mit der Sanierung und Verstärkung von Decken und Wänden, den verschiedenen Prüfmethoden und der Analyse von Durchfeuchtungen wie den Verfahren zur Entfeuchtung befassen werden.

Wien, im Januar 1989

o. Univ.-Prof. Baurat h.c.
Dipl-Ing. Dr. Alfred Pauser
Präsident der ÖGEB

Vorwort

Die Dokumentation technischer Daten und Konstruktionsmerkmale bildet statutengemäß einen der wesentlichsten Aufgabenbereiche der ÖSTERREICHISCHEN GESELLSCHAFT ZUR ERHALTUNG VON BAUTEN (ÖGEB).

Der vorliegende zweite Band der Reihe „Praxis der Erhaltung von Bauten" beschreibt Charakteristika konstruktiver Elemente, die im Rahmen der Untersuchung von Hochbauten der Gründerzeit ermittelt wurden.

Die zur Bauzeit angewendeten Bemessungsmethoden werden heute gültigen Berechnungsansätzen gegenübergestellt. Ergänzt wird der Bericht, der sich primär an die in der Praxis tätigen Baufachleute wendet, um Angaben zur Sanierung und Verstärkung der angeführten Konstruktionen.

Der Dank der ÖGEB gilt besonders dem Springer-Verlag Wien, der durch die Herausgabe dieser Fachbuchreihe wesentlich zur praktischen Umsetzung der auf den verschiedensten Gebieten der Altbauerhaltung gewonnenen Untersuchungsergebnisse beiträgt.

Die umfangreichen Recherchen und aufwendigen Arbeiten zur Erstellung der Druckvorlage wurden aufgrund einer Förderung im Rahmen der Wohnbauforschung des Bundesministeriums für Wirtschaftliche Angelegenheiten der Republik Österreich ermöglicht.

Maßgebenden Anteil an der Entstehung des Bandes hatte der Präsident der ÖGEB, Herr o. Univ.-Prof. Dr. Alfred Pauser, da er in fachlicher und organisatorischer Hinsicht die gedankliche Basis des Buches in zahlreichen Diskussionen entscheidend mitbestimmte. Ihm sei an dieser Stelle herzlich für seine Unterstützung gedankt.

Besonderer Dank für zahlreiche Anregungen gebührt meinem Vater, Herrn Dir. i. R. Dipl.-Ing. Gerhard Kolbitsch, sowie den wissenschaftlichen Mitarbeitern des Institutes für Hochbau und Industriebau der Technischen Universität Wien für die Unterstützung und das Interesse am Zustandekommen des Buches.

Die Herausgabe des Bandes wäre jedoch ohne das Engagement von Frau Dr. Ulrike Silli, die sowohl das Lektorat als auch die Erstellung der Satzvorlagen übernahm, kaum möglich gewesen. Ihr gilt mein herzlicher Dank ebenso wie Herrn Franz Frosch für die graphische Gestaltung der Abbildungen und Tabellen.

Wien, im Januar 1989   Dr. Andreas Kolbitsch

Inhaltsverzeichnis

1. EINLEITUNG

1.1. ZIELSETZUNG - ZIELGRUPPE

Ausschlaggebend für die Abfassung dieses Bandes war der vielfach geäußerte Wunsch nach einer kurzen Übersicht über die konstruktiven Charakteristika von Hochbauten der Gründerzeit.

Der Begriff "Gründerzeit" bezeichnet jene Bauphase, in der - bedingt durch die Industrialisierung im 19. Jahrhundert - für die rasch wachsende städtische Bevölkerung Wohnraum geschaffen werden mußte. Dieser Zeitabschnitt begann etwa 1850 und endete mit dem Ersten Weltkrieg.

Die Notwendigkeit, eine große Anzahl von Wohnungen in relativ kurzer Zeit herzustellen, führte zur Entwicklung weitgehend vereinheitlichter Baukonstruktionen, die auch in überregionalem Vergleich keine gravierenden Unterschiede erkennen lassen.
Aufgrund der maschinentechnischen Entwicklungen kam es auch im Bauwesen ab der Mitte des vorigen Jahrhunderts zu einer Art von Industrialisierung; dies äußerte sich einerseits in Bautechniken (Standardisierung von Konstruktionstypen, Vorfertigung einzelner Elemente), andererseits in Reglementierungen in Form von Bauordnungen, die über Bestimmungen des Brandschutzes hinausgingen.

Als Zielgruppe des Buches sollen Baufachleute angesprochen werden, die sich mit konstruktiven und statischen Problemen der Althaussanierung beschäftigen.

Schwerpunkte

Materialkennwerte der in den Altbauten der betrachteten Bauphase verwendeten Konstruktionselemente:
Zu unterscheiden ist zwischen den Angaben aus der Bauzeit - die für den Rückschluß auf die ursprünglich angesetzten Festigkeitsannahmen von Bedeutung sind - und den Ergebnissen aktueller Untersuchungen an alten Bauteilen.

Berechnungsmodelle, die zur Bauzeit bei statischen Bemessungen herangezogen wurden:
Die Kenntnis der zur Bauzeit zugrundegelegten Berechnungsansätze kann - im Vergleich mit den gegenwärtig herangezogenen Berechnungsmodellen - Aufschluß über mögliche Tragreserven und die seinerzeitige Konstruktionswahl geben.

Bauvorschriften der Gründerzeit:
Ein kurzer Überblick über die Bauvorschriften der Gründerzeit soll die durch spezielle Vorgaben der gesetzgebenden Körperschaften bedingten Konstruktionen erklären.

Ansätze zur Untersuchung und Verstärkung von Bauteilen:
In die Kapitel, die die Konstruktionselemente betreffen, wurden kurze Abschnitte zur Überprüfung und Verstärkung von Bauteilen aufgenommen, um den Zusammenhang mit der praktischen Durchführung von Sanierungsmaßnahmen herzustellen. (Eine ausführliche Behandlung der Sanierungs- und Verstärkungsmöglichkeiten einzelner Bauelemente ist in weiteren Bänden dieser Reihe vorgesehen.)

1.2. GLIEDERUNG DES ARBEITSBERICHTES

Der vorliegende Bericht gliedert sich in einen überwiegend theoretischen Teil, der die beiden folgenden Kapitel umfaßt, und in die Auseinandersetzung mit den einzelnen Elementen der Tragstruktur von Gründerzeitbauten.

Die beiden Grundlagenkapitel befassen sich mit Fragen der Sicherheitsphilosophie und mit Kennwerten der während der betreffenden Bauphase eingesetzten Baustoffe sowie mit den zur Bauzeit gültigen Lastannahmen.

Im zweiten Abschnitt wird auf die einzelnen Gebäudeelemente eingegangen; die Auswahl der untersuchten Teilgebiete erfolgte nach der konstruktiven Bedeutung; die notwendigen Einschränkungen sind in Tab. 1.1 aufgelistet.

ELEMENT/KAPITEL	TEILGEBIETE/BEHANDELT	NICHT BEHANDELT
WÄNDE	Tragende Außenwände Tragende Mittelmauern Fundierungen Kellerwände	Trennwände Kamine Gesimse Zierelemente Fenster und Türen Verblechungen Sockelausbildungen etc.
DECKEN	Dippelbaumdecken Tramdecken Platzl - u. Kappendecken Gewölbe Verschließungen Beton- u. Eisenbetondecken	Fußböden Deckenuntersichten Zierelemente etc.
DÄCHER	Dachstuhltypen Elemente d. Dachstühle Verbindungsmittel	Dachdeckungen Dachentwässerung Zierelemente etc.
STIEGEN	Konstruktionstypen Stufenarten	Geländer Zierformen der Stufen etc.

Tab. 1.1: Einschränkung der behandelten Teilgebiete auf Konstruktionselemente

Der Bereich der Haustechnik wurde aufgrund der Beschränkung auf Konstruktionselemente ebenfalls nicht berücksichtigt. Festzuhalten bleibt, daß aufgrund der im Vergleich mit tragenden Elementen viel kürzeren Nutzungsdauer von Teilen der Installation derartige Einbauten in der ursprünglichen Ausbildung kaum mehr anzutreffen sind.

Ein eigenes Kapitel ist den bauphysikalischen Eigenschaften der Konstruktionselemente gewidmet, da auf Fragen des Wärme- und Schallschutzes, insbesondere im Zuge von Sanierungsmaßnahmen, zunehmend Wert gelegt wird.

Eine weitere Einschränkung bezieht sich auf Elemente aus Beton und Eisenbeton. Obwohl die Entwicklung dieses Baustoffes in der Gründerzeit begann, wurden Elemente aus Beton in den Wohnbauten dieser Zeit (mit Ausnahme einzelner Objekte) kaum eingesetzt. Eine ausführliche Behandlung dieses Gebietes wurde daher unterlassen und bleibt einer späteren Veröffentlichung der gleichen Reihe vorbehalten.

1.3. TECHNISCHER STANDARD IM BAUWESEN DER GRÜNDERZEIT - ALLGEMEIN

Bestimmend für den technischen Standard der Baukonstruktionen in der zweiten Hälfte des 19. Jahrhunderts waren einerseits die ersten Anwendungen baustatischer Erkenntnisse im Hochbau bzw. die daraus resultierenden Rechenverfahren, andererseits die verfahrenstechnisch bedingten Ausführungsmethoden.

1.3.1. BAUSTATISCHE ERKENNTNISSE - HOCHBAU DER GRÜNDERZEIT

Bis zur Mitte des vorigen Jahrhunderts wurden die Konstruktionen des Wohnbaues (und vieler anderer Bereiche des Hochbaues) unbeeinflußt durch die Erkenntnisse der Baustatik nach handwerklich tradierten Regeln ausgeführt. Reglementierungen durch die Bauordnungen setzten erst ab diesem Zeitraum gewisse Ausführungsbeschränkungen, die sich zudem in erster Linie auf Belange des Brandschutzes konzentrierten.

Demgegenüber hatte die Baustatik (in zeitgenössischen Veröffentlichungen noch unter dem Begriff "Baumechanik" behandelt) aufgrund der seit Ende des 18. Jahrhunderts zunehmenden Verwendung eiserner Konstruktionen bereits einen hohen Standard erreicht (Abb. 1.1 - Chronologische Aufzählung der für den Fortschritt der theoretischen Statik wichtigsten Veröffentlichungen).

Die Umsetzung der bereits im 18. Jahrhundert gewonnenen Erkenntnisse blieb allerdings lange fast ausschließlich auf den Entwurf von Transport- und Hebemechanismen beschränkt.

Baustatische Überlegungen erstreckten sich bis zur Mitte des vorigen Jahrhunderts im wesentlichen auf theoretische Aufgabenstellungen. Dies läßt sich zum Teil durch den noch vorherrschenden Einfluß der griechischen Kultur auf die Naturwissenschaften und das damit verbundene Streben nach zweckfrei zu betreibenden Studien erklären.

Als der erste dokumentierte Versuch der Anwendung theoretischer Überlegungen zur Lösung eines praktischen bautechnischen Problems ist die 1742 und 1743 von drei Mathematikern im Auftrag von Papst Benedikt XIV. durchgeführte Berechnung zur Feststellung der Ursache der Schäden an der Kuppel des Petersdomes zu betrachten. (Die Schadensursache wurde richtig auf den zu hohen Horizontalschub zurückgeführt; als Sanierungsmaßnahme wurde der Einbau zusätzlicher eiserner Zugringe vorgeschlagen und realisiert.)

Ausgehend von den rein theoretischen Anfängen der Baustatik suchte man hauptsächlich Berechnungsmethoden für die Anwendung mechanischer Erkenntnisse auf das Bauwesen. Die Auseinandersetzung mit tatsächlichen Einwirkungen und diesen durch die verwendeten Baumaterialien entgegengesetzten Widerständen erfolgte in der zweiten Hälfte des 19. Jahrhunderts nach wissenschaftlichen Grundsätzen. Eine weitere Begründung für das spätere Einsetzen der Werkstoffuntersuchungen liegt in der Entwicklung geeigneter Prüfmaschinen.

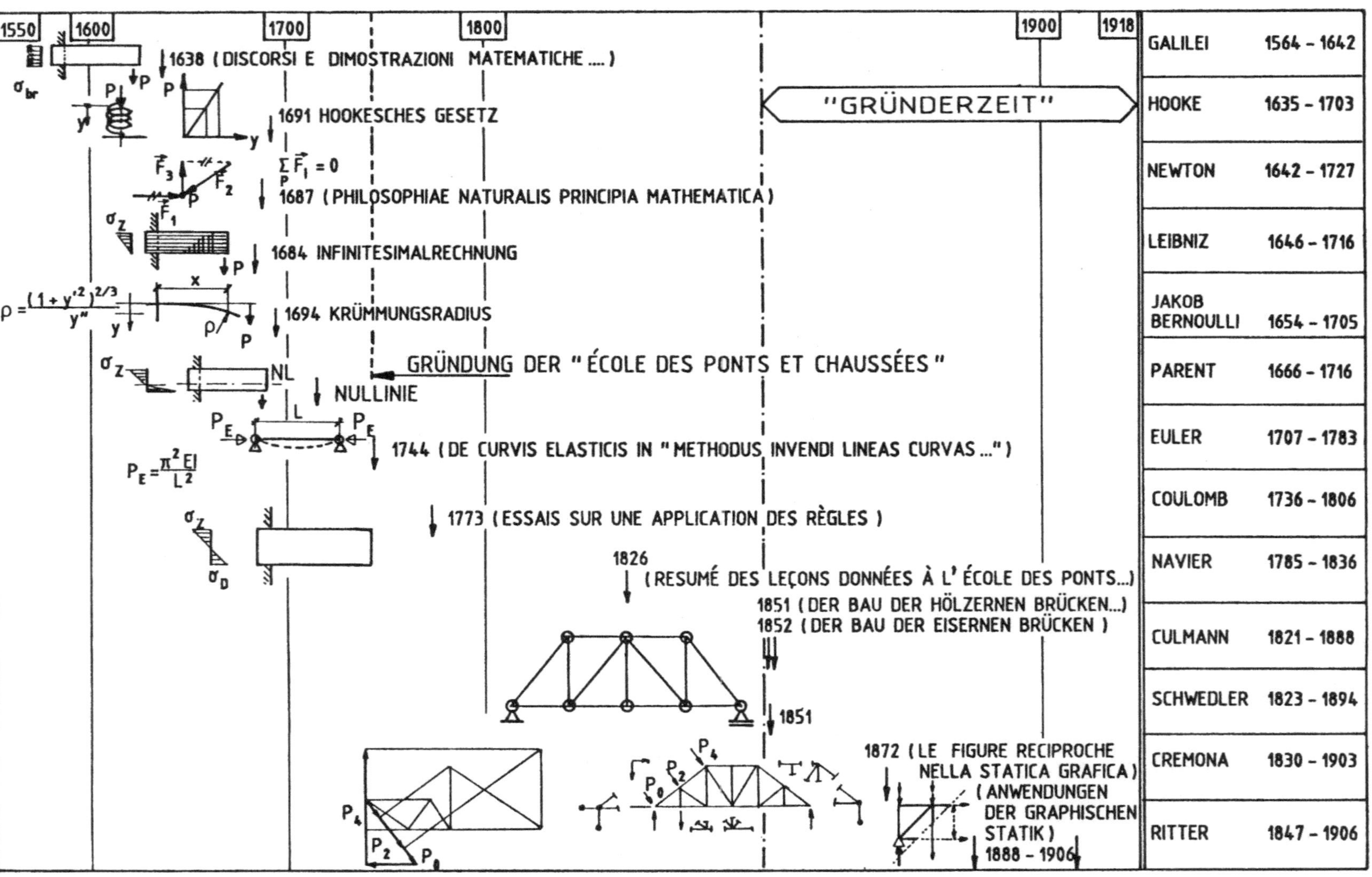

Abb. 1.1: Baustatik/Grundlegende Veröffentlichungen (nach Werner)

1.3.2. BERECHNUNGSMETHODEN - ENTWICKLUNG

Grundlagen der Baumechanik bildeten die drei Newtonschen Axiome (Gleichgewicht der Kräfte).

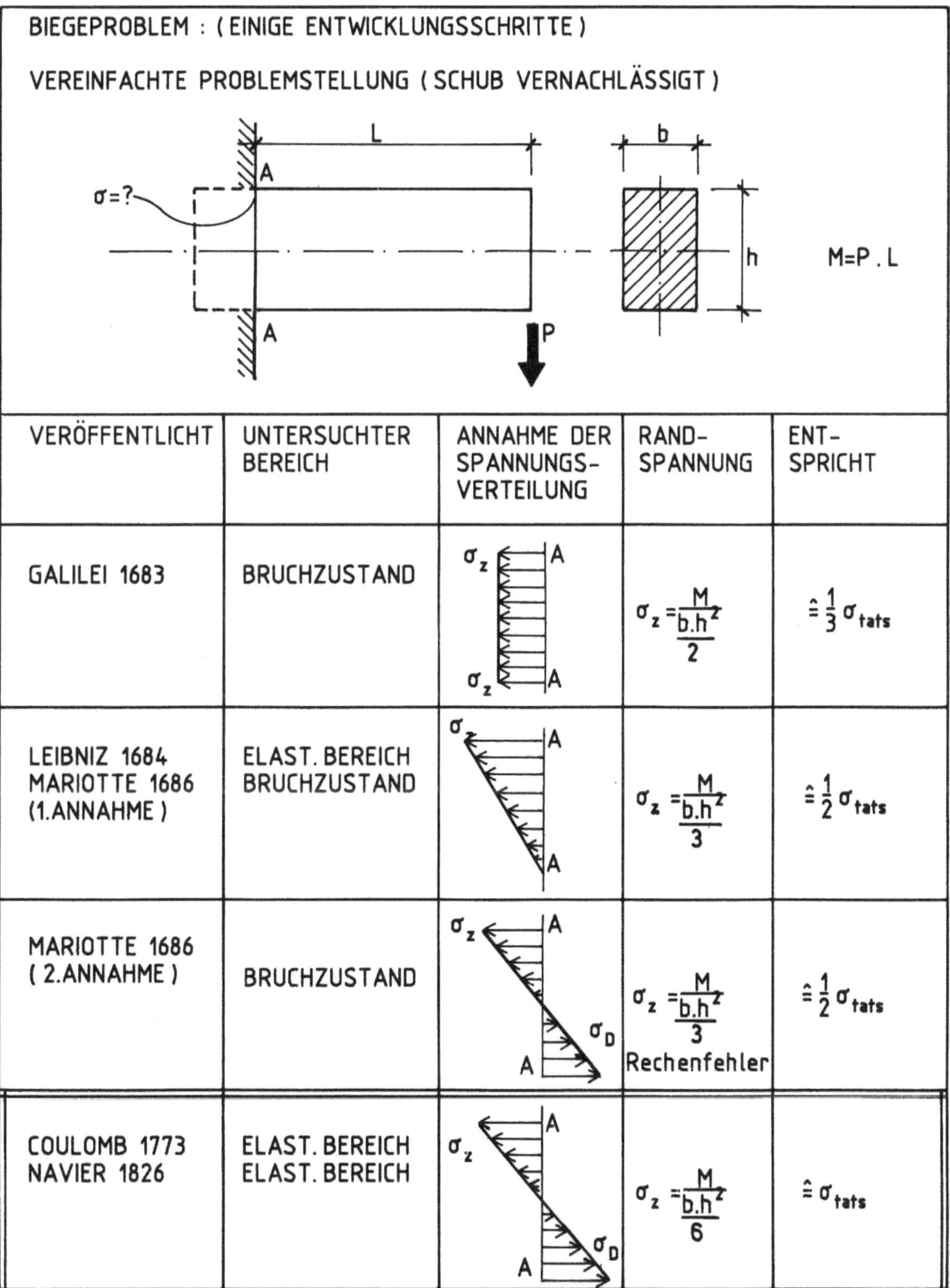

Abb. 1.2: Entwicklung der Annahmen zum Biegeproblem bis Navier

In weiterer Konsequenz - und nach Entwicklung geeigneter Verfahren zum Zerlegen und Zusammensetzen von Kräften - ergaben sich als Grundelemente statischer Betrachtungen:

- Der durch Normalkräfte beanspruchte Stab
- Der auf Biegung beanspruchte Balken.

Während normalkraftbeanspruchte Stäbe (ausgenommen Einzelstützen) erst in zusammengesetzten Tragwerken (z.B. Fachwerksträger) vorlagen, trat der auf Biegung beanspruchte Balken in den meisten bekannten Baukonstruktionen als Tragelement auf. Dementsprechend stand zu Beginn der Entwicklung baustatischer Berechnungsmethoden die Erörterung von Problemen der Biegetheorie im Vordergrund (Coulomb, Navier).
Mit der 1826 von Navier veröffentlichten Fassung der Biegetheorie kann dieses Problem (zumindest für rechteckige Querschnitte) als gelöst angesehen werden.
Bis zu diesem Zeitpunkt wurden (auch bei Navier) Materialeigenschaften (Elastizitätsmodul) und Querschnittsangaben (Trägheitsmoment) in einem Begriff zusammengefaßt; dieser Wert wurde z.B. als "relative Festigkeit" bezeichnet.
Die theoretische Behandlung von Fachwerken wurde erst Mitte des vorigen Jahrhunderts nach den Reiseberichten Culmanns (1851, 1852) und der unabhängig davon veröffentlichten "Theorie der Brückentragwerke" Schwedlers (1851) möglich.
Zu diesem Zeitpunkt waren bereits weitgespannte Fachwerkkonstruktionen aus Holz und Eisen ausgeführt worden.

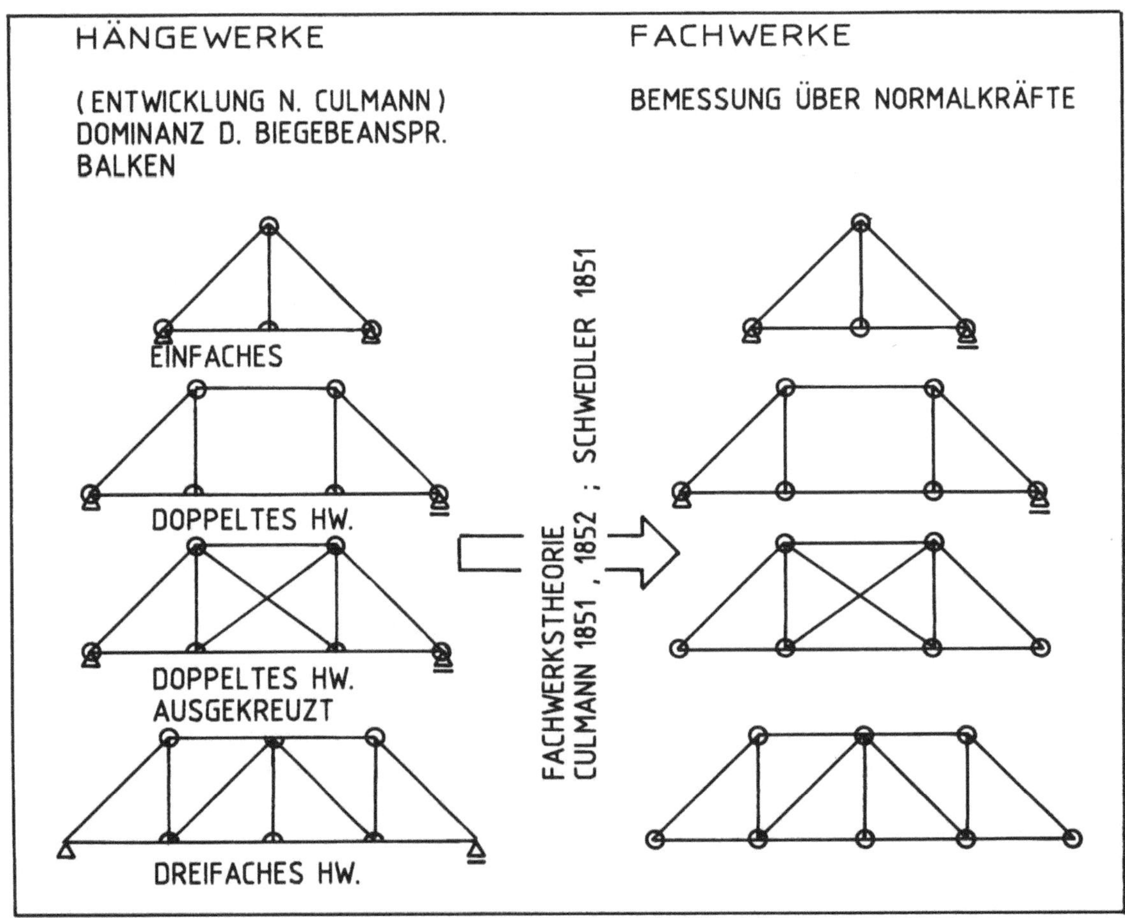

Abb. 1.3: Übergang vom Hängewerk zum Fachwerk; dargestellt an den von Culmann (1851) genannten Hängewerken
Die "Auskreuzung" im Mittelfeld sollte starken Deformationen bei einseitiger Belastung entgegenwirken

Auf Culmann geht die Annahme der gelenkigen Verbindung der Stäbe in den Knotenpunkten zurück, die mit das Bemessen komplizierter Stabwerke mit den Mitteln der damaligen Zeit erlaubten.

Hänge- und Sprengwerke, bei denen die auf Biegung beanspruchten Gurte (oder bei einfachen Konstruktionen ein Biegebalken) durch oft überlagerte Hilfskonstruktionen verstärkt waren, entzogen sich hingegen einer statischen Bemessung. (Abb. 1.3 zeigt eine einfache Gegenüberstellung der Konstruktionsprinzipien.)

In diesem Zusammenhang war die Entwicklung der graphischen Statik als Hilfsmittel zur Berechnung der Tragwerke entscheidend. Theoretische Vorarbeiten und praxisgerechte Aufbereitung diese Teilgebietes der Statik sind auf Culmann, Ritter, Mohr, Winkler und Cremona zurückzuführen.

Erst in den letzten Jahrzehnten des vorigen Jahrhunderts wurde - ausgehend vom Brückenbau - die Bemessung von Gewölbekonstruktionen theoretisch untersucht. Als Grundlage dienten die Untersuchungen des Österreichischen Ingenieur- und Architekten-Vereins (ÖIAV), die in den "Normalien des ÖIAV" ihren Niederschlag fanden.

Die Beschäftigung mit Stabilitätsproblemen spielte für die Bemessungsaufgaben im Hochbau eine eher untergeordnete Rolle. Die Entwicklung der einschlägigen Theorien soll daher - für den betrachteten Zeitraum - nur in einer Übersicht veranschaulicht werden (Abb. 1.4).

Auf die bei der Dimensionierung von Konstruktionselementen des Hochbaues in der Gründerzeit angewendeten Berechnungsmethoden wird im Zusammenhang mit den einzelnen Bauteilen in den entsprechenden Kapiteln eingegangen.

	VERSUCH	THEORIE	BEMESSUNG
ELASTIZITÄTSTHEORIE			
1729	MUSCHENBROEK (HOLZ)	–	$P_K \cong b.h^2/L^2$
1744		EULER THEORIE III. ORDNUNG $\dfrac{v''}{(1+v'^2)^{3/2}} = -\dfrac{M}{EI}$	SONDERFALL " EULERFORMEL " $P_E = \dfrac{\pi^2}{L^2} \cdot \dfrac{EI}{}$
1759		THEORIE II. ORDNUNG $v'' = -MEI$	(BERECHNUNG VON EI)
1762	MUSCHENBROEK (HOLZ)		$P_K = b.h^3/L^2$
1770		LAGRANGE THEORIE III. ORDNUNG 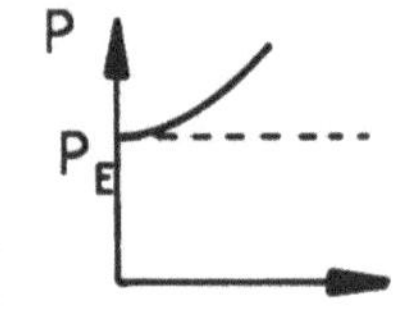	
1780		EULER " ABSOLUTE ELASTIZITÄT 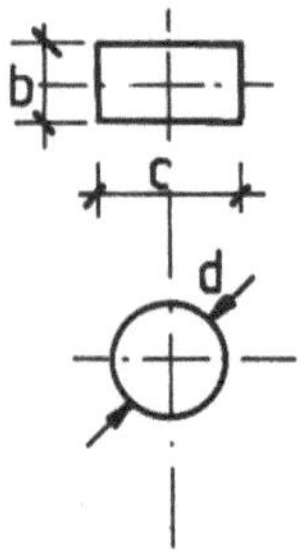 " $Ek^2 = h.\dfrac{b^3 c}{3}$ $(\cong E\,i_x)$ $Ek^2 = h.\dfrac{5d^4\pi}{64}$ $(\cong E\,I_x)$ ("h" $\cong$ E) " EULERFALL III  " III	

Abb. 1.4: Entwicklungsstufen beim Knickstabproblem bis 1900 (nach Nowak)

1807		YOUNG EXZENTRISCHER LASTANGRIFF : 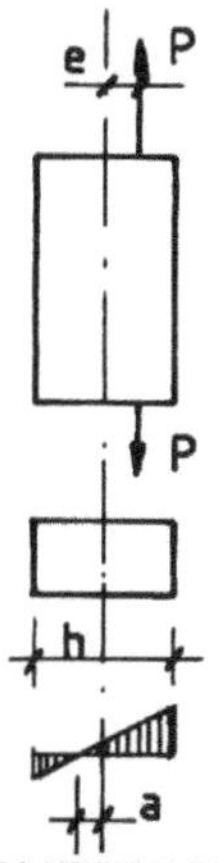 $a = \frac{h^2}{12e}$ VORVERFORMUNG f_0 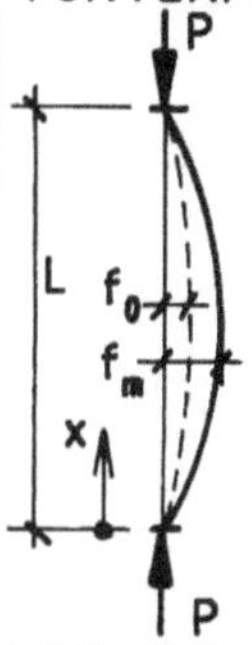 $f_{(x)} = f_0 \cdot \sin \frac{\pi x}{L}$ UNTER P $f_{m(x)} = \frac{f_0}{1 - P.L^2/EI\pi^2}$	
1820		DULEAU " EULERFALL I, IV " 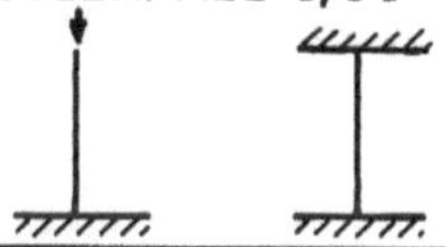	
1826	NAVIER MITTIGE LAST, SCHNEIDEN - LAGERUNG	NAVIER EXZENTRISCH GEDRÜCKTER STAB. 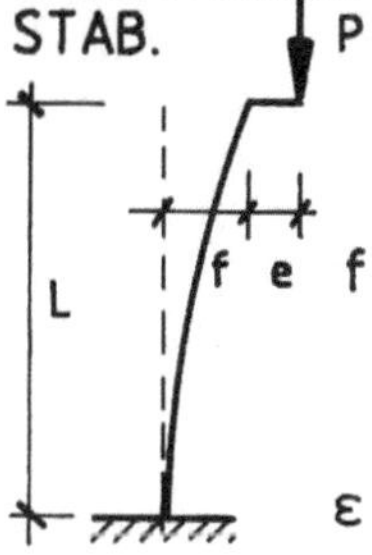 $f = e\left(\frac{1}{\cos\sqrt{\frac{P}{\varepsilon}}.L} - 1\right)$ $\varepsilon \equiv EI$ $P = \frac{\varepsilon}{L^2} \arccos^2\left(\frac{e}{e+f}\right)$ $\frac{zul\sigma}{E} = \frac{P}{E.F} + \frac{h.e.P}{\varepsilon.\cos(\sqrt{\frac{P}{\varepsilon}}.L)}$	EULERFORMEL BIS σ_{el} HAUPT - UND ZUSATZLAST

Abb. 1.4 (Fortsetzung)

BIS 1878		ABWENDUNG VON EULERFORMEL (z.B. RANKINE : KNICKEN : BIEGEPROBLEM)	
AB 1889		PLASTIZITÄTSTHEORIE	
1883 – 1890	TETMAJER (HOLZ , GUSSEISEN, PROFILEISEN)		
1889		ENGESSER 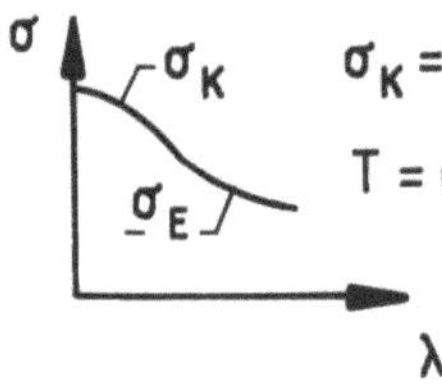	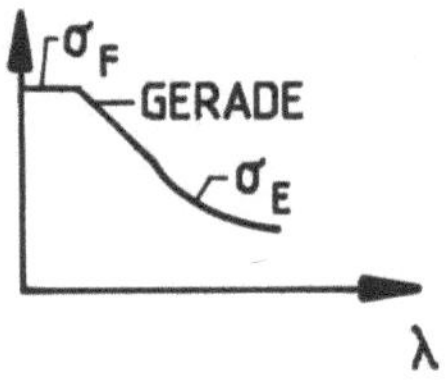

Abb. 1.4 (Fortsetzung)

1.3.3. BAUSTOFFE - KENNWERTE

Die Angabe von Kennwerten (vorwiegend Festigkeitsangaben) der verwendeten Baustoffe basierte bis in die zweite Hälfte des 19. Jahrhunderts auf rein empirischen Daten. Erst durch die Einrichtung entsprechend ausgestatteter Prüfanstalten setzte die Erforschung der mechanischen Baustoffeigenschaften ein.

Erste Festigkeitsuntersuchungen an Natursteinmauerwerk und Mauerziegeln wurden in Österreich von Rebhann 1862/63 vorgenommen. Um die Jahrhundertwende lagen bereits ausführliche Zusammenstellungen der Prüfungsergebnisse an Natursteinen der wichtigsten Gewinnungsstätten vor.

Die Vereinheitlichung der Untersuchungsmethoden machten erst internationale Konferenzen möglich. Die erste dieser Zusammenkünfte fand auf Anregung von Prof. J. Bauschinger 1884 in München statt; nach Dresden (1886) war Berlin 1888 Konferenzort.
Unter Berücksichtigung eines entsprechenden Zeitraumes für die Umsetzung der Vereinbarungen in die Praxis kann erst ab 1900 von einheitlichen und objektiv vergleichbaren Materialangaben gesprochen werden.

Der in diesem Zeitraum nur auf der Widerstandsseite berücksichtigte Sicherheitsabstand hängt eng mit der Entwicklung der Materialuntersuchungen zusammen.- Da die Sicherheitsphilosophie bei der Analyse bestehender Bauwerke wie auch bei der Planung von Sanierungsmaßnahmen wesentlichen Einfluß hat, wurde der Diskussion dieses Themenkreises ein eigenes Kapitel gewidmet.

1.3.4. AUSFÜHRUNGSSTANDARD

Einen Hauptfaktor bei der Beurteilung alter Baukonstruktionen stellt die Bewertung des Ausführungsstandards dar.

Aufgrund der Anregungen der Industrialisierung im Maschinenbau fanden industrielle Techniken auch im Bauwesen des ausgehenden 19. Jahrhunderts Eingang. Dies reichte von der Standardisierung einzelner Konstruktionsteile bis zur Vorfertigung von Zierelementen.
Da im Gegensatz zu heutigen Hochbaukonstruktionen eine weit geringere Anzahl von Baustoffen und Baumethoden, die sich - zumindest im Wohnbau - meist jahrzehntelang bewährt hatten, zur Verfügung stand, war das eingesetzte Personal mit den Arbeitstechniken vertraut.

Beide Einflüsse erklären das bei zahlreichen Gebäudeanalysen beobachtete hohe Niveau der Verarbeitung. Strikt muß jedoch zwischen ursprünglichem Ausführungsstandard und gegenwärtigem Zustand unterschieden werden. (Außer der - meist umweltbedingten - Korrosion der Bauteile und der natürlichen Abnützung sind Zerstörungen durch spätere Umbauten und, besonders in größeren Städten, durch Kriegseinwirkungen zu berücksichtigen.)

Im Zusammenhang mit dieser Problematik soll auf die Bedeutung genauer Gebäudeanalysen während der Planungsphase von Sanierungsmaßnahmen hingewiesen werden. Im Rahmen des vorliegenden Berichtes können die Untersuchungsmethoden jedoch nur gestreift oder exemplarisch erwähnt werden. Detaillierte, bauteilspezifische Darstellungen von Prüfmethoden müssen den geplanten weiteren Bänden dieser Reihe vorbehalten bleiben.

1.4. BAUVORSCHRIFTEN

Da in der zweiten Hälfte des 19. Jahrhunderts technische Regeln in Form allgemein anerkannter Normen noch nicht vorlagen, beschränkten sich die Vorgaben weitgehend auf die jeweils gültigen Bauordnungen. (Gründung des Normenausschusses der Deutschen Industrie im Mai 1917.) Im Gegensatz dazu wurden für den Brückenbau bereits ab etwa 1880 Vorschriften der Bahnverwaltungen erlassen, ab 1880 Länderverordnungen, wie die "Bestimmungen der Großherzoglich Badischen General-Direction über die Aufstellung der statischen Berechnung" sowie "Bestimmung der Querschnitte eiserner Brücken" von 1883.

Im 19. Jahrhundert existierten im deutschsprachigen Raum für fast alle Länder und größeren Städte eigene Bauordnungen. Da eine Gegenüberstellung auch nur der wichtigsten Verordnungen unter Berücksichtigung der im Laufe der Jahre jeweils geänderten (meist verschärften) technischen Bestimmungen ein eigenes Buch erfordern würde, soll die Behandlung der rechtlichen Vorschriften auf die Bestimmungen für Wien und Berlin eingegrenzt werden.

Die Bauordnungen basieren in erster Linie auf Reglementierungen aufgrund von Brandschutzvorkehrungen. Diese Verordnungen reichen bis ins Mittelalter zurück; sie regelten ursprünglich Art der Bebauung (Abstand der Gebäude zur Verhinderung der Brandübertragung durch Funkenflug) und Wahl der Materialien für die Gebäudehülle.
Die ersten, in ihrem Aufbau den heute gültigen Bauordnungen vergleichbaren Vorschriften stammen aus der Zeit um 1830; technische Bestimmungen wurden ab etwa 1860 in größerem Umfang aufgenommen.

1.4.1. WIENER BAUORDNUNGEN

Als erste Wiener Bauordung kann das "Circulare der k.k. Landesregierung im Erzherzogthume Oesterreich unter der Enns" von 1829 bezeichnet werden. Weitere Bauordnungen folgten 1859, 1868 und 1883 (letztgenannte Bauordnung war bis 1929 gültig).

Die Vorschriften nahmen im vorigen Jahrhundert an Umfang und Zahl der Paragraphen durch eine immer genauere Festlegung von Konstruktionsausbildungen zu; die Einengungen bezüglich Bebauungsbestimmungen und Raumabmessungen wurden jedoch gemildert, da immer weniger leicht entzündliche Materialien eingesetzt, sowie mit dem Bedarf an Massenwohnungen die hygienischen Anforderungen an die Raumgrößen herabgesetzt wurden.

1.4.2. BERLINER BAUORDNUNGEN

1853 wurde in Berlin die "Bau-Polizei-Ordnung für die Stadt Berlin" (Beilage zum 19. Stück des Amtsblattes der königlichen Regierung zu Potsdam und der Stadt Berlin für das Jahr 1853) erlassen.

Nach zahlreichen Verordnungen zur Änderung einzelner Bestimmungen wurde 1887 die Bau-Polizei-Ordnung für den Stadtkreis Berlin herausgegeben, die bereits 44 Paragraphen und zahlreiche konstruktive Bestimmungen enthielt. Die Besonderheit dieser Bauordnung liegt darin, daß für die auf Verlangen vorzulegenden Konstruktionsberechnungen in einer Bekanntmachung des gleichen Jahres Werte für die Eigengewichte der Baumaterialien sowie die Eigengewichte und Belastungen von Bauteilen angegeben wurden (Werte - siehe Aufstellungen in Kapitel 3).

Eine umfangreiche Neufassung dieser Bauordnung wurde 1897 aufgelegt.

1.4.3. WIENER UND BERLINER BAUORDNUNG - GEGENÜBERSTELLUNG

Für die Gegenüberstellung der Bauordnungen hinsichtlich der technischen Bestimmungen wurden die am Höhepunkt des Bauschaffens der Gründerzeit gültigen Fassungen herangezogen:

- Bauordnung für die k.k. Reichshaupt= und Residenzstadt Wien (1883)
- Bau-Polizei-Ordnung für den Stadtkreis Berlin (1887)

In dem tabellarischen Überblick (Abb. 1.5) werden die technisch-konstruktiven Aussagen der beiden Verordnungen verglichen. Hinsichtlich der vorgeschriebenen Mindestwandstärken muß für Berlin auf die Bau-Polizei-Ordnung von 1897 zurückgegriffen werden, da in der Fassung von 1887 diesbezügliche Bestimmungen noch nicht enthalten waren.

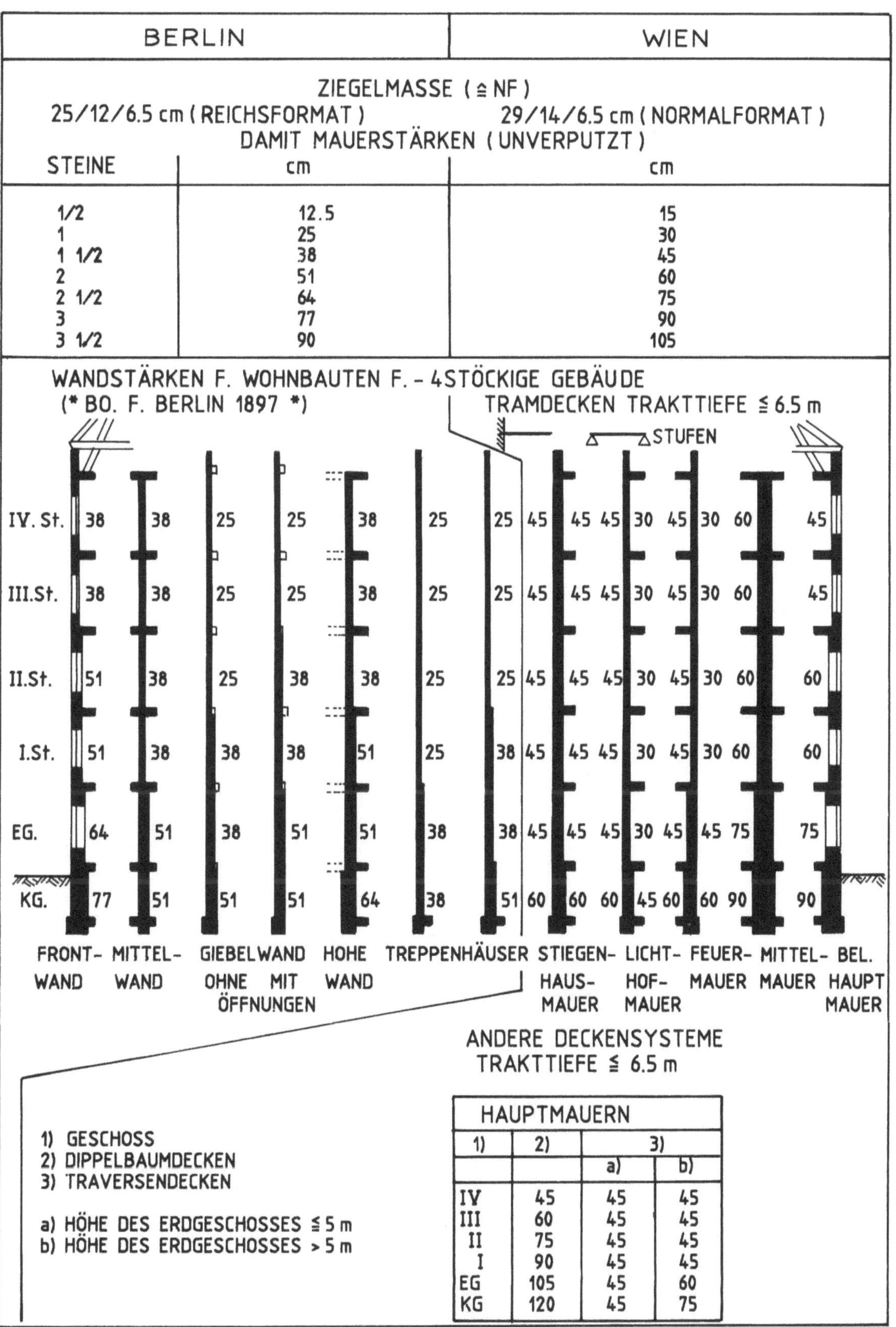

HAUPTMAUERN			
1)	2)	3)	
		a)	b)
IV	45	45	45
III	60	45	45
II	75	45	45
I	90	45	45
EG	105	45	60
KG	120	45	75

Abb. 1.5: Wiener und Berliner Bauordnung um 1890/Gegenüberstellung der technischen Bestimmungen

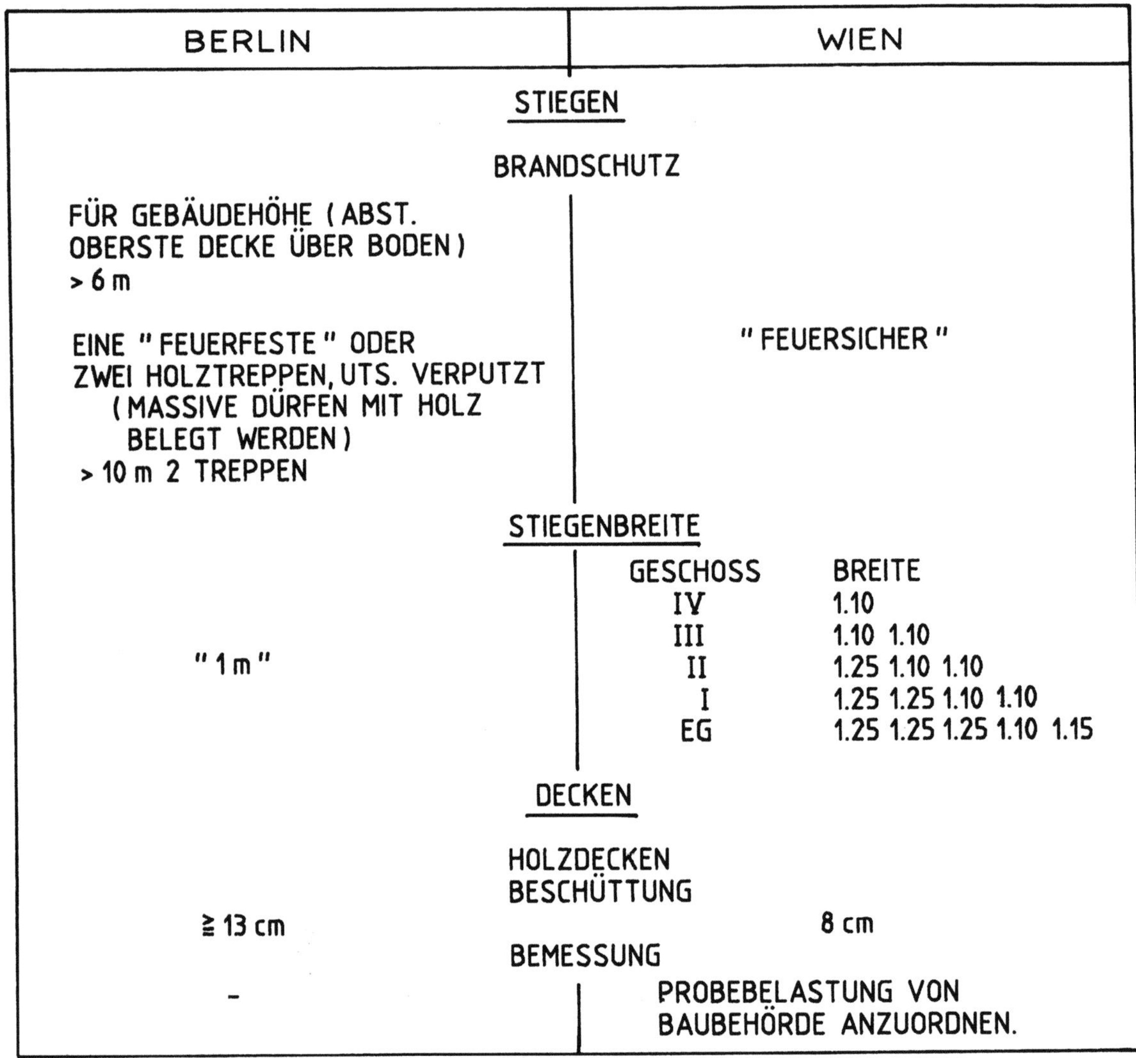

Abb. 1.5 (Fortsetzung)

1.5. MASS- UND GEWICHTSEINHEITEN

In zahlreichen alten Baubeschreibungen und Plandarstellungen finden sich Maß- und Gewichtsangaben in heute nicht mehr gültigen Einheiten; die gesetzliche Einführung des metrischen Systems für Österreich-Ungarn z.B. erfolgte erst 1876.

Um eine rasche Umrechnung der - für die Beurteilung einer Konstruktion oft maßgebenden - Angaben in vorhandenen Baubeschreibungen und Plänen zu gewährleisten, sind in der folgenden Aufstellung (Tab. 1.2 a-c) die wichtigsten Maßeinheiten einander gegenübergestellt. Tab. 1.3 bringt Angaben für alte Gewichtseinheiten, Tab. 1.4 für die Umrechnung von Pfund/Quadratzoll auf N/mm^2.

Öster-reich	Preußen Dänemark	Sachsen	Hannover	Bayern	Baden Schweiz	Meter-System
L ä n g e n m a ß e .						
			F u ß			m
1	1.007	1.116	1.082	1.083	1.054	0.316
0.993	1	1.108	1.074	1.075	1.046	0.314
0.896	0.902	1	0.970	0.970	0.944	0.283
0.924	0.931	1.031	1	1.001	0.974	0.292
0.923	0.930	1.031	0.999	1	0.973	0.292
0.949	0.956	1.059	1.027	1.028	1	0.300
3.164	3.186	3.531	3.424	3.426	3.333	1

Tab. 1.2.a: Umrechnung alter Längeneinheiten aufeinander und auf das metrische System

Öster-reich	Preußen Dänemark	Sachsen	Hannover	Bayern	Baden Schweiz	Meter-System
F l ä c h e n m a ß e .						
			Q u a d r a t f u ß			m^2
1	1.014	1.246	1.171	1.173	1.110	0.100
0.986	1	1.228	1.155	1.156	1.094	0.098
0.803	0.814	1	0.940	0.941	0.891	0.080
0.854	0.866	1.064	1	1.002	0.948	0.085
0.852	0.865	1.062	0.998	1	0.946	0.085
0.901	0.914	1.122	1.055	1.057	1	0.090
10.009	10.152	12.469	11.721	11.740	11.111	1

Tab. 1.2.b: Umrechnung alter Flächeneinheiten aufeinander und auf das metrische System

Öster-reich	Preußen Dänemark	Sachsen	Hannover	Bayern	Baden Schweiz	Meter-System
K ö r p e r m a ß e .						
			K u b i k f u ß			m^3
1	1.022	1.391	1.267	1.270	1.170	0.0316
0.979	1	1.361	1.241	1.244	1.145	0.0309
0.719	0.735	1	0.911	0.914	0.841	0.0227
0.789	0.806	1.097	1	1.002	0.923	0.0249
0.787	0.804	1.095	0.998	1	0.921	0.0249
0.855	0.873	1.189	1.083	1.086	1	0.0270
31.667	32.346	44.032	40.126	40.224	37.037	1

Tab. 1.2.c: Umrechnung alter Volumseinheiten aufeinander und auf das metrische System

Öster-reich	Preußen Dänemark	Sachsen	Hannover	Bayern	Baden Schweiz	
P f u n d						N
1	1.120	1.120	1.120	1.000	1.120	5.494
0.893	1	1.000	1.000	0.893	1.000	4.906
0.893	1.000	1	1.000	0.893	1.000	4.906
0.893	1.000	1.000	1	0.893	1.000	4.906
1.000	1.120	1.120	1.120	1	1.120	5.494
0.893	1.000	1.000	1.000	0.893	1	4.906

Tab. 1.3: Umrechnung alter Gewichtseinheiten

Öster-reich	Preußen Dänemark	Sachsen	Hannover	Bayern	Baden Schweiz	
P f u n d p e r Q u a d r a t f u ß [12 Zoll = 1 Fuß]						10^{-3} N/mm^2
1	1.104	0.899	0.957	0.816	0.910	8.571
0.906	1	0.814	0.867	0.739	0.824	7.766
1.112	1.228	1	1.064	0.907	1.012	9.531
1.045	1.154	0.939	1	0.853	0.951	8.957
1.225	1.352	1.101	1.172	1	1.115	10.500
1.099	1.213	0.988	1.051	0.897	1	9.420

Tab. 1.4: Umrechnung von Pfund/Quadratzoll auf N/mm^2 (12 Zoll=1 Fuß)

2. SICHERHEITSKONZEPTE BEI DER TRAGWERKSBEMESSUNG

2.1. SICHERHEITSPHILOSOPHIE IM BAUWESEN - ALLGEMEINE ENTWICKLUNG

Die Beschäftigung mit konstruktiven Sanierungsaufgaben bedingt die Auseinandersetzung mit dem der Bemessung zugrundegelegten Sicherheitskonzept. Dabei stellt sich heraus, daß bei der konstruktiven Untersuchung von Gründerzeitbauten zwei Entwicklungssprünge hinsichtlich der Sicherheitsphilosophie wesentlich sind.

In der zweiten Hälfte des 19. Jahrhunderts, während der sogenannten Gründerzeit, kam es aufgrund der Erkenntnisse der Statik und der Materialwissenschaften zur Formulierung erster Sicherheitskonzepte mit deterministisch festgelegten Sicherheitsabständen auf der Widerstandsseite. Bis dahin waren nur empirische Festlegungen bei der Bemessung von Hochbaukonstruktionen maßgebend.- Eine genauere Darstellung dieses Entwicklungsschrittes findet sich in Abschnitt 2.1.1.

Der zweite Entwicklungssprung ist durch die Einführung des semiprobabilistischen Sicherheitskonzeptes in die zur Zeit in Erarbeitung befindlichen internationalen und nationalen Bemessungsnormen charakterisiert. Bei zukünftigen statisch-konstruktiven Überlegungen im Rahmen von Sanierungsmaßnahmen werden der Bemesssung die Vorgaben dieses Sicherheitskonzeptes zugrundezulegen sein. In Abschnitt 2.1.2. wurde daher eine Zusammenfassung der für den praktischen Gebrauch relevanten Grundlagen dieser Sicherheitsüberlegungen aufgenommen (siehe Abb. 2.1 - Zeittafel mit den wesentlichsten Angaben hinsichtlich der im Bauwesen angewandten Sicherheitskonzepte).

2.1.1. SICHERHEITSPHILOSOPHIE IM BAUWESEN - GRÜNDERZEIT

Abgesehen von den bei der Sanierung des Petersdomes 1743 erstmals angestellten Sicherheitsüberlegungen (Festlegung der Sicherheit 2 für die Verstärkungsringe), die keine unmittelbare Nachahmung bei der Berechung von Konstruktionselementen fanden, setzten sicherheitstheoretische Überlegungen in breiterem Rahmen im Zuge der Industrialisierung ab etwa 1850 vorerst im Bereich des Maschinenbaues ein. Im Hochbau erfolgte zu diesem Zeitpunkt, unabhängig von den auf dem Gebiet der theoretischen Statik bereits gewonnenen Erkenntnissen (siehe Kapitel 1), die Bemessung der Bauteile nach tradierten empirischen Erfahrungswerten.

Mit der Einführung von Eisenkonstruktionen, speziell im Brückenbau, konnte nicht mehr nach herkömmlichen Methoden ohne statische Bemessung gebaut werden. Bereits 1823 scheinen daher bei Navier erste Hinweise zu Sicherheitsüberlegungen (Sicherheitkoeffizient "drei" bei Ketten von Hängebrücken) auf.

Festigkeitsdaten wurden zu Beginn des vorigen Jahrhunderts meist noch in Form der sogenannten relativen Festigkeit, die Materialfestigkeit und Querschnittswerte vermischte, angegeben. Erst gegen 1850 tauchen in der Literatur querschnittsunabhängige Festigkeitsangaben für Baumaterialien auf, die als "absolute Festigkeiten" bezeichnet wurden.

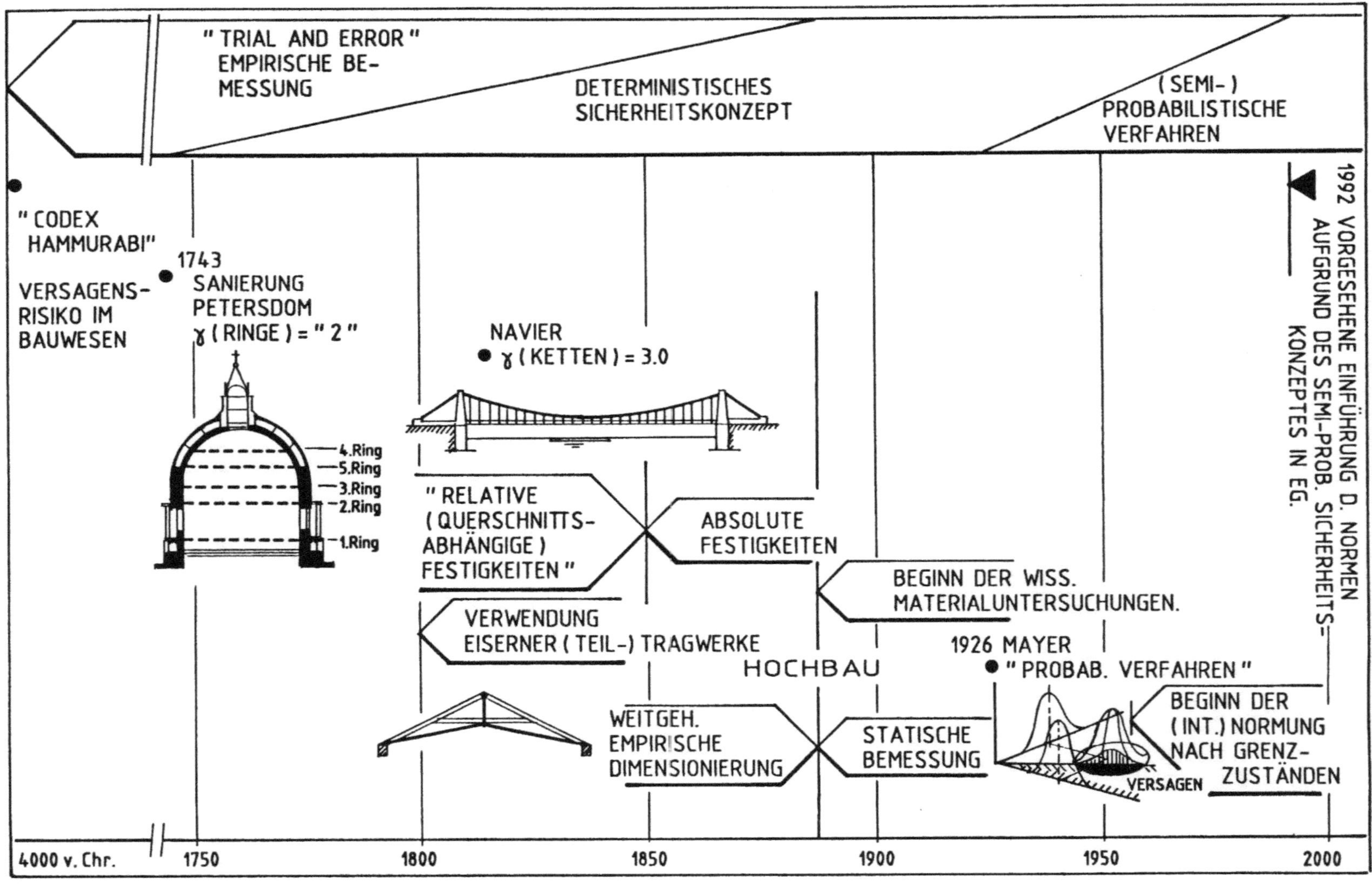

Abb. 2.1: Zeittafel zur Entwicklung der Sicherheitskonzepte im Bauwesen

Erste Ansätze zur Einführung eines Sicherheitskonzeptes lagen bereits 1853 (Becker, Allgemeine Baukunde..) vor, wobei die in Tab. 2.1 wiedergegebenen praktischen Abminderungen der "absoluten Festigkeit" angeführt wurden.

	BRUCHFESTIGKEIT / ZULÄSSIGE BEANSPRUCHUNG			
	ZUG		DRUCK	
	RUHENDE BELASTUNG	STOSS-BELASTUNG	RUHENDE BELASTUNG	STOSS-BELASTUNG
STEIN (ALLG.)	k.A.	k.A.	20	k.A.
STEIN SÄULEN,DÜNNE PFEILER	k.A.	k.A.	40 - 50	k.A.
HOLZ	10	10	10	k.A.
EISEN (ALLG.)*)	3	10	4 - 5	10
GUSSEISERNE BÖGEN FÜR EISENBAHNBRÜCKEN	100			
*) BEI "BAUTEN VON GROSSER DAUER" SICHERHEITSFAKTOR VON 4 (5)				

Tab. 2.1: Sicherheitsabstände auf der Materialseite (Becker, 1853)

Derartige Angaben sind als Beginn des deterministischen Sicherheitskonzeptes mit der Einführung von Sicherheitsbeiwerten auf der Widerstandsseite zu werten. Damals wurde auch der aus diesen Festlegungen resultierende Begriff der "zulässigen Spannung" geprägt.

Den Übergang vom empirischen zum deterministischen Sicherheitskonzept zeigt Abb. 2.2; nicht vergessen werden darf, daß hinsichtlich der Materialprüfung vor 1880 noch keine verbindlichen Vorgaben bestanden; die Angaben der "absoluten Festigkeiten" sind daher mit Vorbehalt zu werten.
Durch die Gründung entsprechend ausgestatteter Prüfanstalten und die Vereinheitlichung der Prüfmethoden konnten in den letzten beiden Jahrzehnten des 19. Jahrhunderts den Bemessungen abgesicherte Materialkennwerte zugrundegelegt werden. Um 1900 wurden erste "Normalien" herausgegeben, in denen Materialeigenschaften und zum Teil Belastungsannahmen festgehalten wurden (Auflistung der herausgebenden Körperschaften - siehe Kapitel 3). Dabei wurden bereits einheitliche Sicherheitsbeiwerte festgelegt, die im folgenden für Holz, natürliche Steine und einige Eisensorten angegeben sind (Quelle: Daub, 1905); (detailliertere Angaben zu materialbezogenen Sicherheitsbeiwerten - siehe Kapitel 3).
Unabhängig von den theoretischen Erkenntnissen der Baustatik und Materialwissenschaft läßt sich im Bereich des Hochbaues, speziell im Wohnbau, bis etwa 1880 keine Umsetzung in Form statischer Bemessungen erkennen. Ausnahmen bilden Industriebauten, Repräsentationsbauten und die Überdeckung größerer Spannweiten bei Versammlungs- und Theaterräumen. Die Bauordnungen waren in diesem Zeitraum die einzigen Vorschriften, die teilweise Bemessungsvorgaben in Form von Grenzwerten enthielten. Genauere Angaben zu den aufgrund empirisch gewonnener Erfahrungswerte gewählten Querschnittsdimensionen von speziellen Bauteilen - z.B. tragende Mauern und Deckensysteme - enthalten die einschlägigen Kapitel.

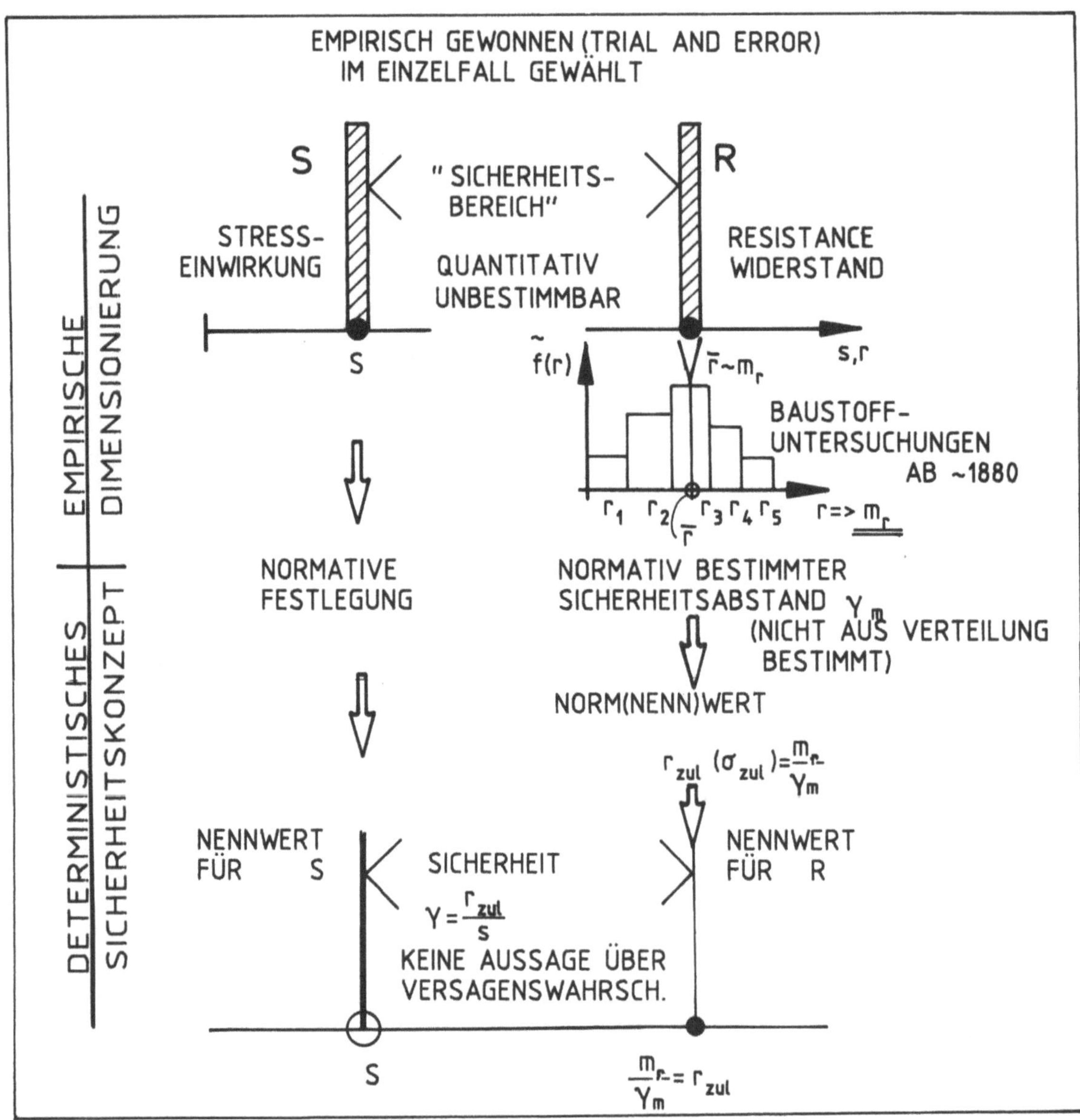

Abb. 2.2: *Übergang vom empirischen zum deterministischen Sicherheitskonzept*

Erst um 1900 setzten sich im Wohnbau infolge der Festschreibung sogenannter Normalien oder Normalbedingungen und der gleichzeitigen Einführung neuer Bausysteme (z.B. Deckensysteme unter Verwendung von Füllsteinen) statische Bemessungen durch.

In der ersten Phase der Gründerzeit, von etwa 1830 bis 1880, wurde die Bemessung von Konstruktionselementen im Wohnbau überwiegend nach handwerklich tradierten Regeln ohne statische Bemessung vorgenommen. Ausreichende Sicherheiten waren durch die Überdimensionierung von Bauteilen und die bei einzelnen Baukonstruktionen (z.B. Dachstühlen) gegebene Überlagerung mehrerer Tragsysteme gewährleistet. Quantitative Aussagen zur Bauwerkssicherheit (oder Versagenswahrscheinlichkeit) waren nicht möglich. Diese Vorgangsweise wurde durch die ausschließliche Verwendung konventioneller Baumaterialien in konservativen Baukonstruktionen mit teilweise jahrhundertelanger Bewährung unterstützt.

In der Spätphase der Gründerzeit (1880 bis zum Ersten Weltkrieg) wurde das unter dem Einfluß des Fortschrittes in der Materialwissenschaft entwickelte deterministische Sicherheitskonzept zunehmend auch bei der Bemessung von Hochbaukonstruktionen eingesetzt. Da der Sicherheitsabstand nur die Widerstandsseite betraf, konnten zwar keine Aussagen über die Versagenswahrscheinlichkeit getroffen werden, doch die gewählte Vorgangsweise erlaubte das Konstruieren sicherer Bauten, was neuere Untersuchungen durchwegs bestätigen. In den wesentlichen Zügen ist das damals entwickelte Konzept Grundlage zahlreicher, noch heute gültiger Normen. Grundvoraussetzungen für die Anwendung dieses Sicherheitskonzeptes sind die Annahme eines linearen Zusammenhanges aller mechanischer Größen und die eindeutige Festlegung genormter Einwirkungen.

MATERIAL	ZUG					DRUCK						BIEGUNG	ABSCHERUNG
	RUHENDE BELASTUNG		BEWEGTE LASTEN			RUHENDE BELASTUNG		BEWEGTE LASTEN					
	PROVISORISCHE BAUTEN	BLEIBENDE BAUTEN	STOSSFREI	MÄSSIGE STÖSSE	HEFTIGE STÖSSE	PROVISORISCHE BAUTEN	BLEIBENDE BAUTEN	STOSSFREI	MÄSSIGE STÖSSE	HEFTIGE STÖSSE	DÜNNE PFEILER		
HOLZ *)	6	6	7	8	10	4	4	5	6	7	–	–	–
STEIN	10					10	15	20	25	30	40	10	10
ROH- U. GUSSEISEN	6	6	8	20	–	6	6	8	10	–	–	–	–
SCHWEISS- U. FLUSSEISEN	3-4	3-4	4	5	6	3-4	3-4	4	5	6	–	–	–
*) FÜR HOLZKONSTRUKTIONEN WAR ALLGEMEIN EINE AUSFÜHRUNG MIT 10 facher SICHERHEIT VORGESEHEN													

Tab. 2.2: Sicherheitsgrade für ausgewählte Materialien (1905)

2.1.2. SICHERHEITSÜBERLEGUNGEN - PROBABILISTISCHE KONZEPTE

Gegenwärtig bestehen im Zuge internationaler Normungsvorhaben eindeutige Bestrebungen, das deterministische Sicherheitskonzept zugunsten semiprobabilistischer Verfahren (durch Berücksichtigung von Teilsicherheitsbeiwerten) aufzugeben. Diese internationalen Vorgaben sollen in der Folge in nationale Normen Eingang finden. Im Bereich der EG versucht man derzeit, das semiprobabilistische Konzept zu vervollständigen und zu Beginn der 90er Jahre bindend einzuführen. Auch bei Bemessungsaufgaben im Bereich der Althaussanierung wird spätestens ab diesem Zeitpunkt nach dem neuen Sicherheitskonzept vorzugehen sein; daher wird den diesbezüglichen Überlegungen ein eigener Abschnitt gewidmet.

GRENZZUSTÄNDE		
	UNTERTEILUNG	BEISPIELE F. NACHWEISE
TRAGSICHERHEIT	VERLUST DES STATISCHEN GLEICHGEWICHTES DES TRAGWERKS ODER VON TRAGWERKSTEILEN	STANDSICHERHEIT ; KIPPEN , GLEITEN DES FUNDAMENTS
	ERREICHEN DER MAXIMALEN TRAGFÄHIGKEIT DES TRAGWERKS	VERSAGEN KRITISCHER QUER-SCHNITTE OD. VERBINDUNGEN ; BILDUNG EINES VERSAGENS-MECHANISMUS (GESAMT-,TEILKOLLAPS) INSTABILITÄT (AUSWIRKUNGEN ZWEITER ORDNUNG) ERMÜDUNGSVERSAGEN KRITISCHE FORMÄNDERUNGEN
GEBRAUCHSTAUGLICHKEIT	ABNAHME DES NUTZENS, ÜBER DIE HINAUS DIE GEBRAUCHSBEDINGUNGEN NICHT MEHR ERFÜLLT SIND.	ERHEBLICHE VERFORMUNGEN (EINSCHRÄNKUNG D. FUNKTIONS-FÄHIGKEIT) SCHWINGUNGSEINSCHRÄNKUNGEN VERLUST DER BESTÄNDIGKEIT (WASSERDICHTHEIT , FROSTBE-STÄNDIGKEIT) VISUELLE BEEINTRÄCHTIGUNGEN (DURCH VERFORMUNGEN)

Tab. 2.3: Grenzzustände bei der Bemessung von Baukonstruktionen

Mit dem bisher gültigen deterministischen Sicherheitskonzept war zwar die Errichtung sicherer Bauten durchwegs möglich, doch sind Nachteile zu beachten, die zur Weiterentwicklung der Sicherheitsüberlegungen führten:

Bisher war keine Möglichkeit der Quantifizierung des tatsächlichen Sicherheitsniveaus von Bauwerken vorhanden. Bei den Überlegungen zur Konstruktionsfestlegung (Querschnittswahl bei Konstruktionselementen) konnte daher nicht von einer vorgegebenen Versagenswahrscheinlichkeit ausgegangen werden.

Die erzielbare Sicherheit bei Verwendung verschiedener Baumaterialien oder unterschiedlicher Tragsysteme konnte nicht verglichen werden.

Wegen der materialbezogenen Formulierung des deterministischen Konzeptes konnte eine direkte Erweiterung auf neuentwickelte Konstruktionen oder Materialien nicht durchgeführt werden.

Durch diese Nachteile und den Wunsch nach einer von den Grenzzuständen einer Konstruktion ausgehenden Bemessung wurde bereits ab etwa 1930 eine Änderung des Sicherheitskonzeptes erwogen.

Dieser Anstoß wurde jedoch vorerst nicht aufgegriffen. Mit Ausnahme der wahrscheinlichkeitstheoretischen Überlegungen im Bereich der Flugzeugindustrie während des Zweiten Weltkrieges wandte man sich probabilistischen Konzepten zur Ermittlung der Versagenswahrscheinlichkeit von Baukonstruktionen und diesbezüglichen Normungsvorhaben erst wieder ab 1950 zu.

Auf der Basis wahrscheinlichkeitstheoretischer Überlegungen läßt sich die Zuverlässigkeit eines Tragwerkes nach Methoden unterschiedlicher Genauigkeitsstufen ermitteln.

Zu unterscheiden ist zwischen Verfahren nach Level-I, Level-II und Level-III (nach steigendem Genauigkeitsgrad klassifiziert).
Während mit Level-III das probabilistisch exakte Verfahren beschrieben wird, stellen die beiden anderen Methoden Näherungsverfahren dar, wobei die derzeit vorliegenden Normentwürfe (Level-I-Verfahren) auf Grundlage des semi-probabilistischen Sicherheitskonzeptes Teilsicherheitsfaktoren verwenden, deren Zahlenwerte auf Zuverlässigkeitsrechnungen (nach Level II-Verfahren ermittelt) beruhen. Ähnlich dem bisher verwendeten Sicherheitsfaktor sind diese Teilsicherheitsfaktoren in deterministischer Form anzuwenden.

JAHR	VEREINIGUNG(EN)	INITIATIVE/NORMVORSCHLAG
1953	C E B (Comité Européen, heute: Euro-International du Beton)	Gründung der C E B Zielsetzung: Europäische Beton- norm, auf Grenzlastverfahren basierend
1955- 1957	C I B (Conseil International du Bâtiment)	Kommission "Sicherheit" des C I B: Arbeiten zur Anwendung der Wahrscheinlichkeitstheorie bei der Bewehrung von Tragwerken
1964	C E B	Erste Auflage der internat. Richtlinien für die Bewehrung von Betonbauten
1965	I S O (International Organization for Standardization)	ISO - TC 98: 1. Auflage des Standards 2394: Allgemeine Grundlagen für den Sicherheitsnachweis von Bauwerken.
1971	C E B, E K S (Europ. Konvention f. Stahlbau) C I B, I V B H (Internat. Vereinigung für Brückenbau und Hochbau) F I P (Fédération Internationale de la Précontrainte) I A S S (International Association for Shell Structures) R I L E M (Int. Vereinigung der Forschungs- und Prüfanstalten zur Untersuchung von Baustoffen und Baukonstruktionen)	Gründung des J C S S (Joint Committee on Structural Safety)
1976	J C S S	Band 1 der internat. Richtlinie: Common Unified Rules for Different Types of Construction and Material. (Model Code 1)

Tab. 2.4: Internationale Entwicklungen bei der Standardisierung des probabilistischen Sicher-heitskonzeptes

JAHR	VEREINIGUNG(EN)	INITIATIVE / NORMVORSCHLAG
AB 1978	C E B / FIP	Musterbestimmungen für Betonbauten (Model Code 2)
	E K S	Empfehlungen für Stahlbauten (Model Code 3)
	E K S / C E B / FIP	Empfehlungen für Verbundkonstruktionen (Model Code 4)
	C I B	Empfehlungen für Holzbauten
	C I B	Empfehlungen für Mauerwerksbauten (Model Code 6)
1981	DIN (Deutsches Institut für Normung e. V.)	Grundlagen zur Festlegung von Sicherheitsanforderungen für bauliche Anlagen.
1982	SIA Schweizerischer Ingenieur- und Architekten - Verein	SIA Dokumentation 260 Weisung der gem. Kommissionen "Sicherheit und Gebrauchsfähigkeit von Tragwerken"
1984	E G K S Kommission der Europäischen Gemeinschaften	Eurocode 1 "Gemeinsame einheitliche Regeln für verschiedene Bauarten und Baustoffe" Eurocode 2 "Gemeinsame einheitliche Regeln für Betonbauten" Eurocode 3 "Gemeinsame einheitliche Regeln für Stahlbauten"
	I S O	ISO , DIS 2394 "Allgemeine Grundsätze für die Zuverlässigkeit von Tragwerken"
1986	E G K S	Eurocode 4 "Gemeinsame einheitliche Regeln für Verbundkonstruktionen aus Stahl und Beton"
1987	O N Österreichisches Normungsinstitut	Entwurf ÖNORM B 4040 "Einheitliche Sicherheitsbestimmungen für Tragwerke" Grundlage für die Erstellung von Fachnormen im Bauwesen

Tab. 2.4 (Fortsetzung)

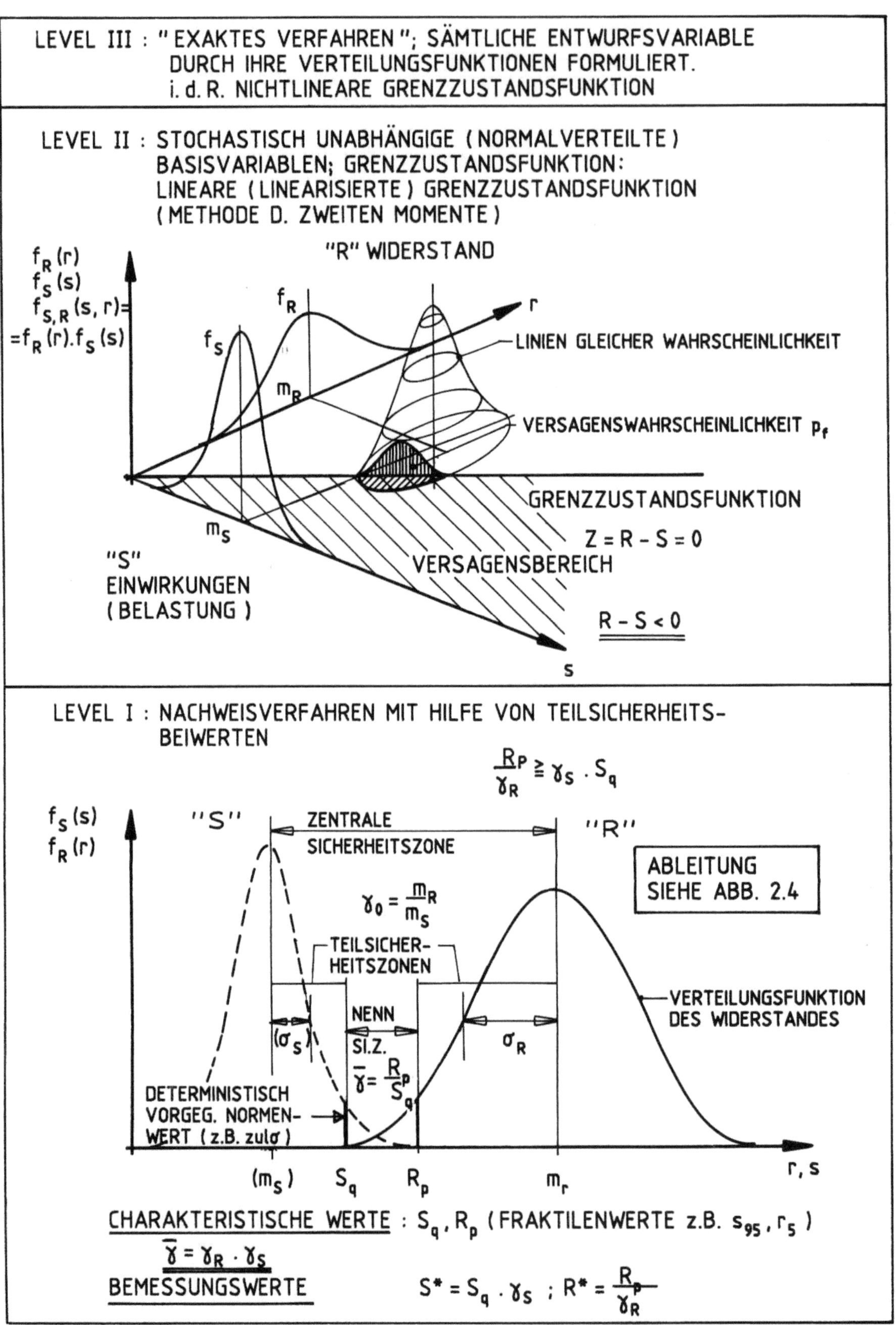

Abb. 2.3: Ebenen der Sicherheitskonzepte auf probabilistischer Basis

Grundlage der vorgeschlagenen Sicherheitstheorie ist die probabilistische Analyse aller beim Bemessungsvorgang maßgebenden, statistisch streuenden Variablen. Dies sind im allgemeinen Werkstoffparameter und geometrische Größen sowie Einwirkungen, denen die betrachtete Konstruktion während der vorgesehenen Lebensdauer ausgesetzt ist. Die Variablen können durch die Kennwerte ihrer statistischen Verteilung, wie Mittelwert, Varianz, Standardabweichung sowie Variationskoeffizient (eventuell durch die Angabe der Verteilungsfunktion), beschrieben werden. In den zukünftigen Fachnormen werden daher Fraktilenwerte für Einwirkungen und Widerstände angegeben, die die Über- bzw. Unterschreitungswahrscheinlichkeit eines bestimmten Wertes charakterisieren. Ausgehend von einem zu postulierenden Wert für die Tragwerkssicherheit können die Teilsicherheitsbeiwerte entsprechend der in Abb. 2.4 skizzierten Vorgangsweise ermittelt werden.

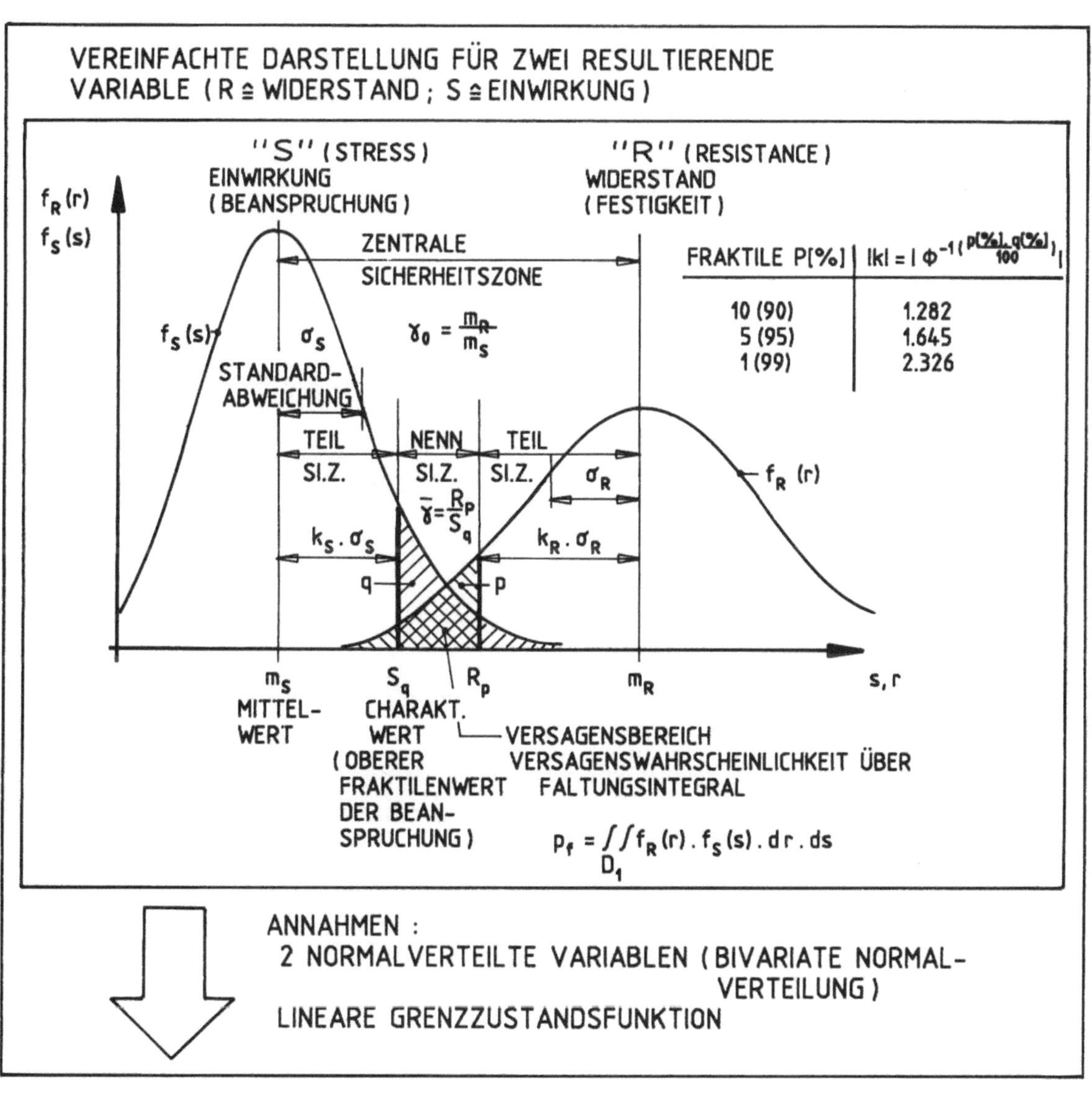

Abb. 2.4: Ableitung der Teilsicherheitsbeiwerte

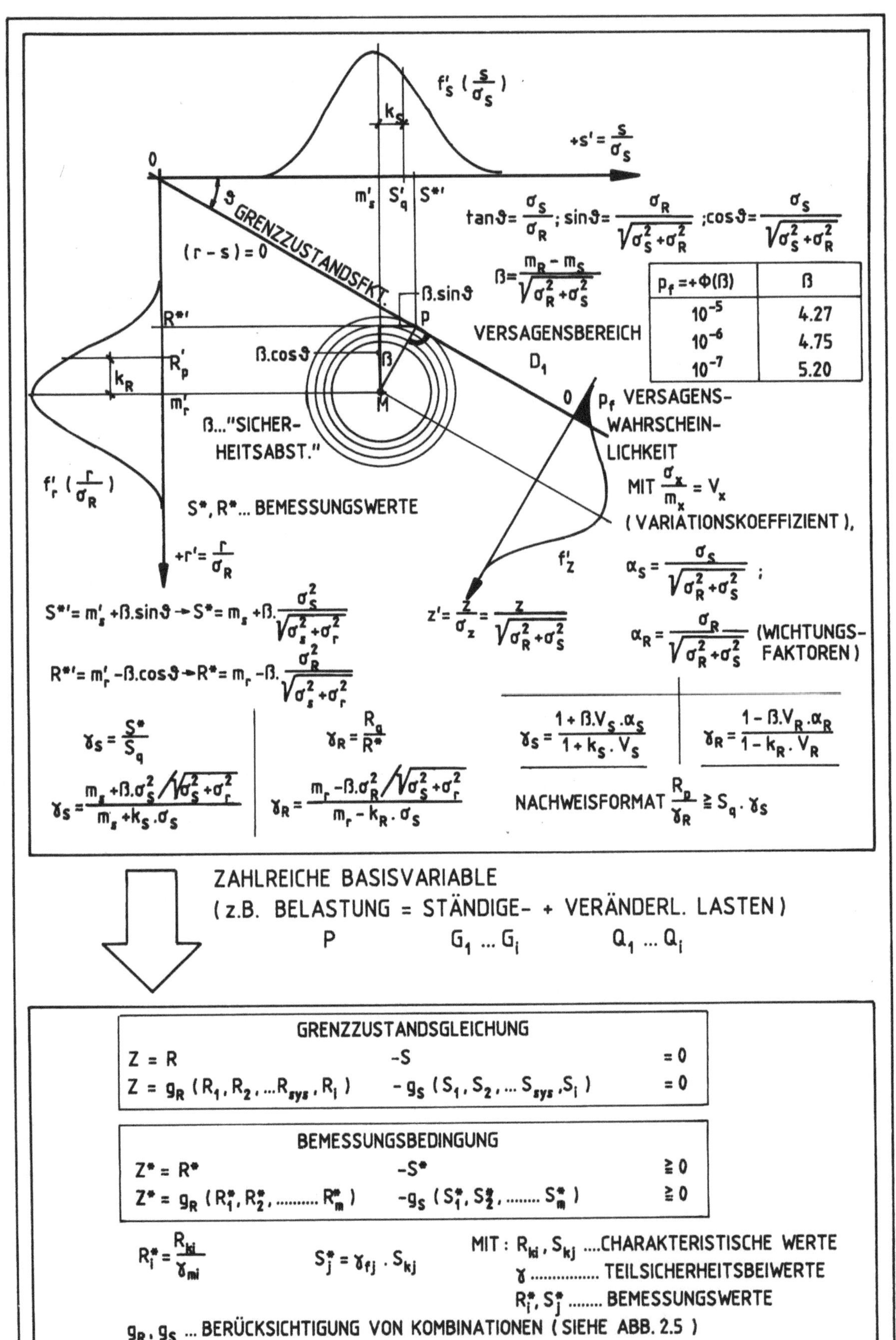

$p_f = +\Phi(\beta)$	β
10^{-5}	4.27
10^{-6}	4.75
10^{-7}	5.20

Abb. 2.4 (Fortsetzung)

Auf die wahrscheinlichkeitstheoretischen Überlegungen zur statistischen Aufbereitung der Daten kann in diesem Zusammenhang nicht näher eingegangen werden; hinsichtlich der detaillierten Behandlung dieses Themenbereiches sei auf die Grundlagenliteratur verwiesen.

Für die verschiedenen Kombinationsmöglichkeiten auf der Einwirkungsseite (dauernde und kurzzeitige Einwirkungen) werden in den Normen Verfahren zur Berücksichtigung selten auftretender Fälle bei der Überlagerung unterschiedlicher Einwirkungen (Lastkombinationen) erwähnt.
Da das Sicherheitsbedürfnis gegenüber unterschiedlichen Gebäudetypen verschieden hoch ist, erfolgt eine Unterteilung (meist nach dem Grad der Personengefährdung) in unterschiedliche Gebäudeklassen. In den vorliegenden Normentwürfen werden drei Sicherheitsklassen unterschieden; für die hier behandelten Gebäude (Wohnbauten mit bis zu 5 Geschossen) ist die Klasse "2" maßgebend, die durch Gefahr für Menschenleben und beachtliche wirtschaftliche Folgen bei Verlust der Tragfähigkeit definiert ist. Dieser Sicherheitsklasse wird im allgemeinen eine Versagenswahrscheinlichkeit von 10^{-6} zugeordnet. Die Bemessung selbst wird nach den Grenzzuständen (vgl. Tab. 2.3) für die Tragsicherheit bzw. Gebrauchs- tauglichkeit vorgenommen, wobei im Rahmen von Überprüfungen bzw. Verstärkungen meist Fragen der Gebrauchstauglichkeit (Gebrauchsfähigkeit) des Gebäudes im Vordergrund stehen. Die zu berücksichtigenden Grenzzustände werden in den Fachnormen (Eurocodes 2 bis 8) definiert. Einige dieser Normen liegen im Entwurf bereits vor; die dort getroffenen Feststellungen sind in die folgenden Kapitel dem derzeitigen Stand der Diskussion entspre- chend aufgenommen.

Die Bemessung unter Berücksichtigung der entscheidenden Grenzzustände erfordert die Aufstellung eines Berechnungsmodelles für jeden Grenzzustand, wobei in den meisten Fällen als Basisvariable Einwirkungen, Baustoffeigenschaften und geometrische Größen Eingang finden.
Bei Anwendung des Nachweisformates mit Teilsicherheitsbeiwerten (Level I-Verfahren) wird von der vereinfachenden Annahme ausgegangen, daß sich die (statistisch streuenden) Eingangsparameter gegenseitig nicht beeinflussen und daher getrennt zu behandeln sind.
Das Nachweisverfahren mit der allgemeinen Form der Grenzzustandsbedingung verdeutlicht Abb. 2.5. Meist wird die Bedingung in eine Einwirkungsfunktion und eine Widerstandsfunk- tion aufgespalten.
Die Bemessungswerte der Einwirkungen erhält man allgemein durch Multiplikation der repräsentativen Werte (nach statistischen Grundlagen ermittelt) mit den jeweiligen Teilsicher- heitsbeiwerten.
Nähere Angaben zur Berücksichtigung der Einwirkungen sind der Fachliteratur zu ent- nehmen. Da diese Problematik nicht direkt mit Fragen der Bauwerkssanierung zusammen- hängt, kann im Rahmen dieser Zusammenfassung die Diskussion der entsprechenden Grundlagen unterbleiben. Hingewiesen werden soll jedoch auf Bestrebungen, die auf eine von der Bauwerksanalyse abhängige Herabsetzung der Teilsicherheitsbeiwerte für dauernde Einwirkungen (Eigengewicht, ständige Nutzlasten) zielen. Da eine Festschreibung derartiger Vorgangsweisen in allgemein anerkannten Vorschriften jedoch nicht abzusehen ist, kann auf diese Vorgangsweise in den folgenden konstruktionsspezifischen Kapiteln nicht eingegangen werden.
Baustoffeigenschaften, wie

    Festigkeiten
    Elastizitätsmodul
    Kenngrößen der Verformung
    Dichte etc.,

werden grundsätzlich durch den jeweils charakteristischen Wert (jener Wert, der mit vorgegebener Wahrscheinlichkeit nicht erreicht wird und einer Fraktile der Widerstandsvaria- blen entspricht) berücksichtigt. Den Bemessungswert erhält man durch Division durch den entsprechenden Teilsicherheitsbeiwert.- Hinsichtlich der Baustoffeigenschaften sei auf die ausführliche Behandlung in Kapitel 3 verwiesen.

DARSTELLUNG NACH ÖNORM

TRAGSICHERHEITSNACHWEIS:

LASTNIVEAU: (GRUNDKOMBINATIONEN)

$$L = \gamma_S^G \cdot G + \gamma_S^Q \cdot Q_1 + \gamma_S^Q \cdot \sum_{i>1}^{n} \psi_{0,i} \cdot Q_i$$

MIT:

G   charakteristischer Wert der ständigen Lasten

Q_1 charakteristischer Wert der dominanten veränderlichen Last

γ_S^G Teilsicherheitsbeiwert der ständigen Lasten

γ_S^Q Teilsicherheitsbeiwert der veränderlichen Lasten

Art der Einwirkung		Teilsicherheitsbeiwert	
ständig G	ungünstig	γ_S^G (IM BEDARFS-FALL AUF-ZUSPLITTEN)	1.35
	günstig		1.0
veränderlich Q		γ_S^Q	1.5

$\psi_{0,i}$ KOMBINATIONSWERT

Einwirkung	ψ_0	ψ_1	ψ_2
Windkräfte	0.7	0.2	0
Schneelasten	0.7	0.2	0
Nutzlasten			
für Wohnhäuser	0.7	0.4	0.2
für Bürogebäude u. Warenhäuser	0.7	0.6	0.3
für Parkhäuser	0.7	0.7	0.6
z.T. ABMINDERUNG NACH GESCHOSSZAHL			

Abb. 2.5: Nachweisverfahren mit Teilsicherheitsbeiwerten

Bei der Untersuchung von Sanierungsobjekten kann - unter der Voraussetzung einer exakt durchgeführten Bauaufnahme - die Veränderlichkeit der geometrischen Größen im Vergleich zur Streuung der Einwirkungen und Baustoffeigenschaften in der Regel als vernachlässigbar klein angesetzt werden; die geometrischen Größen sind dann als Nennwerte (übereinstimmend mit den Aufmaßen) in der Berechnung anzusetzen.

Wesentlichen Anteil an den gegenwärtigen Sicherheitsüberlegungen haben Vorgaben bezüglich der Kontrollen bei Entwurf, Bemessung und konstruktiver Ausbildung sowie hinsichtlich der Ausführung, Überwachung und Erhaltung von Baukonstruktionen. Da derartige Festlegungen in den einschlägigen Norm(entwürfen) ausführlich behandelt werden und ohne wesentliche Änderungen auf Sanierungsprojekte zu übertragen sind, soll eine Zusammenfassung an dieser Stelle unterbleiben.

2.2. SEMIPROBABILISTISCHES SICHERHEITSKONZEPT - SANIERUNGSPROJEKTE

Mit dem Inkrafttreten der internationalen Normen unter Berücksichtigung des semiprobabilistischen Sicherheitskonzeptes in den kommenden Jahren wird auch bei Bemessungsaufgaben im Rahmen konstruktiver Sanierungsmaßnahmen nach dieser Methode vorzugehen sein. Neben den Feststellungen laut Punkt 2.1.2. stehen die im folgenden angeführten Punkte im Vordergrund.

2.2.1. KONSTRUKTIVE MASSNAHMEN - ÄNDERUNGEN

Die wesentlichste Änderung betrifft die Festlegung einer vorgegebenen Tragwerkssicherheit, die die Akzeptanz einer Versagenswahrscheinlichkeit für das betrachtete Bauwerk beinhaltet.
Eine weitere Umstellung bedeutet die Berücksichtigung der statistisch zu erfassenden Streuung der Basisvariablen der Bemessung sowie das Ausgehen von Grenzzuständen.
Speziell hinsichtlich der Materialkennwerte bedingt dieser Übergang das Abgehen von den bisher als fest vorgegebenen Eingangswerten. Darin liegt jedoch der Vorteil, die bei Altbauten oft deutlich ausgeprägten Schwankungen der Baustoffgüte von vorneherein abzuschätzen und in ihrer Streuung zu erfassen, um zu wirtschaftlichen Konstruktionsalternativen zu gelangen.

Die grundlegende Bedeutung exakter Bauaufnahmen und Analysen des Tragverhaltens sowie der Werkstoffeigenschaften wird durch die Vorgaben des probabilistischen Modells hervorgehoben.
Ebenfalls in den Vordergrund gerückt wird die Bedeutung von Kontrollen bei der Durchführung der Planungen und der eigentlichen Baumaßnahmen für die Sicherheit der Baukonstruktion.

2.2.2. GRENZZUSTÄNDE - FESTLEGUNG

Bei der Durchführung von Sanierungs- oder Verstärkungsmaßnahmen sind Verbesserungen hinsichtlich der Nutzung des Gebudes oder von Gebäudeteilen vorherrschend.

Mit Ausnahme von einzelnen Tragelementen (Teile des Dachstuhles bei nachträglichen Einbauten) liegt - im Gegensatz zur Konstruktionsfestlegung bei der Mehrzahl der Neubauten - das Schwergewicht auf der Bemessung in bezug auf die Grenzzustände der Gebrauchstauglichkeit (Gebrauchsfähigkeit). In der Mehrzahl der Fälle sind Begrenzungen der Formänderung (z.B. Maximaldurchbiegung von Deckenkonstruktionen) und Einschränkungen der Schwingung von Konstruktionsteilen zu gewährleisten.

Mit den Vorgaben zu den getrennt angeführten Konstruktionselementen beschäftigen sich die folgenden Kapitel.

3. LASTANNAHMEN UND MATERIALKENNWERTE

Statische Untersuchungen an Hochbauten der Gründerzeit werden zur Beurteilung des
aktuellen Tragvermögens (in Hinsicht auf die Tragsicherheit, vor allem aber die
Gebrauchstauglichkeit) oder zur Bemessung von Verstärkungskonstruktionen durchgeführt.
In beiden Fällen ist die Kenntnis folgender Eingangswerte notwendig:

Tatsächlich vorhandene Belastung aus dem Eigengewicht der verwendeten Konstruktionselemente

Zur Bauzeit angesetzte Belastungsannahmen (zu Nutzlast, Schneelast und Windkräften), in
Gegenüberstellung zu den heute vorgegebenen Bemessungswerten

Materialkennwerte der verwendeten Baustoffe und Konstruktionselemente.

Die Belastungsannahmen werden in einem eigenen Abschnitt behandelt, wobei auf die in der
Literatur des 19. Jahrhunderts angegebenen Werte zurückgegriffen werden kann; die
Eigengewichte der Bauteile (Decken, Dachkonstruktionen, Wände) sind in eigenen Tabellen
zusammengefaßt.

Auf die Eigengewichte der Baustoffe wird in den Aufstellungen der mechanischen Werkstoff-
eigenschaften des zweiten Abschnittes eingegangen. Die Angaben der zur Bauzeit festgelegten
Kennwerte der Materialeigenschaften beruhen auf einer ausführlichen Literaturrecherche.
Unterteilung:

- Natürliche Steine
- Künstliche Steine
- Holz
- Metallische Werkstoffe
- Angaben zur Belastbarkeit des Baugrundes.

Allgemeine Angaben zur Mauerwerksfestigkeit finden sich in Abschnitt 3.4., konstruktiv
bedingte Bemessungsregeln in Kapitel 4.

3.1. LASTANNAHMEN

Da im Hochbau bis in die letzten Jahrzehnte des vorigen Jahrhunderts die Dimensionierung
tragender Elemente nach tradierten Regeln erfolgte, fehlen für die ersten Jahrzehnte der
Gründerzeit (1850-1880) Angaben zu den angesetzten äußeren Einwirkungen, wie Nutzlasten,
Schneelasten und Windkräften. Erst mit dem Beginn der international koordinierten
Materialuntersuchungen wurde dem Gebiet der Lastannahmen größere Bedeutung beige-
messen.

3.1.1. LASTANNAHMEN ZUR BAUZEIT

Die Lastannahmen zur Bauzeit wurden erst spät in Form von Normalien oder Verordnungen
festgehalten. Für die folgenden Angaben sind daher weitgehend Veröffentlichungen des
Zeitraumes 1885 bis 1910 grundlegend. Da die Festlegung dieser Angaben jedoch meist auf
Erfahrungswerten basierte, kann davon ausgegangen werden, daß ältere Bauwerke unter Zugrundelegung ähnlicher Lastannahmen dimensioniert wurden.

Tab. 3.1 bringt einen Vergleich zwischen gegen Ende des 19. Jahrhunderts aufgestellten Nutzlastangaben.

RAUM / GEBÄUDETYP	NUTZLASTANGABEN ; UMGERECHNET AUF [kN/m^2]		
	BERLINER BO., 1887 [1])	DIESENER 1891 [2])	NORMALIEN D. ÖIAV 1902 [3])
DACHRÄUME		-	1.55
WOHNRÄUME	2.50	1.50-2.0	2.50
SCHULRÄUME	-	4.0	3.00
STIEGEN , GÄNGE , VERSAMMLUNGSSÄLE	5.00 (GEWÖLBTE STIEGEN)	4.0	4.00
GESCHÄFTSRÄUME , LAGERRÄUME (IN STOCKWERKEN V. WOHN- U. GESCHÄFTSGEBÄUDEN)	5.00	7.5 ("KAUF- MANNS- SPEICHER ")	4.50
DESGL. IM EG	5.00	7.5	5.50
DURCHFAHRTEN	9.00	-	8.00

[1]) BEKANNTMACHUNG ZUR BERLINER BAU-POLIZEI-ORDNUNG 1887 , vom 21.II.1887
[2]) DIESENER , H : DIE FESTIGKEITSLEHRE UND DIE STATIK IM HOCHBAU , VERLAG L. HOFSTETTER , HALLE A.D. SAALE , 1891
[3]) NORMALIEN DES ÖSTERREICHISCHEN INGENIEUR- UND ARCHITEKTEN- VEREINES : BESTIMMUNGEN FÜR DIE BELASTUNG VON BAUKONSTRUKTIONEN UND BEANSPRUCHUNGEN VON BAUMATERIALIEN , WIEN , 1902

Tab. 3.1: Nutzlastangaben für Hochbauten (um 1900)

Angaben zu Schneelasten und Windkräften sind in den ausgewerteten Literaturstellen gleichlautend; in den Normalien des ÖIAV existierten jedoch Abminderungsbeiwerte für die gleichzeitige Wirkung der beiden Anteile auf Dachkonstruktionen.

EINWIRKUNG	LAST- UND DRUCKANGABEN IN $[\,kN\,/\,m^2\,]$		
	BERLINER BO., 1887 [6]	DIESENER 1891 [6]	NORMALIEN D. ÖIAV 1902 [6]
SCHNEELAST AUF HORIZ. FLÄCHE	– [1]	0.75	0.75 [2]
SCHNEELAST BEI GLEICHZEITIGER WINDEINWIRKUNG	– [1]	–	0.50 [3]
DACHNEIGUNG 40 – 50°	–	–	0.375 [4]
> 50°	–	–	0
WINDDRUCK AUF VERT. FLÄCHEN (PROJEKTION)	– [1]	1.15	2.00 [5]

[1] DIE BERLINER BAUORDNUNG GIBT WERTE FÜR BELASTETE
DACHKONSTRUKTIONEN AN EIGENGEWICHT DACHSTUHL g_1 +
EIGENGEWICHT DECKUNG g_2 +
SCHNEELAST p_1 +
WINDLAST p_2
(ANGABEN IN TABELLE 3.3.c)
[2] 60 cm SCHNEEHÖHE BEI SCHNEEDICHTE VON 125 kg/m³
[3] 2/3 DER ALLEIN WIRKENDEN SCHNEELAST
[4] 1/2 DER ALLEIN WIRKENDEN SCHNEELAST
[5] DABEI WURDE NUR EINE SEITE DES DACHES ALS BELASTET ANGENOMMEN
[6] ERKLÄRUNG SIEHE FUSSNOTEN TAB. 3.1.

Tab. 3.2: Angaben zu Schneelasten und Windkräften

Wesentlicher Faktor bei der Beurteilung des aktuellen Belastungszustandes ist die Abschätzung der Eigengewichte von Konstruktionselementen (siehe Tab. 3.4 - um die Jahrhundertwende gültige Angaben).

MAUERWERK	SPEZ. GEWICHT IN [kN/m³] FÜR TROCKENES MAUERWERK		
	BERLINER BO., 1887 [4])	DIESENER 1891 [4])	NORMALIEN D. ÖIAV 1902 [4])
HANDSCHLAGZIEGEL MIT WEISSKALKMÖRTEL	16.0	15.5 [2])	15.0 [3])
MIT ROMANZEMENTMÖRT. PORTLANDZEMENTMÖRTEL	-		15.7 [3])
MASCHINZIEGEL MIT WKM	16.0	15.5 [2])	15.8 [3])
MIT RZM, PZM	--	-	16.5 [3])
GESCHLEMMTE ZIEGEL MIT WKM	16.0	15.5 [2])	15.3 [3])
NACHGEPRESSTE PFEILER-ZIEGEL MIT PZM	-	-	16.1 [3])
KLINKERZIEGEL MIT PZM	-	-	19.2 [3])
3-LOCHZIEGEL MIT WKM		-	13.5 [3])
6-LOCHZIEGEL MIT WKM		-	12.5 [3])
PORÖSE VOLLZIEGEL MIT WKM	13.0	-	12.0 [3])
PORÖSE 3-LOCH-ZIEGEL MIT WKM	11.0 [1])	-	11.4 [3])

[1]) OHNE ANGABE DER LOCHZAHL.
[2]) ZUSÄTZLICHE ANGABE DES MAUER-EIGENGEWICHTES, BEZOGEN AUF 1m² ANSICHTSFLÄCHE

MAUERART	STÄRKE (REICHSFORMAT)	g' [kN/m²]
FACHWERK MIT ZIEGELSTEINEN	1/2 STEIN	2.20
	1 STEIN	3.80
MASSIVES MWK	1	4.60
-"-	11/2	6.70
-"-	2	8.80
-"-	21/2	11.00
-"-	3	13.00

[3]) DURCH ABWÄGEN AM MAUERWERK AUS WIENER ZIEGELN ERHOBEN

[4]) ERKLÄRUNG SIEHE FUSSNOTEN TAB. 3.1.

Tab. 3.3.a: Gewichtsangaben für unterschiedliche Mauerwerkstypen (Ziegelmauerwerk mit Mörtelputz)

EIGENGEWICHT IN kN/m^2 (SPANNWEITEN < 6m)		
DECKENSYSTEM	BERLINER[3] BO., 1887	DIESENER[3] 1891	NORMALIEN D.[3] ÖIAV 1902
TRAMDECKE MIT EINFACHER DIELUNG	k. A.	2.80[1]	k. A.
GEWÖHNLICHE TRAMDECKE	2.50	5.0[1] (IN WOHNHÄUSERN)	2.50[2] (10cm BESCHÜTTUNG, STUKKATURSCHAL.)
TRAMDECKE MIT GESTRECKTEM WINDEL-BODEN	k. A.	4.30 (MIT LEHM-ESTRICH)	k. A.
DIPPELBAUMDECKEN	k. A.	k. A.	3.40[2] (10cm BESCHÜTTUNG, FUSSBODEN, STUKKATURSCHAL.) 3.60[2] (w.o. MIT ZIEGEL-PFLASTER OD. STEIN-PLATTENBELAG)
TRAMTRAVERSEN DECKE	k. A.	k. A.	2.60[2] (10cm BESCHÜTTUNG, FUSSBODEN, STUKKATURSCHAL.)
FLACHE GEWÖLBE	3.50 (AUS PORÖSEN STEINEN) 10.0[1] (IN FABRIKGE-BÄUDEN) 12.5[1] (ÜBER DURCH-FAHRTEN)	6.0[1] (AUS PORÖSEN STEINEN) 10.0[1] (IN FABRIKGE-BÄUDEN) 12.5[1] (ÜBER DURCH-FAHRTEN)	k. A.
FLACHE GEWÖLBE AUF EISERNEN TRÄGERN	k. A.	6.0 - 7.5[1] (MIT HINTER-MAUERUNG UND FUSSBODEN 1/2 STEIN STARK) 5.0 - 5.5[1] (w.o. 1/4 STEIN STARK)	4.80[2] (15cm STARK; 8cm BESCHÜTTUNG AM SCHEITEL, FUSSB., VERPUTZ, BIS 1.40m TRÄGERABSTAND) 5.50[2] (w.o., 1.40–3.00m TRÄGERABSTAND)

Tab. 3.3.b: Gewichtsangaben für Deckenkonstruktionen

DECKENSYSTEM	BERLINER BO.	DIESENER	NORM. ÖIAV
WELLBLECHDECKEN	5 – 10[1]	4.50[1] (IN WOHNBAUTEN) 8.50[1] (IN FABRIKEN)	2.50[2] (BOMBIERTES W.B. BESCHÜTTUNG 10cm AM SCHEITEL, FUSSBODEN, TRÄGER- ABSTAND BIS 2m) 2.80[2] (w.o., 6cm BESCHÜTT. 2-3m TRÄGERABST.)

	NORMALIEN DES ÖIAV 1902	
	IM GEWICHT INBEGRIFFEN	GEWICHT IN kN/m^2

STAMPFBETONGEWÖLBE

GEW.-STÄRKE	PFEIL-HÖHE	KONSTR. HÖHE	IM GEWICHT INBEGRIFFEN	GEWICHT IN kN/m^2
7.5cm 8.5cm	11.5cm 20.5cm	30cm 40cm	6cm BESCHÜTTUNG AM SCHEITEL, HOLZFUSSBODEN	3.70[2] 4.30[2]
7.5cm 8.5cm	16.5cm 25.5cm	30cm 40cm	6cm BETONAUFFÜLLUNG AM SCHEITEL, ZEMENT- ESTRICH	4.60[2] 5.50[2]

MONIERGEWÖLBE, 5cm STARK

PFEIL-HÖHE	KONSTR.-HÖHE	IM GEWICHT INBEGRIFFEN	GEWICHT IN kN/m^2
25cm	40cm	5cm BESCHÜTTUNG AM SCHEITEL, HOLZFUSS- BODEN, VERPUTZ, AUFFÜLLUNG AUS SCHLACKENBETON, 2cm ZEMENTESTRICH	3.60[2]
43cm	50cm		4.50[2]

EBENE MONIER-PLATTEN 5cm STARK	BESCHÜTTUNG, HOLZ- FUSSBODEN, VERPUTZ, AUSBETONIERUNG DER TRÄGERFLANSCHEN	4.40[2]

[1] INKLUSIVE NUTZLASTEN
[2] 0.14 kN/m^2 PRO cm ZUSÄTZLICHER BESCHÜTTUNG
[3] ERKLÄRUNG SIEHE FUSSNOTEN TAB. 3.1.

Tab. 3.3.b (Fortsetzung)

KONSTRUKTION/ EINDECKUNG	GEWICHT AUF HORIZONTALE PROJEKTIONSFLÄCHE BEZOGEN IN [kN/m^2]					
	BERLINER BO 1887[4]	DIESENER 1891[4]				NORMALIEN ÖIAV 1902[4]
		STEIGUNG				
		1:1	1:2	1:3	1:4	
EINFACHES ZIEGELDACH		2.60[1]	2.2			1.20[2] Steigg.1/1.25
DOPPELTES ZIEGELDACH UND KRONENZIEGELDACH	2.50 – 3.00[1]	2.90[1]	2.4			1.50[2] Steigg.1/1.25
FALZZIEGELDACH		2.80[1]	2.3			0.70[2] Steigg.1/2.25
EINFACHES SCHIEFERDACH	2.00 – 2.40[1]					
ENGLISCH		2.40	1.9			0.80[2] Steigg.1/2.25
DEUTSCH		3.00	2.6			0.80[2] Steigg.1/2.25
DOPPELTES SCHIEFERDACH		–	–	–	–	0.90[2] Steigg.1/2.25
DACH MIT ZINK OD. EISEN-BLECH AUF SCHALUNG	1.25 – 1.50[1]	2.0[1]	1.6	1.4	1.35	0.45[2] Steigg.1/4
DACH MIT DACHPAPPE		2.0[1]	1.7	1.5	1.4	0.40[2] Steigg.1/4
GLASDACH MIT EISEN-SPROSSEN 6mm GLAS	1.25 – 1.50[1]	k. A.				0.26[2] Steigg.1/2
8mm GLAS		k. A.				0.38[2] Steigg.1/2
DACH MIT WELLBLECH AUF WINKELPFETTEN	k.A.	k. A.				0.25[2]
HOLZZEMENTDACH	3.50[1]	2.50[1]				1.65[2] [3] Steigg.1/20

[1] S. FUSSNOTE [1] IN TAB. 1.1.
[2] DACHDECKUNG EINSCHLIESSLICH SPARREN OHNE DACHSTÜHLE *
[3] MIT 10 cm SCHOTTERBETTUNG
[4] S. FUSSNOTEN IN TAB. 1.1.
*) DAS GEWICHT DER TRAGWERKE KANN FOLGENDERMASSEN GESCHÄTZT WERDEN:

DACHSTÜHLE	STÜTZWEITE [m]	EIGENGEWICHT [kN/m^2 GFL]
HÖLZERNE	BIS 16	0.20 – 0.30
EISERNE : LEICHTE	BIS 16	0.10 – 0.20
SCHWERE	BIS 16	0.20 – 0.35
EINFACHE PULTDÄCHER	BIS 10	0.10 – 0.15
KLEINE SATTELDÄCHER	BIS 10	0.15 – 0.20
GR. POLONCEAUDÄCHER	ÜBER 10	0.20 – 0.25
GR. ENGL. DACHSTÜHLE	ÜBER 10	0.20 – 0.25
MANSARDEN	25 – 30	0.80 – 1.00

Tab. 3.3.c: Gewichtsangaben für Dachkonstruktionen

3.1.2. GEGENWÄRTIG ANZUSETZENDE EINWIRKUNGEN

Die Daten in den internationalen und nationalen Normen sind großteils deterministisch festgelegt, da ausreichende statistische Auswertungen nicht vorliegen.

Was Angaben zum Eigengewicht betrifft, so stellen die Normangaben im wesentlichen Mittelwerte der Verteilungen dar. Die Nutzlastangaben der einzelnen Länder differieren meist nur in einem engen Bereich (siehe Tab. 3.4). Die Angaben in ISO 2103-1986(E) erfassen die bei der Auswertung der nationalen Normen ermittelten Minimalwerte.

ART DER NUTZUNG	BELASTUNGSANGABEN IN kN/m^2 (kPa) WERTE OHNE ZWISCHENWANDZUSCHLAG"		
	ISO 2103 - 1986(E)	DIN 1055 B (1971)	ON B4012 11/81
WOHNRÄUME, HOTELZIMMER	1.5	1.5[1] 2.0	2.0
KRANKENZIMMER ETC.		2.0	3.0
BÜRORÄUME	2.0	2.0	
KLASSENZIMMER	2.0	3.5	4.0
VERKAUFSRÄUME	4.0	5.0	5.0
AUSSTELLUNGS-RÄUME	2.5[2]	5.0	5.0

[1] BEI AUSREICHENDER QUERVERTEILUNG DER LASTEN
[2] ZUZÜGLICH DER EINRICHTUNG UND DER EXPONATE

Tab. 3.4: Gegenüberstellung der Nutzlastangaben einiger Normen/Nutzlasten (Verkehrslasten) für Deckenkonstruktionen

Bei der Gegenüberstellung der Nutzlastvorgaben für Wohnräume mit den (nur in geringem Umfang durchgeführten) Untersuchungen zum tatsächlichen Lastniveau fällt auf, daß die durchwegs schief verteilten Nutzlasten weit unter den Normangaben liegen. Dies darf aber nicht über die - bei Holzdecken unter Umständen einen einzigen Tram betreffenden - relativ hohen Einzellasten (oder Streifenlasten) durch Bücherkästen oder ähnliche Einrichtungsgegenstände hinwegtäuschen. Bei der Bemessung des Mauerwerkes in den unteren Geschossen oder der Fundierung sind die in den jeweiligen Normen vorgesehenen Abminderungen heranzuziehen; in Abb. 3.1 ist der Abminderungsfaktor nach ISO 2103 für die im Altbau zu erwartenden Geschoßzahlen ausgewertet.

Gewichtsangaben für Bauteile gehen aus ISO 9194:1987 (E), DIN 1055 Tl. (7.78) und ÖNORM B 4010 (5.82) hervor; die Auflistung der (aus statistischer Sicht als Mittelwerte zu interpretierenden) Angaben erübrigt sich.

Zu betonen ist, daß gegenwärtig auf der Einwirkungsseite für Lastannahmen überwiegend deterministische Werte vorliegen.

Bezüglich der Schneelasten und Windkräfte ist ebenfalls auf die derzeit gültigen Normen zu verweisen, wobei gegenüber der Bauzeit teilweise gravierende Erhöhungen der Rechenwerte festzustellen sind; dies hängt vor allem mit dem größeren Beobachtungszeitraum zusammen.

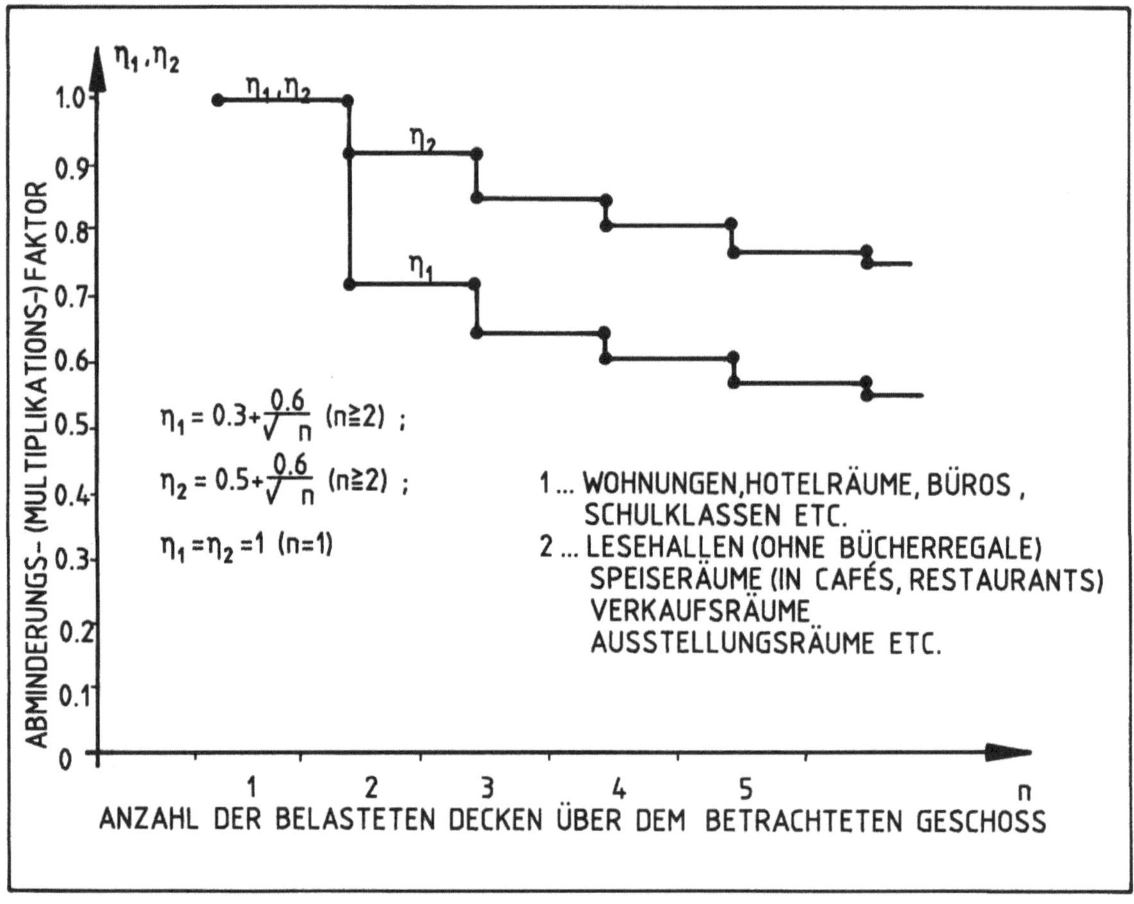

$$\eta_1 = 0.3 + \frac{0.6}{\sqrt{n}} \quad (n \geq 2) \; ;$$

$$\eta_2 = 0.5 + \frac{0.6}{\sqrt{n}} \quad (n \geq 2) \; ;$$

$$\eta_1 = \eta_2 = 1 \quad (n=1)$$

Abb. 3.1: Abminderungsfaktor für Nutzlasten in Abhängigkeit von der Geschoßzahl; bei der Untersuchung von Stützen, Mauern und Fundamenten heranzuziehen

3.2. MATERIALKENNWERTE - ALLGEMEIN

Um für die Untersuchung von Altbauten Rechenwerte der Widerstandsseite zu erhalten, stehen die Möglichkeiten gemäß Abb. 3.2 offen.

Der Idealfall der objektbezogenen Prüfung der für die Untersuchung notwendigen Materialkennwerte (Methode III) ist wegen der hohen Kosten und des enormen Zeitaufwandes nur in Einzelfällen (Objekte von hohem kulturellem Wert) realisierbar.

Die Auswertung von den bei Objektuntersuchungen (in Form von Stichproben oder umfangreicheren Prüfungen) gewonnenen Materialdaten scheint eine anzustrebende Lösung; zur Zeit existieren allerdings noch keine für eine statistische Auswertung ausreichenden Daten. Aufgabe der kommenden Jahre wird daher der Aufbau einer entsprechenden Datenbank sein; der Vorteil gegenüber Methode I liegt in der Berücksichtigung der Korrosionserscheinungen.

Methode I sieht die Heranziehung von Materialangaben der Bauzeit vor. Dabei sind alte
Angaben zu den mechanischen Eigenschaften wie auch Hinweise zu den Herstellungsprozes-
sen auszuwerten. Bei der Anwendung im Einzelfall sind jedoch zusätzlich die Besonderheiten
des jeweils untersuchten Objektes (konstruktionsbezogene Abweichungen in der Materialver-
wendung, Einflüsse durch die Gebäudenutzung) sowie die am Konstruktionsteil feststellbaren
Korrosionserscheinungen zu beachten. Im Regelfall geht man aber nicht ausschließlich nach
einer Methode vor, sondern ermittelt die Rechenwerte durch Kombination der Verfahren.

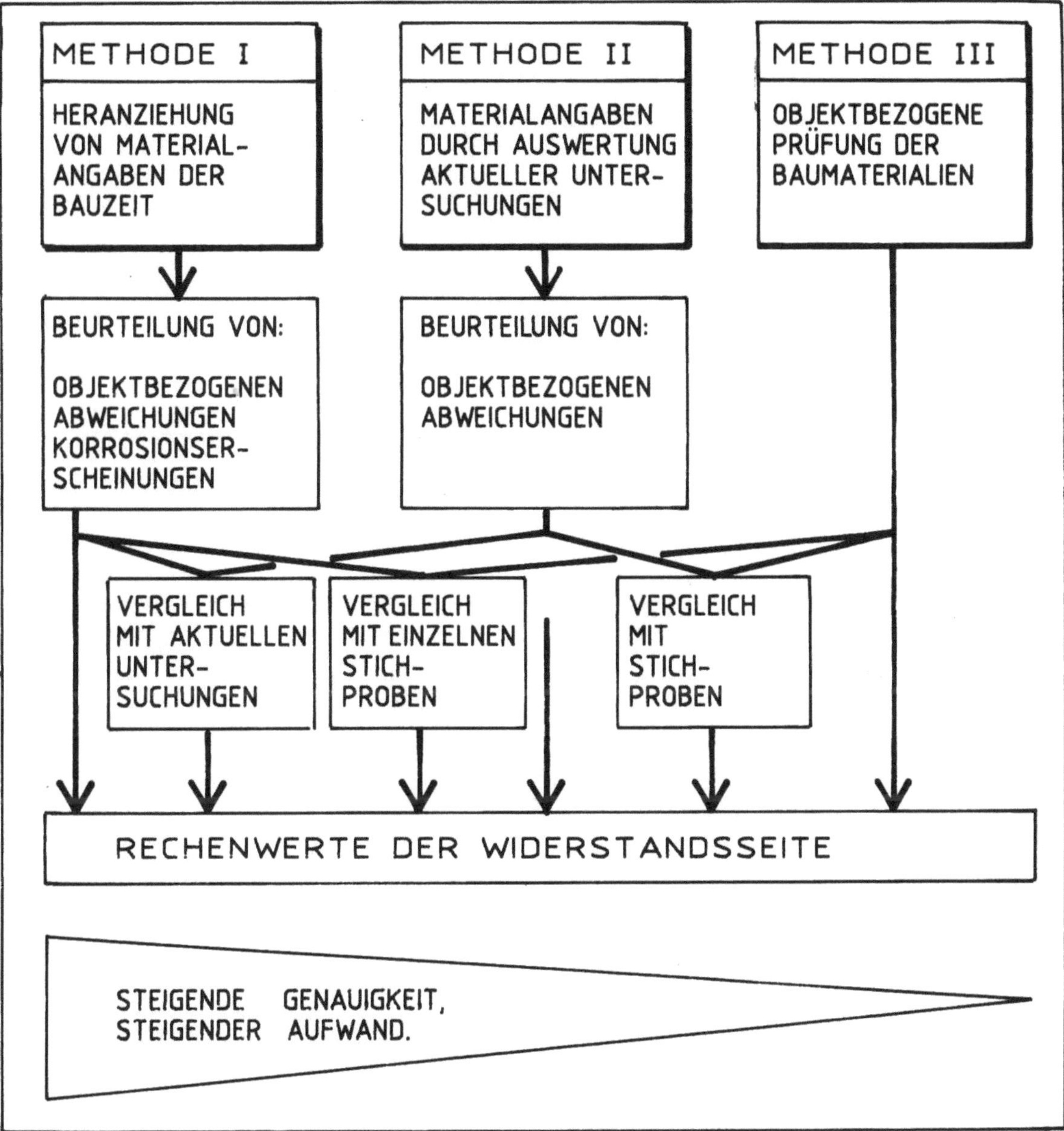

Abb. 3.2: Möglichkeiten zur Ermittlung von Rechenwerten für die Widerstandsseite

3.2.1. MATERIALANGABEN DER BAUZEIT

Aus den nachstehenden Abschnitten sind vor allem Materialangaben der Bauzeit und - soweit
möglich - Angaben über die Ergebnisse aktueller Untersuchungen ersichtlich. Weitere
Schwerpunkte betreffen die häufigsten Korrosionserscheinungen an den eingesetzten Baustoffen sowie deren Auswirkungen auf die mechanischen Eigenschaften der Baustoffe.

International koordinierte Materialuntersuchungen auf wissenschaftlicher Basis setzten erst in den letzten beiden Jahrzehnten des vorigen Jahrhunderts ein. Die Erfassung der Werte in sogenannten Normalien konnte daher erst um die Jahrhundertwende erfolgen.- Den anschließenden Auflistungen liegen dazu u.a. die Bestimmungen laut Tab. 3.5 zugrunde.

HERAUSGEBER	TITEL	ERSCHEINUNGSDATUM
ÖIAV, WIEN[1]	BESTIMMUNGEN FÜR DIE EINHEITLICHE BENENNUNG DER ZU BAUZWECKEN VERWENDETEN HYDRAULISCHEN BINDEMITTEL	1880
ÖIAV, WIEN[1]	BESTIMMUNGEN FÜR DIE EINHEITLICHE LIEFERUNG UND PRÜFUNG VON PORTLANDZEMENT	1888
ÖIAV, WIEN[1]	BESTIMMUNGEN FÜR DIE EINHEITLICHE LIEFERUNG UND PRÜFUNG VON ROMANZEMENT	1890
ÖIAV, WIEN[1]	GRUNDZÜGE EINER EINHEITLICHEN BENENNUNG FÜR EISEN UND STAHL	k. A.
ÖIAV, WIEN[1]	TYPEN FÜR WALZEISEN	k. A.
ÖIAV, WIEN[1]	BESTIMMUNGEN FÜR BELASTUNG VON BAUKONSTRUKTIONEN	1902
V. d. Z.[2]	NORMEN FÜR EINHEITLICHE LIEFERUNG UND PRÜFUNG VON PORTLANDZEMENT	k. A.
DAIV[3]	NORMALBEDINGUNGEN FÜR DIE LIEFERUNG VON EISENKONSTRUKTIONEN FÜR BRÜCKEN UND HOCHBAU	1893
[1] ÖSTERREICHISCHER INGENIEUR-UND ARCHITEKTEN-VEREIN, WIEN [2] VEREIN DEUTSCHER ZEMENTFABRIKANTEN [3] VERBAND DEUTSCHER ARCHITEKTEN- UND INGENIEUR-VEREINE UNTER MITWIRKUNG DES VEREINES DEUTSCHER INGENIEURE UND DES VEREINES DEUTSCHER EISENHÜTTENLEUTE		

Tab. 3.5: Bestimmungen zu Materialkennwerten (um 1900)

Materialkennwerte nach den Tabellen:

- Dichte
- Elastizitätsmodul
- Bruchfestigkeiten (mit Angabe der Sicherheitsfaktoren zur Bauzeit
  oder der angesetzten Rechenwerte)
- Temperaturausdehnungskoeffizienten.

Die Materialkennwerte werden durch Angaben zur seinerzeitigen Herstellung oder Aufbereitung der Baustoffe ergänzt.

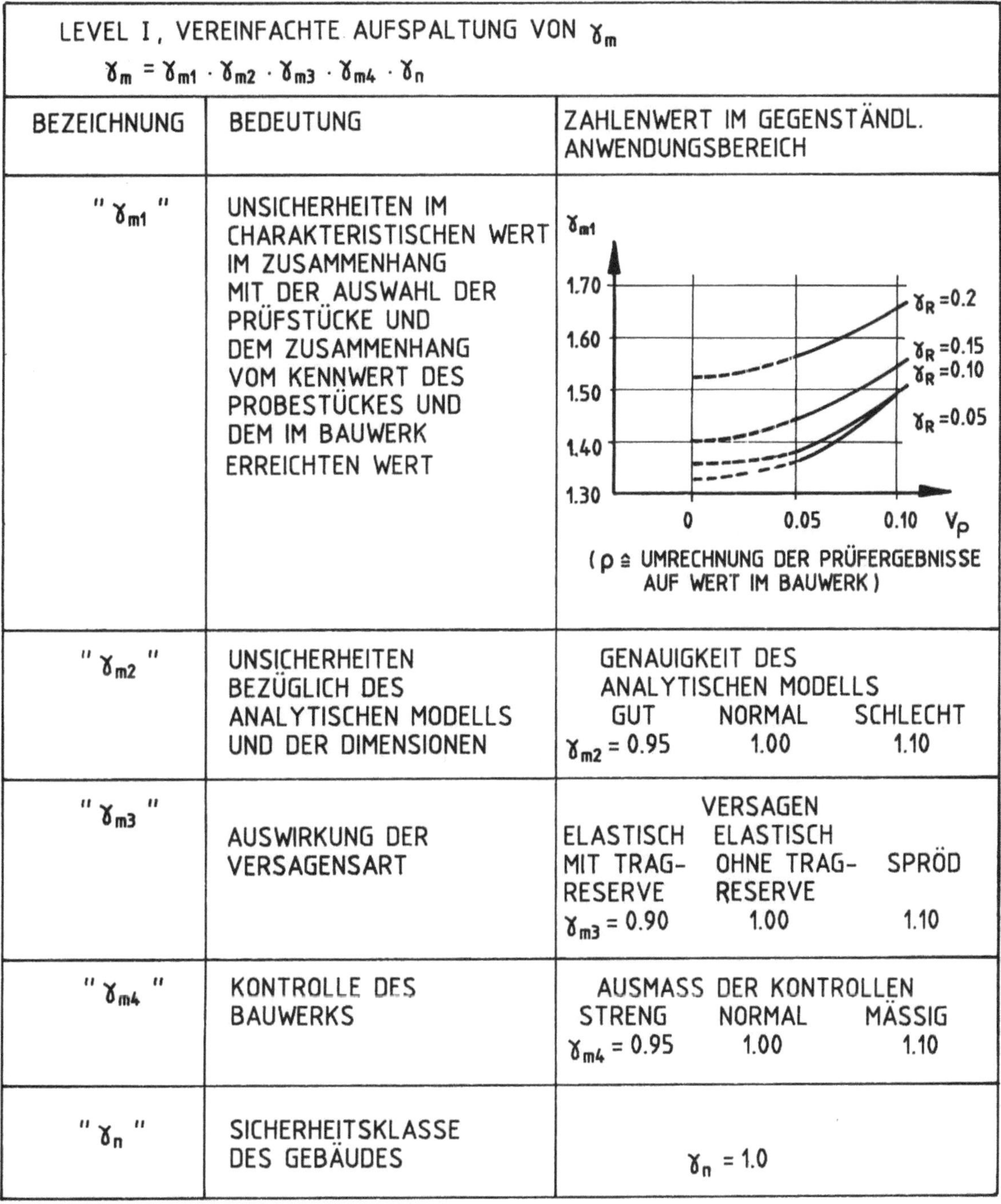

Abb. 3.3: Angaben zu den Teilsicherheitsbeiwerten der Widerstandsseite

In Einzelfällen jedoch sind Aussagen über die statistische Verteilung der Materialangaben alter Baustoffe möglich. In diesen Fällen könnte entsprechend den Zielvorstellungen der semiprobabilistischen Sicherheitsüberlegungen der Teilsicherheitsfaktor der Widerstandsseite ermittelt werden. Dieser hängt auch von den Kenngrößen der Einwirkungsseite ab, weshalb die Auswertungen zu Abb. 3.3 von deterministischen Vorgaben bezüglich der Lastangaben ausgehen.
Die in dieser Abbildung dargestellte Aufspaltung des Teilsicherheitsbeiwertes der Widerstandsseite (gemäß NKB Report No 55E) ist nicht auf die bereits in einschlägigen Normen oder Normvorschlägen erfaßten modernen Baustoffe oder Baustoffkombinationen (Stahl, Stahlbeton, Stahl-Beton-Verbundbauteile, Holz und Mauerwerk) anwendbar.

Kenndaten für bauphysikalische Berechnungen wurden der Übersichtlichkeit halber nicht in diese Tabellen integriert, sondern unter dem jeweiligen Kapitel getrennt angeführt.
Weitere Angaben betreffen die Möglichkeiten der Materialprüfung; unterschieden wird zwischen den allgemeinen Feststellungen (Abschnitt 3.2.2.), den materialspezifischen Angaben in diesem Kapitel (Abschnitt 3.2.3 ff.) und den konstruktionsbezogenen Vorgangsweisen in den Spezialkapiteln.
Ein besonderer Abschnitt beschäftigt sich mit den zur Bauzeit angestellten Überlegungen zur Beurteilung des Baugrundes; auf die theoretischen Ableitungen soll aber nicht eingegangen werden, sondern nur auf die Rechenwerte.

3.2.2. OBJEKTBEZOGENE BAUSTOFFPRÜFUNG - ALLGEMEIN

Die objektbezogene Baustoffprüfung stellt - als allein angewandte Methode - das aussagekräftigste, doch aufwendigste Verfahren dar.
In der Regel werden derartige Untersuchungen nur bei Baustoffen, die nicht einer der im folgenden erwähnten Gruppen zuzuordnen sind, oder zur Abschätzung der Korrosionserscheinungen heranzuziehen sein.
Ein anderer Anwendungsfall ist die stichprobenartige Überprüfung der alten Aufzeichnungen oder der Auswertung bereits durchgeführten Untersuchungen entnommener Werte (siehe Abb. 3.1).
Prinzipiell ist bei der Durchführung von Bauteiluntersuchungen der charakteristische Wert oder der Bemessungswert des Bauteilwiderstandes unter folgenden Bedingungen statistisch zu schätzen:

Der Erwartungswert (E(B)) des erhaltenen Sicherheitsindex B soll mindestens dem in den Normen vorgegebenen Wert für ß entsprechen. Das bedeutet, daß der bei Zugrundelegung der Versuchsergebnisse erhaltene Sicherheitsindex im Mittel gleich der oder größer als die Normvorgabe sein soll (Voraussetzung 1 - Abb. 3.4). Im Einzelfall soll der aus den Versuchen ermittelte Sicherheitsabstand die Normvorgabe maximal um einen definierten Wert unterschreiten (Voraussetzung 2 - Abb. 3.4). Die Berechnungsannahmen wurden so gewählt, daß die nächstniedrige Sicherheitsklasse mit einer Wahrscheinlichkeit von 85% erreicht wird.
Weitere Voraussetzungen beziehen sich auf die Verteilung des Bauteilwiderstandes, die in den meisten Fällen der Realität weitgehend entspricht, und die Betrachtung eines nur aus einem Faktor bestehenden Bauteilwiderstandes.- Bezüglich differierender Voraussetzungen muß auf die weiterführende Literatur verwiesen werden.

In der Aufstellung wurde nach zwei Fällen unterschieden:

Die Ermittlung der charakteristischen Werte bei bekannter Standardabweichung entspricht der Überprüfung von verwertbaren Angaben durch Stichproben, der zweite Fall (Standardabweichung nicht bekannt) der objektbezogenen Prüfung.

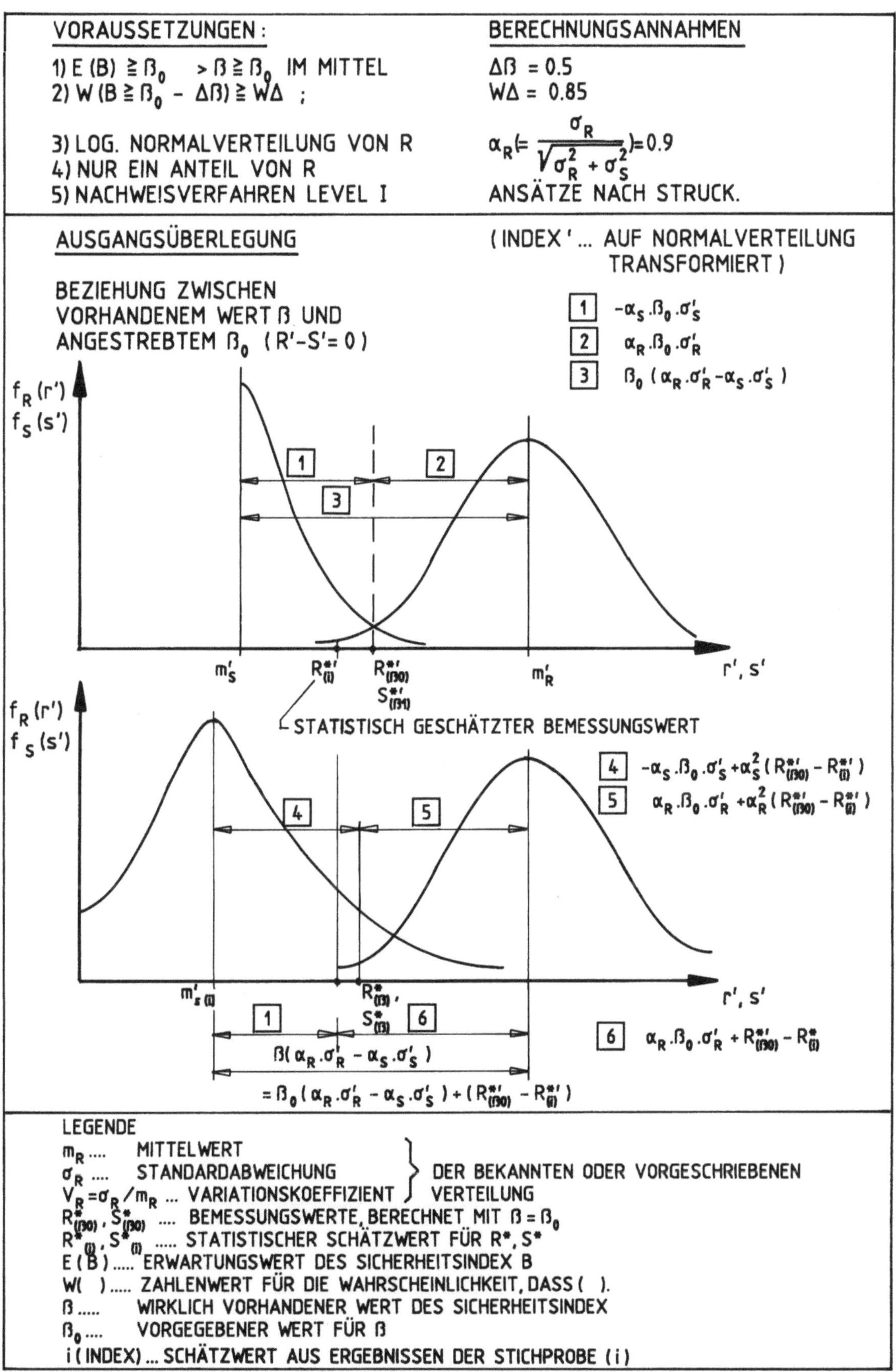

Abb. 3.4: Vorgangsweise bei Prüfung des Baustoffes (nach Struck)

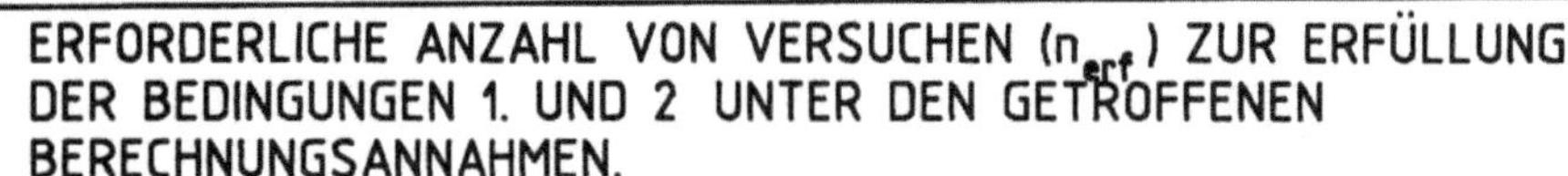

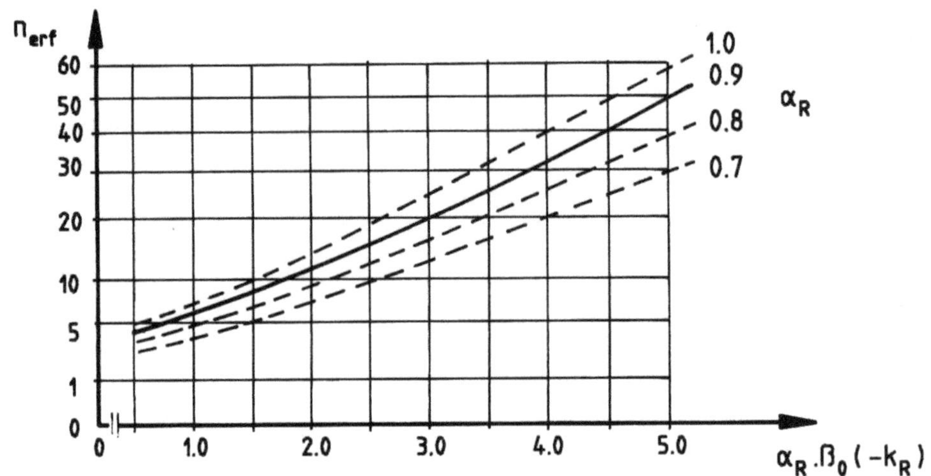

V_{RV} BEKANNT :

$$R_{Vp(i)} \approx \frac{\bar{R}_V}{\sqrt{1 + V_{RV}^2} \cdot e^{(K_\sigma \cdot V_{RV})}}$$

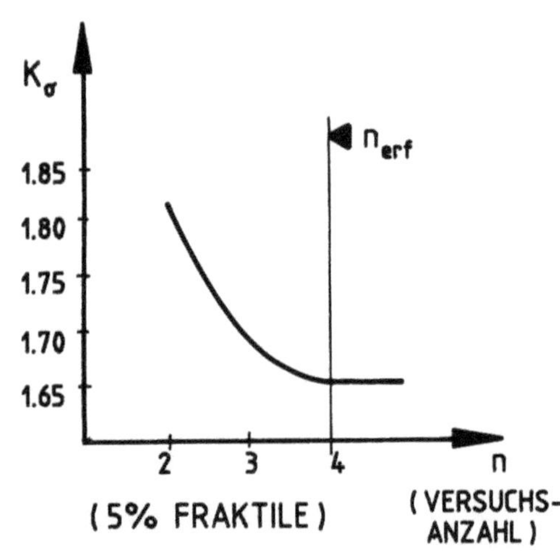

V_{RV} DURCH $S_{RV} / \bar{R}_V$ GESCHÄTZT :

$$R_{Vp(i)} \approx \frac{\bar{R}_V}{\sqrt{1 + (\frac{S_{RV}}{\bar{R}_V})^2} + e^{(K_S \cdot S_{RV} / \bar{R}_V)}}$$

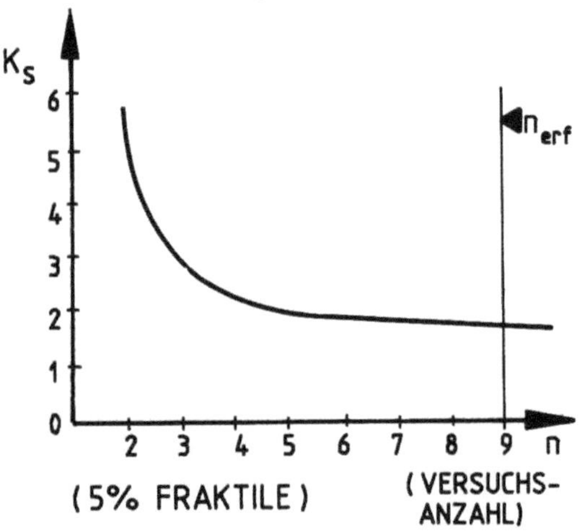

LEGENDE

R_V ....   ZUFALLSGRÖSSE FÜR BAUTEILWIDERSTAND

$$S_{RV} = \sqrt{\sum_{i=1}^{n} (R_{V,i} - \bar{R}_V)^2 / (n-1)}$$ .... STATISTISCHER SCHÄTZWERT
FÜR STANDARDABWEICHUNG

$R_{Vp(i)}$ .... STATISTISCHER SCHÄTZWERT FÜR DEN CHARAKTERISTISCHEN WERT
DES BAUTEILWIDERSTANDES

V_{RV} .... VARIATIONSKOEFFIZIENT VON R_V

$$\bar{R}_V = \sum_{i=1}^{n} R_{V,i} / n$$ .... MITTELWERT AUS n VERSUCHEN

Abb. 3.4 (Fortsetzung)

3.3. MATERIALANGABEN - NATÜRLICHE STEINE

Die folgenden Materialangaben wurden aus der Auswertung von Literaturangaben der Bauzeit gewonnen (siehe Abschnitt 3.2.); Werte aufgrund aktueller Untersuchungen sind speziell gekennzeichnet.

3.3.1. ANWENDUNG IM HOCHBAU

Im Hochbau (Wohnbau) wurden natürliche Steine (abgesehen von Zierelementen in der Fassadengestaltung) vor allem für die Konstruktion von Natursteinstiegen und tragenden Gewölbekonstruktionen sowie Bögen in Mauern verwendet.
Der Einsatz von Konstruktionselementen aus Naturstein im Hochbau - in Abhängigkeit von den Steinarten - geht aus Tab. 3.6 hervor.

3.3.2. MATERIALEIGENSCHAFTEN UND KENNWERTE

Die Materialeigenschaften und Kennwerte der wichtigsten im Bauwesen verwendeten natürlichen Steine finden sich in der folgenden Tabelle, nach Steinart und Abbauort. Dabei wurden die Angaben aus Literatur der Bauzeit soweit als möglich berücksichtigt. Diesen Werten sind aktuelle Normvorgaben gegenübergestellt. Hinsichtlich der Angabe des Variationskoeffizienten ist festzuhalten, daß der relativ große Bereich auf die Auswertung der Angaben für Steine unterschiedlichster Fundorte zurückgeführt werden kann. Diese Vorgangsweise wurde gewählt, da im Regelfall Angaben über die Herkunft des Steinmaterials nicht vorliegen.
In Einzelfällen - speziell bei der Sanierung von Repräsentationsbauten - existieren detaillierte Baubeschreibungen mit Angabe der verwendeten Steinmaterialien. Da die Festigkeitsangaben je nach Abbauort stark schwanken, bringt Tab. 3.8 eine Zusammenstellung der Druckfestigkeiten und Rohdichten nach Abbauorten.

3.3.3. RECHENWERTE

Was die zur Bauzeit angesetzten Rechenwerte anbelangt, sind aus Tab. 3.9 die Angaben zur Zeit der Jahrhundertwende ersichtlich. Erfaßt wurde der gesamte Sicherheitsabstand auf der Materialseite; die diesen Angaben zugrundegelegten Sicherheiten sind in Kapitel 2 angeführt. Bei Stiegenstufen wurde von einer zulässigen Beanspruchung von 1/5 der Biegezugfestigkeit (Bruchgrenze) ausgegangen. Weitere Angaben zur Bemessung von Stiegenstufen enthält Kapitel 8.

(Angaben zu den mechanischen Eigenschaften von Natursteinmauerwerk - siehe Kapitel 4.)

3.3.4. SCHÄDEN AN NATURSTEINELEMENTEN

Schäden an Konstruktionselementen aus Natursteinen betreffen vor allem der freien Witterung ausgesetzte Elemente. Die Korrosionserscheinungen werden in der umfangreichen Fachliteratur im Zusammenhang mit der Einwirkung aggressiver Substanzen in Verbindung mit Niederschlagswässern gesehen.- Eine Erörterung dieses komplexen Themengebietes würde den Rahmen des vorliegenden Berichtes jedoch sprengen; zudem sind bei den betrachteten Wohnbauten - mit Ausnahme der Repräsentationsgebäude - Natursteinkonstruktionen meist (als Treppenstufen) im Inneren zu finden (Schadensbilder bei Steinstufen - siehe Kapitel 8).

STEINART/SORTE	TYP	VERWENDUNG	HÄRTE
GRANIT	ERSTARRUNGS-GESTEINE	SOCKELVERKLEIDUNGEN PFLASTER (FREIFLÄCHEN) AUFLAGER VON TRAGELEMENTEN	6 – 8
BASALTLAVA		TREPPENSTUFEN WERKSTEINE FÜR BÖGEN	5 – 6
TRACHYT, ANDESIT		TREPPENSTUFEN	6
KALKSTEINE	ABSATZGESTEINE	WERKSTEINE, TREPPEN- STUFEN	2 – 4
DOLOMIT		WERKSTEINE, TREPPEN- STUFEN	3.5 – 4.5
KONGLOMERAT		SÄULEN, SOCKEL (VERKLEIDUNGEN)	JE NACH BESTANDTEILEN
SANDSTEINE		KONSTRUKTIONSELEMENTE WERKSTEINE FÜR BÖGEN TREPPENSTUFEN	– (GROSSE ABNUTZUNG)

Tab. 3.6: Steinarten/Anwendung im Hochbau der Gründerzeit

KENNWERTE	GESTEINSART		
	GRANIT	KALKSTEIN	SANDSTEIN
ROHDICHTE $[kg/m^3]$	2.60 – 2.65	1.70 – 2.85	2.0 – 2.65

DRUCKFESTIGKEIT β_D $[N/mm^2]$
    Mittelwert $\bar{\beta}_D$
    $\beta_D / S_{\beta D} (\sim V_{\beta D})$
ANZ. AUSGEW. ANGABEN
	155 (160–210)[1]
	0.25
	411
		110(20–180)[1]
		0.40
		602
			80(30–200)[1]
			0.60
			549

BIEGEZUGFESTIGKEIT β_{bz} $[N/mm^2]$
    Mittelwert $\bar{\beta}_{bz}$
    Variationskoeff. V
ANZ. AUSGEW. ANGABEN
	15
	0.30
	34
		12
		0.35
		118
			5.8
			0.35
			109

ELASTIZITÄTSMODUL E $[10^4 \ N/mm^2]$	2.25 – 4.54 (3.8 – 7.6)[1]	3.30 – 5.60 (8.16)[1]	3.30 – 5.80 (0.15 – 2)[1]
TEMPERATURAUSDEHNUNGS- KOEFFIZIENT α $[10^{-6}/K]$	7.9 (7.4)[1]	3.4 – 8.9 (5.0 – 11.5)[1]	– (11.0 – 11.8)[1]
[1] AKTUELLE ANGABEN (DIN)			

Tab. 3.7: Natürliche Steine/Kennwerte

GESTEIN	FUNDORT	LAND _1)	ROHDICHTE ρ kg/dm³	DRUCK-FESTIGKEIT N/mm² (Mittelwert)		
				MIN	MW	MAX
GRANIT	BLAUBERG (FICHTELGEBIRGE)	D			120	
	BORNSTEIN (FICHTELGEBIRGE)	D	2.60 - 2.65		197	
	MAUTHAUSEN	A		130	160	230
	AURITZ, SACHSEN	D			180	
	DEMITZ, SACHSEN			88	-	137
	LUCSINA, UNGARN	A			122	
	RIEDBACH	A			177	
BASALT-LAVA	KÖNIGSWINTER	D	2.90 - 3.05		55.2	
KALK-STEIN	KEHLHEIM, BAYERN	D	2.20 - 2.50	-	79	-
	TREUCHTLING BEI SOLNHOFEN	D	k.A.	60	-	100
	RÜDERSDORF, (BRANDENBURG)	D	k.A.	-	25	-
	WÖLLERSDORF	A	2.42	60	120	210
	BRUNN/STEINFELD	A	2.33	10	-	60
	KAISERSTEINBRUCH	A	2.57	20	80	180
	SOMMEREIN	A	2.34	40	80	140
	MANNERSDORF	A	2.38		92.6	
	MARGARETHEN	A	1.68	2.5	10	36
SANDSTEIN	ROTER, PFALZ	D	-	-	80	-
	ROTER, MAIN	D	2.00 - 2.25	40	-	50
	TEUTOBURGER W.	D	2.20	-	72	-
	SEEBURG/COTTA	D	-	-	63	-
	KRONACH (BAYERN)	D	2.00	41	-	44
	EMDEN	D	2.40	79	-	83
	TRIER	D	2.50	45	-	48
	HEILBRONN	D	1.97 - 2.24	-	63	-
	DRESDEN	D	2.33	-	32	-
	COTTA	D	2.20.- 2.50	25	-	33
	SCHLES./GALIZ.	A	2.10 - 2.70	38	120	200
	" WIENER "	A	2.20 - 2.60	40	90	150
	NEULENGBACH	A	2.30	-	49	-

1) D ... (DEUTSCHLAND)
   A ... (ÖSTERREICH - UNGARN)

Tab. 3.8: Ausgewählte Steinsorten nach Abbauorten

ANGABEN FÜR DEUTSCHLAND			ÖSTERREICH (- UNGARN) [4]					
STEINGATTUNG	$\text{zul}\sigma_D$ [N/mm^2]	NACH	GRUPPE	GESTEIN (z. B.)	$\text{zul}\sigma_D$ [N/mm^2]			
					A	a	b	c
BASALT	7.5	[1]	I	MAUTHAUSENER, SCHLESISCHER GR. UNTERSBERGER M.	10	6	5	2.5
BASALTLAVA	4.0	[2]						
GRANIT	4.5	[3]	II	KARSTMARMOR MANNERSDORFER, GMUNDNER GRANIT	7	4	3	-
SANDSTEIN	1.5 - 3.0	[3]						
MARMOR	2.4	[1]	III	WIENER SAND - STEIN, KAISERSTEIN SOMMEREINER	5	3	2.5	-
KUNST - SANDSTEIN	4.5	[1]						
			IV	WÖLLERSDORFER KONGLOMERAT, BADENER KONGL. TERNITZER KONGL.	3.5	2	1.5	-
			V	INNSBRUCKER KONGLOMERAT, SALZBURGER KO. BESTER MARGARETH.	1.5	1	-	-
			VI	MARGARETHNER	0.8	0.5	-	-

[1] "HÜTTE"

[2] PREUSSISCHES MINISTERIUM FÜR ÖFFENTLICHE ARBEITEN

[3] BERLINER BAUPOLIZEI

A ... FÜR EINZELNE WÜRFEL - ODER PLATTENFÖRMIGE STEINE ; $\gamma = 15$

B ... FÜR TRAGPFEILER U. SÄULEN :

KLEINSTE QUERSCHNITTSABMESSUNG

a $\geq \frac{1}{6} \div \frac{1}{8}$ DER HÖHE

b $= \frac{1}{8} \div \frac{1}{12}$ DER HÖHE

c $< \frac{1}{12}$ DER HÖHE

FÜR HAUSGEWÖLBE (I - IV)
$$\text{zul}\beta_D = 3\,\text{N/mm}^2$$
$$\text{zul}\beta_Z = 0.1\,\text{N/mm}^2$$

[4] NORMALIEN DES ÖSTERR. INGENIEUR- U. ARCHITEKTEN - VEREINES

Tab. 3.9: Zulässige Druckfestigkeiten von Natursteinen/Angaben aus der Gründerzeit

3.3.5. PRÜFUNG VON NATURSTEINELEMENTEN

Die Prüfung eingebauter Natursteinelemente bei der Untersuchung von Hochbauten erstreckt sich meist auf Treppenstufen, Säulen und Elemente von Bögen (Gewölben) sowie von Natursteinmauerwerk.

Mit den Untersuchungsmethoden für Treppenstufen und Natursteinmauerwerk befassen sich die entsprechenden Kapitel. In den anderen Fällen kann entweder aus der Feststellung der Oberflächenhärte ein grober Rückschluß auf die Materialfestigkeit gezogen werden, oder es sind Proben (Kernbohrungen) für die weitere Materialuntersuchung im Labor zu entnehmen.

3.4. KÜNSTLICHE STEINE

Der Begriff "Künstliche (Bau-)Steine" entspricht der Nomenklatur der Gründerzeit und wurde daher übernommen. Unter dieser Gruppe werden hauptsächlich gebrannte Ziegel und künstliche Steine aus Mörtelmassen, die bei den behandelten Bauten jedoch von geringerer Bedeutung sind, beschrieben.

3.4.1. VOLLZIEGEL

In der Regel wurden Vollziegel im Normalformat zur Herstellung von tragendem Mauerwerk verwendet (ursprünglich "Handschlagziegel", später industrielle Fertigung von "Maschinziegeln").
Die Abmessungen der Normalformatziegel (vgl. Kapitel 1) sind in Tab. 3.10 zusammengefaßt.

Weitere Ziegelformen waren Gewölbziegel, Gesimsziegel (40 bis 80cm Länge), Keilziegel (zur Herstellung von Brunnen, Fabrikschornsteinen und Gewölben) sowie Verblendziegel (zur Herstellung von Verkleidungen aus Sichtmauerwerk). Da bei Verblendziegeln die Fugenbreite auf 8mm beschränkt sein sollte, betrugen die Abmessungen

Berliner Format: 25.2/12.2/6.9cm
Wiener Format: 29.2/14.2/6.9cm.

3.4.2. PORÖSE ZIEGEL UND LOCHZIEGEL

Zur Herstellung poröser Ziegel wurden dem Ton 30-50% verbrennbarer Stoffe (Torf, Koks Kohlenstaub) beigemengt, wodurch ein entsprechendes Porenvolumen erzielt werden konnte. Poröse Ziegel wurden vorwiegend zur Errichtung von Innenmauern eingesetzt.
Lochziegel wurden als Maschinziegel erzeugt; sie wiesen 1 bis 9 Kanäle auf (Kennwerte - Punkt 3.4.4.). Die Abmessungen der Lochziegel entsprachen den der Vollziegel.

3.4.3. KLINKER

Durch das starke Brennen wurden Klinker zumindest an der Außenseite gesintert und besaßen daher besondere Widerstandsfähigkeit und Festigkeit. Sie kamen vor allem für stark belastetes Mauerwerk und Pflasterungen zum Einsatz.

3.4.4. MECHANISCHE EIGENSCHAFTEN DER ZIEGEL

Die mechanischen Eigenschaften der Ziegel verdeutlicht Tab. 3.11.

MASS / ANZAHL	NORMALFORMAT	
	BERLINER	WIENER
LÄNGE l	25cm	29cm
BREITE b	12cm	14cm
DICKE d	6.5cm	6.5cm
GEWICHT	30 –40 N	40 – 53 N
STEINANZAHL /m^3 AUFGEHENDEM MAUERWERK	400 STK.	300 STK.
STEINANZAHL /m^3 GEWÖLBEMAUERWERK	415 STK.	310 STK.

Tab. 3.10: Normalformatziegel / Abmessungen

ZIEGELART	DRUCKFESTIG-KEIT β_D [N/mm^2]	ZUGFESTIG-KEIT β_Z [N/mm^2]	SCHER-FESTIGKEIT β_S [N/mm^2]
ZIEGEL , GEWÖHNLICH	6 –12	1	
ZIEGEL , GUTE	14 –25	2	
HANDSCHLAGMAUER-ZIEGEL , GEWÖHNLICH	15.8 –26.3		
HANDSCHLAGMAUER-ZIEGEL ,SCHWACHBRAND	15 – 20		
HANDSCHLAGMAUER-ZIEGEL , MITTELBRAND	20 – 30		
MASCHINZIEGEL GEW.	20.5 – 23		
VERBLENDZIEGEL	18.3		
WÖLBZIEGEL	12.3	2.5 – 5	1.2
LOCHZIEGEL , GEW.	19.4		
MASCHINLOCHZIEGEL 3 LÖCHER	15.0		
PORÖSE VOLLZIEGEL	15.0		
PORÖSE WÖLBZIEGEL	2.7		
PORÖSE LOCHZIEGEL	8.4		
KLINKER	30 – 90	100	k. A.

Tab. 3.11: Mechanische Eigenschaften der Ziegel / Angaben zur Bauzeit

3.4.5. KÜNSTLICHE STEINE AUS MÖRTELMASSEN

Künstliche Steine aus Mörtelmassen wurden meist unter Verwendung von Kalkmörtel hergestellt. Man unterscheidet dabei die in Tab. 3.12 genannten Produkte.

BEZEICHNUNG	MISCHUNG/ HERSTELLUNG	DRUCKFESTIGKEIT N/mm^2	VERWENDUNG/ EIGENSCHAFTEN
KALKSANDSTEINE (KALKZIEGEL, SANDSTEINZIEGEL)	UNGELÖSCHTER KALK , SAND WASSER UNTER DAMPF- EINWIRKUNG , GEPRESST.	10 – 24	LANDWIRTSCHAFTL. BAUTEN IN TONARMEN GEGENDEN FÜR HOCH- BAUTEN.
KALKSAND – ZIEGEL	1VE KALKMILCH 1VE GROBER , LEHMFREIER SAND	k.A.	ERSATZ FÜR GEWÖHNLICHE ZIEGEL
KUNSTSAND – STEIN	FEINER SAND, KIES , GLASPULVER STAUBKALK PORTLAND- ZEMENT	k. A.	MAUER- VERKLEIDUNGEN STUFENBELÄGE
HYDROSANDSTEIN	STAUBHYDRAT SAND (GEWASCHEN) WEICH BEAR- BEITET IN 95° DAMPF 2-3 TAGE GEHÄRTET	26.7	WIE NATÜRLICHER SANDSTEIN
BIMSSANDSTEIN (RHEINISCHE SCHWEMMSTEINE, TUFFSTEINE)	1VE KALKMILCH 9VE BIMSSANDSTEIN (2-3 MONATE GETROCKNET)	1.7 – 2.7	WÄRMEDÄMMEND WETTERBESTÄNDIG $\rho = 700\text{-}900 \ kg/m^3$
SCHLACKEN- ZIEGEL	KALKBREI , GRANULIERTE HOCHOFEN- SCHLACKE	4.5 – 9.0	WIE ZIEGEL $\rho = 1200 \ kg/m^3$

Tab. 3.12: Künstliche Steine aus Mörtelmassen

Zementsteine wurden im Hochbau zum Guß von Säulen, Kapitellen, Basen, Gesimsen und anderen Verzierungselementen verwendet.

3.4.6. SCHÄDEN AN MAUERSTEINEN

Schäden an Mauersteinen treten im allgemeinen durch Einwirkung von Feuchtigkeit oder bei der Witterung direkt ausgesetzten Steinen auf. (Klinkerziegel sind gegen die Einwirkungen resistent.) Im Extremfall kann es durch oftmalige Frost-Tauwechsel zu tieferreichenden Zerstörungen der Steine kommen. Da die Schadensbilder im Regelfall im Zusammenhang mit der Beurteilung von Mauerwerks- oder Gewölbeelementen zu sehen sind, wurden detailliertere Beschreibungen in die einschlägigen Kapitel aufgenommen.

3.4.7. PRÜFUNG VON MAUERSTEINEN

Da bei der Beurteilung von Baukonstruktionen die Festigkeit des Mauerwerks von Interesse ist, wird versucht, im Rahmen der Bauteilprüfung Aussagen über die Gesamtfestigkeit zu erhalten (genauere Angaben zur Mauerwerksprüfung - siehe Kapitel 4).

3.5. BINDEMITTEL (MÖRTEL)

Hinsichtlich der während der Gründerzeit eingesetzten Mörtel ist zwischen Luftmörtel, die nur an trockener Luft verwendet werden konnten, und hydraulischen Mörteln, die wasserbeständig sind und auch unter Wasser erhärten, zu unterscheiden.
Auf Mörtel, die nicht zum Vermauern tragender Wände herangezogen wurden (z.B. Gipsmörtel), geht die folgende Aufstellung nicht ein.

3.5.1. MECHANISCHE EIGENSCHAFTEN DER MÖRTELARTEN

Mechanische Eigenschaften der Mörtelarten nach Angaben aus der Bauzeit - siehe Tab. 3.13.

BEZEICHNUNG	MISCHUNGS-VERHÄLTNIS	DICHTE ρ [kg/m^3]	DRUCK-FESTIGKEIT β_D [N/mm^2]	ZUGFESTIG-KEIT β_Z [N/mm^2]
MÖRTEL AUS WEISSKALK (KALKSANDMÖRTEL)	KALKTEIG/SAND 1/6 BIS 1/1 [1]	1650	4 - 5	0.5 - 0.6
MÖRTEL AUS HYDRAULISCHEM KALK	KALK/SAND 1/5 BIS 1/1 [1]	k. A.	3 - 5(15)	0.6 - 0.8(1.8)
ROMANZEMENT (ZEMENTKALK) (REIN)	KEIN SAND (ZEMENTGUSS)	1700	8 - 13	1 - 2
ROMANZEMENT-MÖRTEL	ROMANZ./ SAND 1 / 3 [2]	1700	6 - 8	0.8
PORTLANDZEMENT-MÖRTEL	PORTLANDZ./ SAND 1 / 3 [2]	1700	12 - 16	0.8 - 1.6
KALKZEMENT-MÖRTEL	ZEMENT/KALKT/HYDR.K./SAND 1-2 / 0-2 / 0-2 / 6 - 10		8.5 - 29	1 - 3

[1] RAUMTEILE
[2] GEWICHTSTEILE

Tab. 3.13: Mechanische Eigenschaften der Mörtel / Angaben aus der Bauzeit

Angaben zur Herstellung der unterschiedlichen Mörtelarten sind vor allem für Wiederherstellungsmaßnahmen an denkmalgeschützten Objekten bedeutend.

3.5.2. SCHÄDEN

Aus konstruktiver Sicht sind Schäden an Mörtelfugen in tragendem Mauerwerk wesentlich. Meist ist das Einwirken von Feuchtigkeit mit dem nachträglichen Auswaschen des Bindemittels die Ursache. Bei extrem geschädigten Mörtelfugen kann es zu einem fast vollständigen Verlust des Zusammenhaltes kommen; die Mauerwerksfugen erscheinen wie mit Sand verfüllt.

Die in diesen Fällen bei der Nachrechnung des Mauerwerks anzustellenden Überlegungen werden in Kapitel 4 diskutiert.

3.6. BETON

Erst ab der Mitte des vorigen Jahrhunderts wurde Beton in Schalungen gegossen und schichtenweise durch Stampfen verdichtet. Bereits 1862 veröffentlichte Rebhann Versuchsergebnisse zum Vergleich österreichischer Portlandzemente mit englischen Erzeugnissen.

Die rasante Entwicklung des Eisenbetonbaues gegen Ende des 19. Jahrhunderts wird bei der Besprechung der jeweiligen Konstruktionselemente in den folgenden Kapiteln angeschnitten.

Im Hochbau (speziell im Wohnbau) wurden hingegen bis 1918 nur selten Eisenbetonkonstruktionen eingesetzt. Ausnahmen bildeten die ab 1900 in größerem Rahmen bei Repräsentativ- und Verwaltungsbauten verwendeten Deckenkonstruktionen (siehe Kapitel 6).

3.6.1. ERZIELTE DRUCKFESTIGKEITEN

Die erzielten Festigkeiten in Abhängigkeit vom Mischungsverhältnis sind in Tab. 3.14 (Prüfergebnisse der Versuchsstation der Deutschen Reichseisenbahnen in Straßburg) zusammengestellt.

3.6.2. BIEGEFESTIGKEITEN

Die zulässigen Beanspruchungen von Betonmauerwerk sind in Kapitel 4 aufgelistet.

MISCHUNG (RAUMTEILE)					kg ZEMENT FÜR 1 m³ BETON	DRUCKFESTIG-KEIT β_D (N/mm²)
ZEMENT	KALKTEIG	SAND	KIES	STEIN-SCHLAG		
1	–	3[1]	6[2]	–	210[7]	140.0
1	–	4[1]	8[2]	–	158[7]	121.2
1	–	5[1]	10[2]	–	125[7]	94.1
1	1	6[1]	12[2]	–	104[7]	96.8
1	–	5[3]		8[4]	142.5[8]	147.9
1	–	6[3]		10[5]	122[8]	121.0
1	–	7[3]		11[6]	112[8]	83.0
1	1	8[3]		13[6]	94[8]	91.2

[1] RHEINSAND d ≦ 5mm
[2] RHEINSAND 5 < d ≦ 45mm
[3] KIESSAND (KIES d ≦ 18mm)
[4] BASALT
[5] KALK
[6] KALKSANDSTEIN
[7] HIEZU NOCH 75l KALKTEIG
[8] HIEZU NOCH 66l KALKTEIG

Tab. 3.14: Betonfestigkeiten/Versuchsergebnisse

3.7. EISEN (STAHL)

3.7.1. VERWENDUNG VON EISEN IM HOCHBAU

Im Hochbau wurden bis in die zweite Hälfte des 19. Jahrhunderts (im Gegensatz zum Industrie-, vor allem Brückenbau) nur Hilfskonstruktionen aus Eisen eingesetzt, z.B.: Anker, Klammern und Schließen. Im Zuge der fortschreitenden Industrialisierung und Entwicklung der Eisenerzeugung verwendete man vorerst Gußeisenelemente, später in immer größerem Umfang gewalzte Schmiedeisenprofile, Gußeisen um die Jahrhundertwende nur mehr für druckbeanspruchte Elemente (Säulen und Ständer).

Eisenarten nach dem Kohlenstoffgehalt:
Roheisen, Gußeisen: mehr als 2,3% C
Stahl: 0,5% bis 2,3% C
Schmiedeisen: weniger als 0,5% C.

Schmiedeisen (schmied- und schweißbar, aber nicht härtbar) wurde nach dem Herstellungsprozeß in Schweißeisen und Flußeisen unterschieden:
Schweißeisen erzeugte man im Herd-, Frisch- oder Puddelprozeß; es ist nicht vollkommen frei von Schlacke und zeichnet sich gegenüber Flußeisen durch höhere Zähigkeit und leichtere Schmiedbarkeit aus.
Flußeisen wurde nach dem Bessemer-, Thomas- oder Martin-Verfahren hergestellt und ist frei von Schlacke; es verfügt über eine höhere Festigkeit und höhere Streckgrenze als Schweißeisen. Gewalzte I-Träger wurden ausschließlich aus Flußeisen produziert.

Stahl wurde im Hochbau der Gründerzeit wegen seiner schwierigeren Bearbeitbarkeit nur für besonders beanspruchte Konstruktionsteile, wie Bolzen, Keile und Lagerrollen, verwendet.

3.7.2. MECHANISCHE EIGENSCHAFTEN DER EISENARTEN

EIGENSCHAFTEN	DIM.	GUSSEISEN	SCHMIEDEEISEN		STAHL	
			SCHWEISS	FLUSSEIS.	SCHWEISS	FLUSS-
GEHALT AN KOHLENSTOFF	%	2.3 - 5.5	0.1 - 0.5	0.05-0.25	0.1 - 1.6	0.25 - 1.6
TEMPERATUR-AUSDEHNUNGS-KOEFFIZIENT α	10^{-3} /K	1.1	1.2	1.2	1.1 - 1.4	
DICHTE ρ	kg/m^3	7300	7800	7850	7850 - 7870	
ELASTIZITÄTS-MODUL E	N/mm^2	75 000 - 105 000	200 000	215 000	210 000 - 220 000	
PROPORTIONALITÄTSGRENZE	N/mm^2	NICHT VORH.	≥ 130	≥ 180	≥ 200 .. STAHLGUSS ≥ 340 .. NICKELST.	
STRECK- U. QUETSCHGRENZE β_S	N/mm^2	NICHT VORH.	≥ 180	≥ 200	$0.6 . \beta_Z$; $0.6 . \beta_D$	
ZUGFESTIGKEIT β_Z	N/mm^2	120 - 400	330-400ll 280-350l	340-440	350-700 STAHLG.	450-1000
DRUCKFESTIGKEIT β_D	N/mm^2	700 - 850	QUETSCHGRENZE MASSGEBEND		QUETSCHGRENZE MASSGEBEND	
BIEGEZUG-FESTIGKEIT β_{BZ}	N/mm^2	286 (370-440 HARTG.)	$0.8 . \beta_Z$		$0.8 . \beta_Z$	
ZULÄSSIGE SPANNUNGEN: ZUG DRUCK BIEGUNG SCHUB	N/mm^2	20[1] , 25[3] 60[1] , 50[3] 25[1] 20[1] [3]	100[2] 100[2] , 75[3] 100[2] , 75[3] 60[3]	100[2] 100[2] , 75[3] 100[2] , 75[3] 60[3]	120 120 - -	
SICHERHEITSGRAD (RUHENDE LAST)	-	6	3 - 4		-	

[1] "HÜTTE"

[2] NORMALIEN DES ÖSTERREICHISCHEN INGENIEUR- UND ARCHITEKTEN-VEREINES

[3] VORSCHRIFTEN DER BERLINER BAUPOLIZEI   (RUHENDE BELASTUNG)

Tab. 3.15: Mechanische Eigenschaften der Eisenarten / Angaben um 1900

Die mechanischen Eigenschaften der im Hochbau eingesetzten Eisenarten finden sich - nach Angaben der Jahrhundertwende - in Tab. 3.15.

Bei den im Hochbau verwendeten Walzträgern wurde somit von einer zulässigen Zug(Biegezug)spannung von 100 N/mm^2 ausgegangen.

Für die aus Flußeisen erzeugten Walzträger (Traversen) sind in Tab. 3.16 die genormten ("Typen für Walzeisen", herausgegeben vom Österreichischen Ingenieur- und Architekten-Verein, "Deutsches Normalprofilbuch für Walzeisen zu Bau und Schiffbauzwecken", herausgegeben vom Verband Deutscher Architekten- und Ingenieurvereine u.a.) Profilangaben angeführt.

PROFIL NR.	h	b	d	δ	g'	F	W_x	L
			mm		N/m	cm^2	cm^3	m
8	80	52	6	4	69.9	8.96	24.02	
10	100	60	7	4.5	95.7	12.27	41.16	10
12	120	68	8	5	125.4	16.08	64.77	
13	130	72	8.5	5.5	143.9	18.46	79.78	
14	140	76	8.5	6	158.3	20.30	93.19	
15	150	80	9	6	174.1	22.32	110.89	
16	160	84	9.5	6.5	196.0	25.13	132.10	
18	180	90	11	7	240.7	30.86	182.87	
18a	180	135	11	7	317.9	40.76	261.53	
20	200	96	12	8	289.5	37.12	240.20	
21	210	99	12.5	8.5	315.7	40.48	272.88	
22	220	102	13	9	343.0	43.98	308.38	
22a	220	135	13	9	410.0	52.56	392.05	
23	230	105	14	9	371.1	47.58	352.37	12
24	240	108	14.5	9.5	400.6	51.36	394.23	
24a	240	135	14.5	9.5	461.7	59.20	477.29	
25	250	111	15	10	431.3	55.30	439.28	
26	260	114	15.5	10.5	463.2	59.39	487.65	
28	280	120	17	11	529.3	67.86	602.12	
28a	280	150	17	11	608.9	78.06	728.28	
30	300	126	18	12	600.9	77.04	724.68	
32	320	132	19	13	677.2	86.82	862.87	
35	350	141	21	14	798.3	102.34	1111.75	
40	400	156	24	16	1003.4	131.20	1615.84	
45	450	171	27	18	1276.2	163.62	2252.30	
50	500	190	30	20	1575.6	202.00	3089.56	

b ... FLANSCHBREITE
d ... FLANSCHDICKE
δ ... STEGDICKE
h ... TRÄGERHÖHE

Tab. 3.16: Profile von Bauträgern/Traversen

In Tab. 3.17 sind die um die Jahrhundertwende für gußeiserne Säulen angegebenen Gewichte und Querschnittsabmessungen aufgelistet.

D_a	t	J	A	D_a	t	J	A	D_a	t	J	A
80	10	137	22.0	160	15	1815	68.33	240	20	8432	138.33
	12	153	25.64		20	2199	87.96		25	9889	168.86
	15	170	30.63		25	2498	106.03		30	11133	197.92
100	12	327	33.18	180	15	2668	77.76	260	25	12885	184.57
	15	373	40.06		20	3267	100.53		30	14578	216.77
	20	427	50.27		25	3751	121.74		35	16035	247.40
120	12	601	40.72	200	15	3754	87.15	280	25	16435	200.27
	15	696	49.48		25	4637	113.10		30	18673	235.62
	20	817	62.83		25	5369	137.45		35	20625	269.39
140	15	1167	58.91	220	20	6346	125.66	300	25	20568	215.99
	20	1395	75.40		25	7399	153.15		30	23472	254.47
	25	1564	90.32		30	8282	179.07		35	26021	291.38

MIT	D_a	AUSSENDURCHMESSER	[mm]
	t	WANDSTÄRKE	[mm]
	J	TRÄGHEITSMOMENT	[cm^4]
	A	QUERSCHNITTSFLÄCHE	[cm^2]

Tab. 3.17: Gußeiserne Säulen

1896 wurden von Tetmajer die in Versuchsreihen gewonnenen Ergebnisse zusammengefaßt und durch Knickformeln beschrieben. Für gußeiserne Stäbe erhielt Tetmajer für kleine Schlankheiten eine parabolische Annäherung.

Abb. 3.5 zeigt die Versuchsergebnisse für gußeiserne Säulen; die von Tetmajer angegebenen Formeln für Schmiedeeisen sind aus einer Zusatztabelle zu erkennen.

Im allgemeinen wurde für die Ermittlung der zulässigen Belastung eine 10fache Sicherheit zugrundegelegt (gußeiserne Elemente).

Hinsichtlich der Bemessung druckbeanspruchter Säulen und Streben gibt Abb. 3.5 eine Auswertung der Berechnungen nach einigen, gegen Ende des 19. Jahrhunderts verwendeten Bemessungsformeln.

Bezüglich ausführlicher Darstellungen der historischen Entwicklung der Knickformeln muß auf die weiterführende Literatur verwiesen werden.

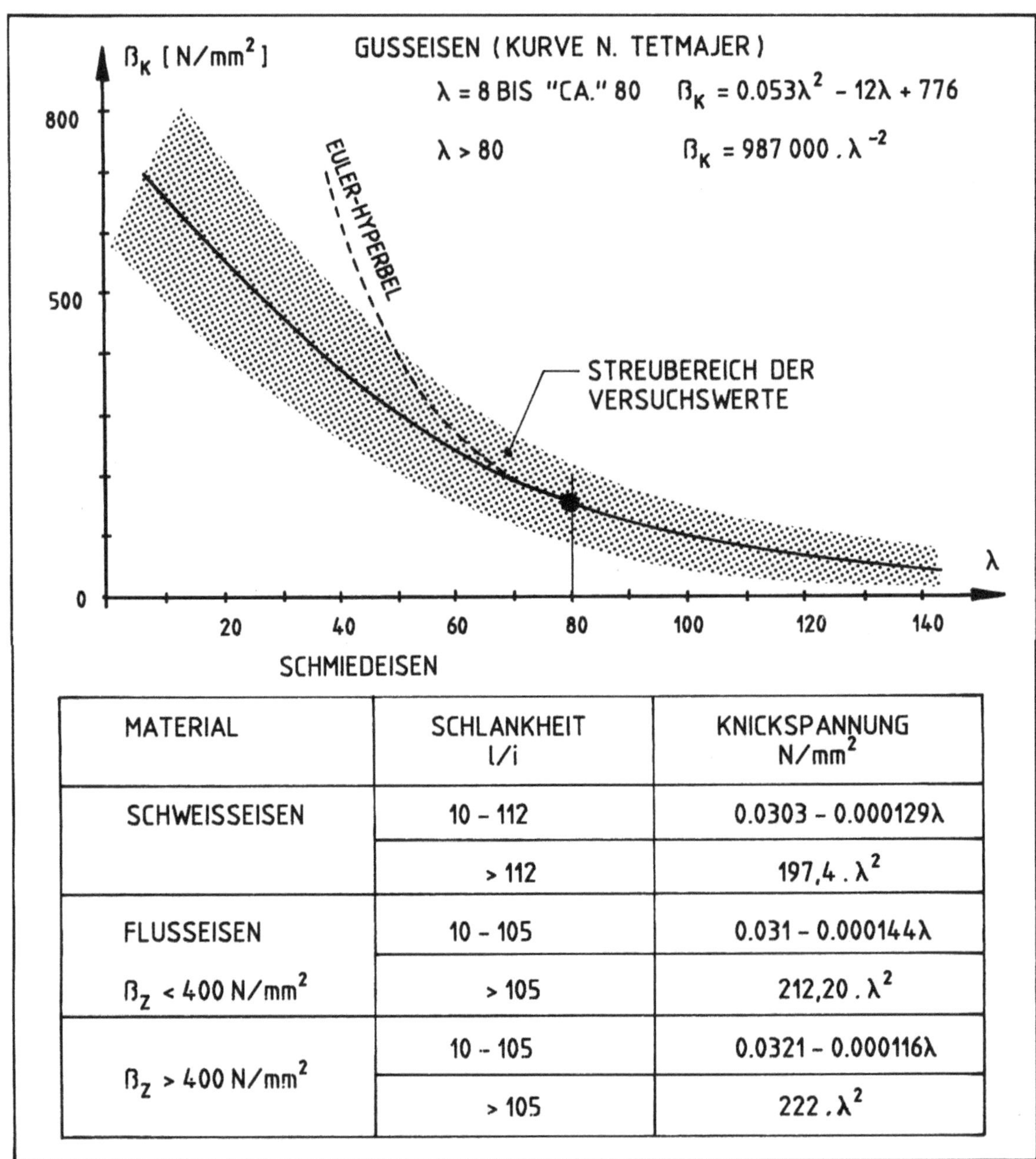

MATERIAL	SCHLANKHEIT l/i	KNICKSPANNUNG N/mm²
SCHWEISSEISEN	10 – 112	$0.0303 - 0.000129\lambda$
	> 112	$197{,}4 . \lambda^2$
FLUSSEISEN $\beta_Z < 400\,N/mm^2$	10 – 105	$0.031 - 0.000144\lambda$
	> 105	$212{,}20 . \lambda^2$
$\beta_Z > 400\,N/mm^2$	10 – 105	$0.0321 - 0.000116\lambda$
	> 105	$222 . \lambda^2$

Abb. 3.5: Knickformeln für gußeiserne und schmiedeiserne Säulen (nach Tetmajer)

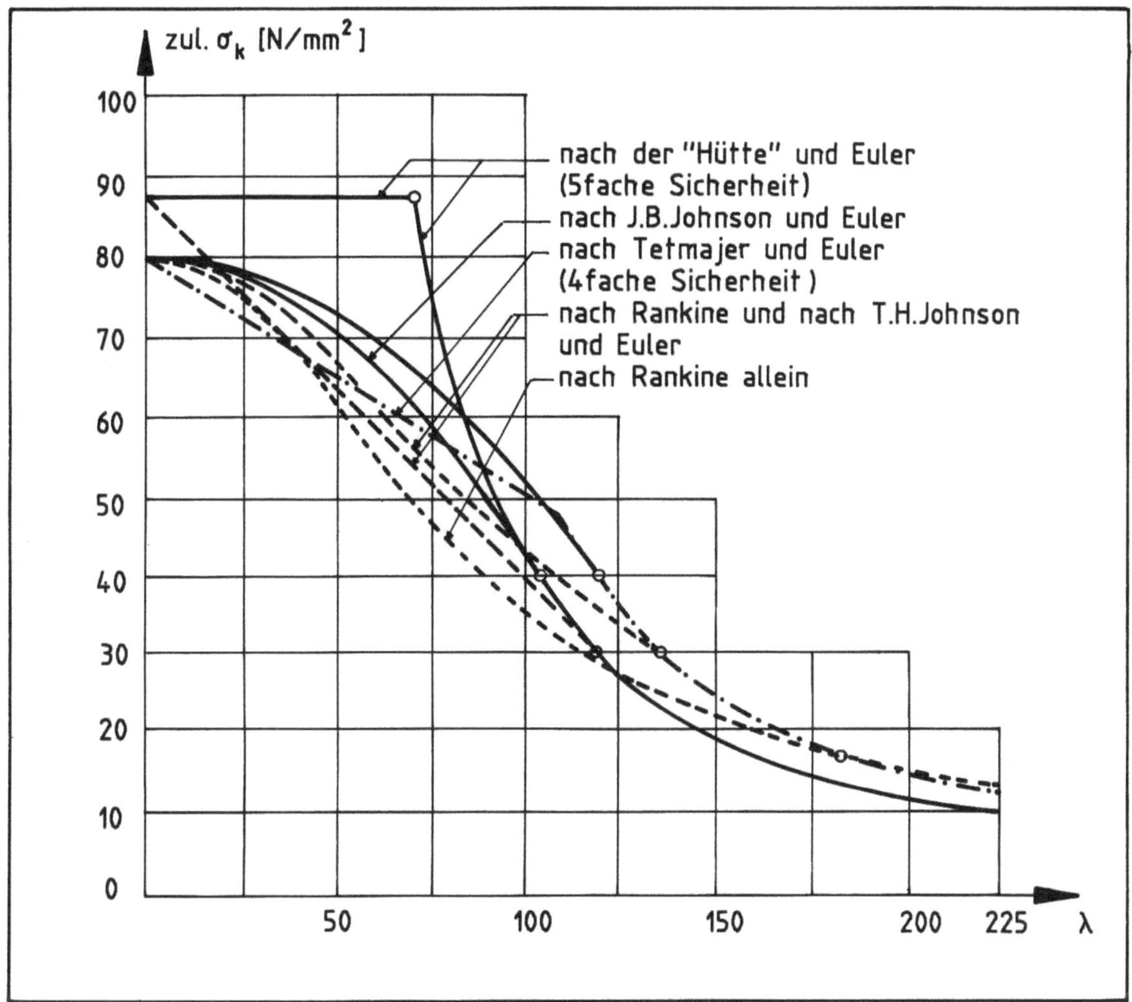

Abb. 3.6: Bemessungsformeln für Säulen und Streben aus Flußeisen

3.7.3. VERBINDUNGSMITTEL

Als Verbindungsmittel wurden bei zusammengesetzten Querschnitten sowie Fachwerkskonstruktionen vor allem Nieten gewählt. Da diese Verbindungsmittel primär die Dachtragwerke betreffen (bei Deckenkonstruktionen wurden im Hochbau meist nur gewalzte Träger verwendet), werden Nietverbindungen (Bemessung zur Bauzeit) in Kapitel 7 erfaßt.

Bei Sanierungsarbeiten ergibt sich bei speziellen Sanierungstechniken die Frage nach der Möglichkeit, Schweißarbeiten an alten Trägern durchzuführen. Dies betrifft in erster Linie Verstärkungsmaßnahmen an Deckenträgern.

Zur Möglichkeit des Anschweißens von Bolzen (nachträgliche Herstellung von Verbundtragwerken) erteilten Fachfirmen unterschiedliche Auskünfte. Aufgrund des niedrigeren Kohlenstoffgehaltes der Schmiedeisenträger können für Stahlkonstruktionen entwickelte Bolzen nur nach genauer Untersuchung eingesetzt werden.

Bei Schweißarbeiten mit Schmelzelektroden kann durch geeignete Auswahl des Elektrodenmaterials (nach Analyse der Walzträger) unter Umständen ein entsprechender Erfolg erzielt werden. In jedem Fall ist jedoch eine schweißtechnische Untersuchung des Materials durch eine Prüfanstalt unumgänglich.

3.7.4. SEMIPROBABILISTISCHE SICHERHEITSPHILOSOPHIE - BEMESSUNG

Normen zur Bemessung nach der semiprobabilistischen Sicherheitstheorie werden derzeit ausschließlich für Stahlkonstruktionen entwickelt. Die Aussagen lassen sich aufgrund eines qualitativ ähnlichen Materialverhaltens auch auf Konstruktionen aus Schmiedeisen übertragen. Dabei sind jedoch die geringeren Festigkeiten (mind. 20% unter den für St 37 festgesetzten Werten) zu beachten.

Hinsichtlich der Bemessung im elastischen Bereich wurde bei der Festlegung der Teilsicherheitsbeiwerte die Übereinstimmung der Ergebnisse (Dimensionierung) mit der Bemessung nach der bisher angewandten deterministischen Lösung angestrebt. Charakteristischer Wert ist die Fließgrenze des Materials; der Teilsicherheitsbeiwert auf der Materialseite wurde für Stahlkonstruktionen mit 1.15 fixiert.

Die Vorteile des semiprobabilistischen Verfahrens im Stahlbau kommen erst bei der Bemessung nach Elastizitätstheorie und Plastizitätstheorie I. und II. Ordnung, die mit dem gleichen Sicherheitskonzept behandelt werden können, zum Tragen. Diese Vorteile werden bei der Nachrechnung bestehender Konstruktionen in Altbauten (meist Gebrauchstauglichkeitsnachweis für statisch bestimmte Systeme) kaum ausgenutzt werden.

Mögliche Ausnutzungen des semiprobabilistischen Konzeptes bei der Bemessung von Verstärkungskonstruktionen werden in den Kapiteln 5, 6 und 7 erläutert.

3.7.5. SCHÄDEN AN EISERNEN KONSTRUKTIONEN

Die Schäden an eisernen Konstruktionen bzw. Konstruktionsteilen betreffen in den meisten Fällen oberflächliche Korrosionserscheinungen. Bei zahlreichen untersuchten Wohnbauten der Gründerzeit war aber eine tiefergehende Zerstörung von Konstruktionselementen nicht zu verzeichnen.

3.7.6. PRÜFUNG VON EISENKONSTRUKTIONEN

Die Prüfung von Eisenkonstruktionen kann nach den bekannten Methoden der Materialprüfung erfolgen, wobei in vielen Fällen der Rückschluß von festgestellter Oberflächenhärte auf die anderen Materialeigenschaften mit genügender Genauigkeit ausreichen wird.

3.8. HOLZKONSTRUKTIONEN

Holzkonstruktionen treten im Bereich der Hochbauten der Gründerzeit vor allem bei Decken und Dachstühlen auf. In beiden Fällen sind möglicher Wasserzutritt an die Konstruktion und daraus resultierende Sekundärschäden bei der Untersuchung zu berücksichtigen.

3.8.1. QUERSCHNITTSABMESSUNGEN - MECHANISCHE EIGENSCHAFTEN

In Abb. 3.7 sind die nach den Vorschriften des ausgehenden 19. Jahrhunderts bevorzugt verwendeten Balkenquerschnitte veranschaulicht. Ergänzt wird diese Darstellung durch die damals angenommenen günstigsten Querschnittsproportionen hinsichtlich Tragwirkung und Steifigkeit.

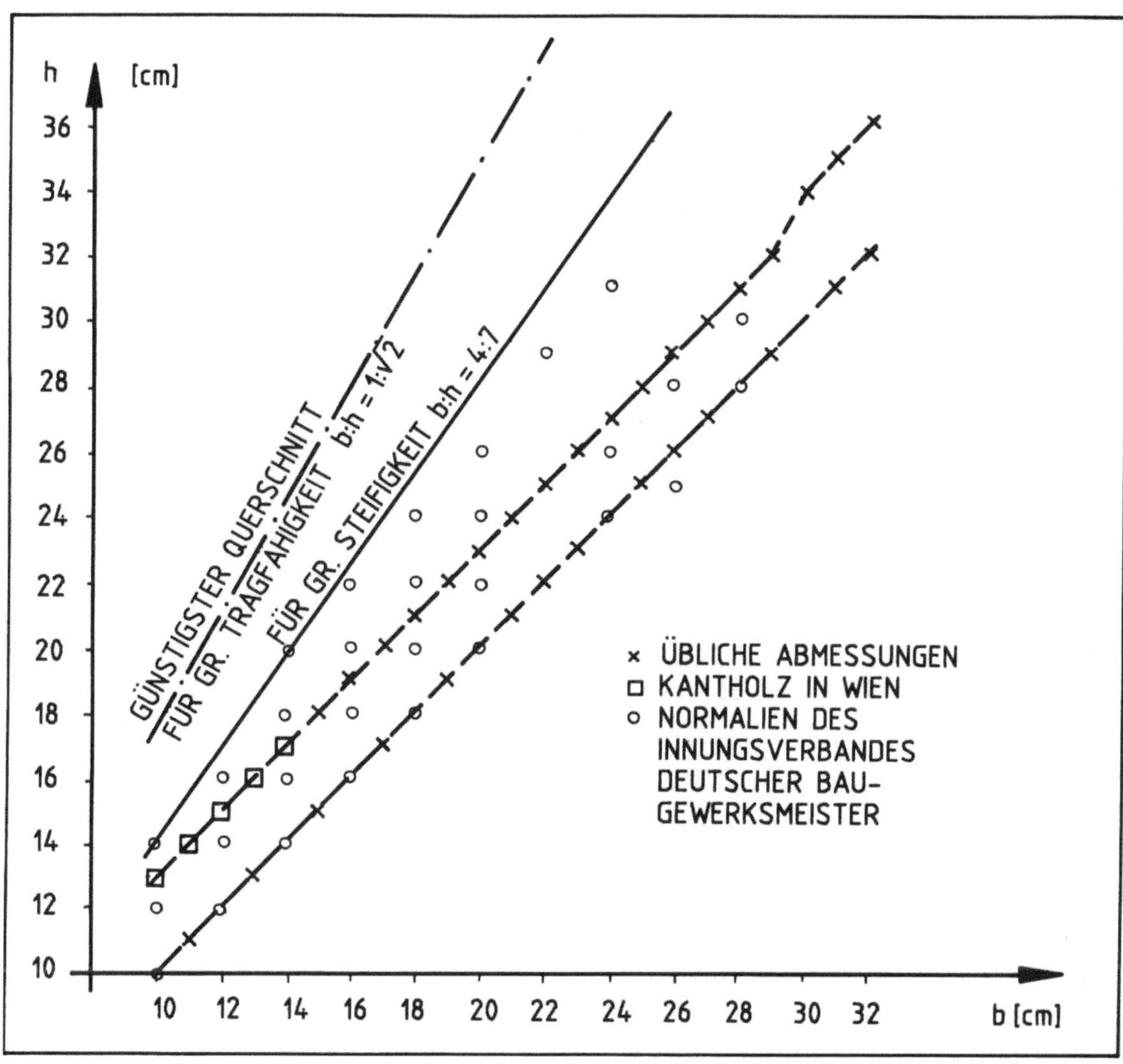

Abb. 3.7: Querschnittsabmessungen von Holzbalken zur Bauzeit

Die mechanischen Eigenschaften des Bauholzes nach alten Angaben (Tab. 3.18 und 3.19) entsprechen weitgehend den heutigen Angaben; die zulässigen Spannungen wurden teilweise etwas niedriger angesetzt als in den noch gültigen Normen auf deterministischer Basis.

| HOLZART | ZUG. E_z | | | DRUCK II FASER | BIEGUNG |
| | II FASER | ⊥ FASER | | | |
		II HALBM.	⊥ HALBM.		
FICHTE	9200			9900	11100
TANNE	13965	945	341	17235	7554
LÄRCHE	12620			4345	6842
KIEFER	9000			9600	10800
EICHE	10500	1887[x]	1290[x]	10300	10000
[x] STIELEICHE					

Tab. 3.18: *Elastizitätsmoduli / Angaben zur Bauzeit*

Bei der Untersuchung von Holzkonstruktionen nach den derzeit gültigen Normen kann nach Überprüfung des Zustandes der Bauteile (Ausschluß von Schädigungen) wie bei neu zu errichtenden Bauteilen vorgegangen werden. Die Unterschiede beziehen sich nur auf alte Verbindungskonstruktionen, deren Nachrechnung in den Kapiteln 5 und 7 erläutert wird.

Bei langzeitiger Belastung vermindern sich die Bruchspannungen des Holzes, was bei der Beurteilung der Ergebnisse von Kurzzeitversuchen zu berücksichtigen ist.
In Anlehnung an die Angaben amerikanischen Standards beträgt die (Lang-)Zeitstandfestigkeit für Belastungszeiten von mehr als 100 Jahren nur etwa 60% der Kurzzeitfestigkeit (nach einem Tag bereits Abnahme auf ca. 80%).

FESTIGKEITSWERT	DIM.	FICHTE	TANNE	LÄRCHE	KIEFER	EICHE
ZUGFESTIGKEIT II β_{ZII}	N/mm^2	75	11 – 105	94 – 139	79	96
ZUGFESTIGKEIT $\perp$ $\beta_{Z\perp}$	N/mm^2	1 – 4	1 – 4	1 – 4	1.5 – 6	4.5 – 6
DRUCKFESTIGKEIT II β_{DII}	N/mm^2	24.5	42.5	62.5	28	34
DRUCKFESTIGKEIT $\perp$ $\beta_{D\perp}$	N/mm^2	–	–	–	–	35
BIEGEFESTIGKEIT β_{BZ}	N/mm^2	42	57	66	47	60
SCHERFESTIGKEIT II β_{SII}	N/mm^2	4	4 – 5	4 – 6	4.5	7.5
SCHERFESTIGKEIT $\perp$ $\beta_{S\perp}$	N/mm^2	26	27	24	21	35
ZUL. ZUGSPG. zulσ_Z	N/mm^2	8[1]	8[1], 6[2]	8[1]	8[1], 10[2]	10[1][2]
ZUL. DRUCKSPG. zulσ_D	N/mm^2	6[1]	6[1], 5[2]	6[1]	6[1], 6[2]	7[1], 8[2]
ZUL. BIEGESPG. zulσ_B	N/mm^2	8[1]	8[1]	8[1]	8[1]	10[1]
ZUL. SCHUB II zulτ_{II}	N/mm^2	1[1]	1[1]	1[1]	2[1], 1.5[2]	1.5[1], 2[2]
ZUL. SCHUB $\perp$ zul$\tau_{\perp}$	N/mm^2	2[1]	2[1]	2[1]	2[1]	3[1]

[1] NORMLIEN DES ÖSTERR. INGENIEUR-UND ARCHITEKTEN – VEREINES

[2] VORSCHRIFTEN DER BERLINER BAUPOLIZEI

Tab. 3.19: Mechanische Eigenschaften von Bauholz / Angaben zur Bauzeit

3.8.2. SEMIPROBABILISTISCHES KONZEPT - BEMESSUNG

$R_d = [\,\dots,\ k_{mod}\ \dfrac{f_K}{\gamma_m}\,,\ \dots\,]\ \dots$ BEMESSUNGSWERT D. WIDERSTANDES

$\boxed{f_K}$ ... 5% FRAKTILE AUS KURZZEITVERSUCH BESTIMMT

γ_m ... TEILSICHERHEITSBEIWERT
DES WIDERSTANDES

k_{mod} ... FAKTOR, ABM. VON
BELASTUNGSDAUER ,
HOLZFEUCHTIGKEIT

BEANSPRUCHUNG	CHARAKTERIST. WERT, ELASTIZITÄTSMODUL
BIEGUNG	21.5 N/mm²
ZUG II	13.0 N/mm²
DRUCK II	19.0 N/mm²
SCHUB	2.1 N/mm²
ELASTIZITÄTSMODUL MITTELWERT	10 000 N/mm²

$> \gamma_R = \dfrac{\gamma_m}{k_{mod}\cdot k_h}\ ^{1)}$ $\boxed{k_h}$ ... HÖHENFAKTOR $= \left(\dfrac{200}{h_{(cm)}}\right)^{0.2}$

$^{1)}$ NUR BEI ZUG-, BIEGEBEANSPR.

$\boxed{\gamma_m}$ = 1.4 .... GRUNDKOMBINATION
       1.1 .... AUSSERGEW. KOMBIN. } GRENZZUSTAND D. TRAGFÄHIGKEIT

     = 1.0 .... GRENZZUSTAND DER GEBRAUCHSTAUGLICHKEIT

$\boxed{k_{mod}}$ EINWIRKUNGSDAUER	ZUGBEANSPR. ⊥		AND. BEANSPR.	
	FEUCHTIGKEITSKL.		FEUCHTIGKEITSKL.	
	1 u. 2	3	1 u. 2	3
LANGZEITBELASTUNG	0.55	0.45	0.80	0.65
MITTLERE LASTDAUER	0.70	0.55	0.90	0.72
KURZZEITBELASTUNG	0.85	0.70	1.00	0.80
PLÖTZLICHE BELASTUNG	1.20	1.00	1.20	1.00

(ω ... AUSGLEICHSFEUCHTE)

BEI GEBRAUCHSTAUGLICHKEITSNACHWEISEN :

$E^* = \dfrac{E_0}{k_{creep}}$

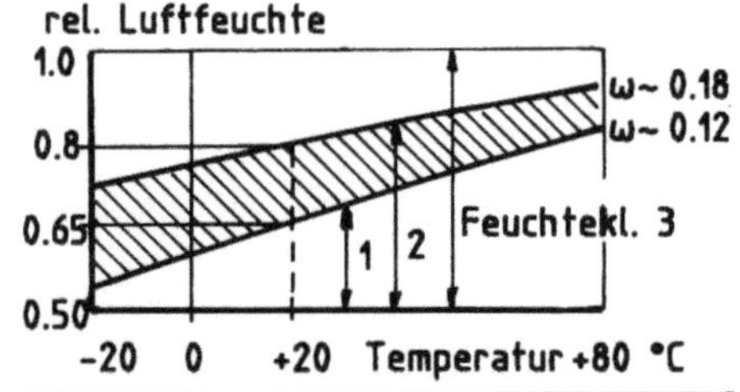

$\boxed{k_{creep}}$ EINWIRKUNGSDAUER	GRÖSEN ORDNG.	FEUCHTIGKEITSKLASSE		
		1	2	3
LANGZEITBELASTUNG	10 a	1.5	1.8	3.0
MITTLERE LASTDAUER	6 Mon.	1.2	1.3	2.0
KURZZEITBELASTUNG	1 Woche	1.0	1.1	1.5

Abb. 3.8: Nachweisschema/Semiprobabilistisches Verfahren

Die derzeit in Erarbeitung befindlichen Normen zur Bemessung von Holzkonstruktionen nach dem semiprobabilistischen Sicherheitskonzept basieren weitgehend auf den Vorschlägen des Eurocodes 5 (Nachweis nach diesem Verfahren für die Materialseite - siehe Abb. 3.8).

Die charakteristischen Materialeigenschaften sind für die bei alten Konstruktionen (guter Erhaltungszustand) verwendeten europäischen Nadelhölzer in Eurocode 5, Anhang A, zusammengefaßt.

3.8.3. SCHÄDEN AN HOLZBAUTEILEN

Schäden an Holzbauteilen in Wohnbauten basieren meist auf dem Eindringen von Feuchtigkeit und den nachfolgenden Abbauprozessen durch tierische oder pflanzliche Schädlinge. Grundsätzlich ist zwischen Pilzbefall (holzverfärbende und holzzerstörende Pilze) und Befall durch Insekten zu unterscheiden. Unter den holzzerstörenden Pilzen sind der echte Hausschwamm und der Kellerschwamm neben Braunfäulepilzen die wichtigsten in Mitteleuropa auftretenden Arten. Bei den holzzerstörenden Insekten sind der Hausbock und der gewöhnliche Nagekäfer anzuführen.

Die Schädigung der Holzteile kann im Extremfall (echter Hausschwamm) innerhalb weniger Monate einen fast vollständigen Verlust der Tragfähigkeit des befallenen Konstruktionselementes bewirken. Dies unterstreicht die Notwendigkeit umfangreicher Voruntersuchungen im Rahmen von Sanierungsprojekten, die hölzerne Tragelemente umfassen.

Die Bekämpfung der angeführten Schädlinge hängt u.a. von der Zugänglichkeit des betroffenen Konstruktionselementes ab, weshalb diesbezügliche Feststellungen in den Kapiteln, die sich mit den einzelnen Konstruktionselementen befassen, getroffen werden.

Im Hinblick auf eine umfassende Darstellung möglicher Schäden an Holzbauteilen ist die weiterführende Literatur heranzuziehen.

3.8.4. UNTERSUCHUNG VON HOLZBAUTEILEN

Auch bei der Auswahl geeigneter Untersuchungsmethoden stellt die Zugänglichkeit des Bauteils das wesentliche Auswahlkriterium dar. Deshalb wird auch in diesem Fall eine Behandlung der Untersuchungsmethoden in den konstruktionsspezifischen Kapiteln durchgeführt.

3.9. BAUGRUND

Hinsichtlich der Angaben zum Baugrund bzw. der Dimensionierung der Fundamentkonstruktionen soll eine Auflistung der zur Bauzeit angenommenen zulässigen Bodenpressungen vorgenommen werden. Die heute anzusetzenden Bodenkennwerte sind den jeweiligen nationalen Normen zu entnehmen. Bei Nachrechnungen im Zuge von Lasterhöhungen (z.B. bei geplanten Aufstockungen) ist die Konsolidierung des Baugrundes in Rechnung zu stellen.

BEZEICHNUNG	ZULÄSSIGE BELASTUNG [N/mm^2 = 10^3 kN/m^2]			
	a	b	c	d
WEICHER BODEN				0.1
LOCKER , WASSERHÄLTIGER BODEN				
BEI PFAHLFUNDIERUNG				0.2
PFAHLFUNDIERUNG + 60cm BETON				0.3
LEHM ODER TEGEL				
SEHR FEUCHT			0.15	
TROCKEN				
STEHEND, GG. SEITL. AUS- WEICHEN GESCHÜTZT			0.25	
LIEGEND			0.35	
SANDIG				0.2 – 0.3
FEST, HORIZ. GELAGERT, MÄCHTIG				0.6
TON				
WEICH		0.1		
MITTELFEST		0.2		
FEST		0.4		
SAND				
SEHR FEUCHT, FEINKÖRNIG		0.1		
MÄSSIG FEUCHT		0.2		
STARK TONHÄLTIG, TROCKEN		0.2		
WENIG TONHÄLTIG, TROCKEN		0.4		
GROB, FEST GELAGERT		0.6		
> 1m MÄCHTIG, GG. AUSWEICHEN GESCHÜTZT			0.15	0.15 – 0.18
KIES				
GROB, FEST GELAGERT		0.6		0.3 – 0.4
SCHOTTER		0.6		
SANDIG, FEST, WENIG MÄCHTIG OD. VON WEICHS. LAGERUNG			0.25	
GROB, FEST GELAGERT			0.35	
GERÖLL				0.35 – 0.45
FELS				
GEWÖHNLICHER				0.5 – 0.6
FESTER NICHT VERWITTERTER				0.7 – 1.0
GUTER BAUGRUND	0.25			
DAUERNDE BELASTUNG				0.4 – 0.5
VORÜBERG. BELASTUNG				0.7 – 0.8
SEHR GUTER BAUGRUND				0.7 – 0.8

a)   BERLINER BAUORDNUNG 1880
b)   NORMALIEN DES ÖSTERR. INGENIEUR-U. ARCHITEKTEN - VEREINES, 1902
c)   VERORDNUNG DES k. k. MINISTERIUMS DES INNEREN , BETREFFEND DEN BAU VON FABRIKSCHORNSTEINEN, 1902
d)   DAUB, HOCHBAURUNDE 1904, (10-fache SICHERHEIT)

Tab. 3.20: Zulässige Belastungen des Baugrundes zur Bauzeit

4. WÄNDE - MAUERWERK

Der Schwerpunkt der folgenden Ausführungen liegt auf den bei konstruktiven Sanierungsaufgaben zu untersuchenden Mauerwerkselementen. Bei Hochbauten der Gründerzeit
(ausgenommen Teile der Fundierungskonstruktion) bestehen diese aus Ziegel-, in geringerem
Umfang aus Misch- sowie Natursteinmauerwerk.

Berechnungsgrundlagen und Dimensionierungsvorgaben der Bauzeit sowie Möglichkeiten der
Überprüfung und Nachrechnung tragender Mauerwerksteile sollen besprochen und außerdem
Detailkonstruktionen analysiert werden. Den Abschluß des Kapitels bilden Hinweise zu
aktuellen Verstärkungsmethoden.

4.1. TRAGENDE MAUERWERKSKONSTRUKTIONEN ZUR BAUZEIT - BEMESSUNG

Die Dimensionierung tragender Elemente aus Mauerwerk erfolgte - speziell im Wohnbau -
nach tradierten Handwerksregeln. Ab 1850 wurden Vorgaben hinsichtlich der auszuführen-
den Stärken tragender Wände in den Bauordnungen erfaßt.
Diesbezügliche Vorschriften der Berliner und Wiener Bauordnung sind aus der Gegenüberstellung der beiden Bauordnungen in Kapitel 1 ersichtlich.

Unabhängig davon scheinen bereits zu Beginn des 19. Jahrhunderts bei Rondelet Formeln zur
Bemessung freistehender und tragender Umfassungsmauern auf; aus der Untersuchung von
Ruinen (in der Nähe von Rom durchgeführt) war die Stärke unter Berücksichtigung von
Höhe und Länge zu ermitteln.

Gegen Ende des 19. Jahrhunderts ergab sich aufgrund der in vergleichbarer Form
vorliegenden Angaben zu den Materialfestigkeiten der Mauerwerkskomponenten die Möglichkeit der Bemessung besonders beanspruchter Elemente.- Die nachstehenden Aufstellungen
bringen einige dieser Berechnungsvorschläge.

Unabhängig davon wurde die Mauerwerksfestigkeit (ohne Berücksichtigung der Schlankheit)
als Funktion der Steinfestigkeit unter Berücksichtigung des verwendeten Mörtels (Daub,
1902) angegeben.

MAUERART	MAUERSTÄRKE FÜR ZIEGEL[1] MW [m]
FREISTEHENDE MAUERN	$s = \dfrac{h}{\alpha}$

AN DEN ENDEN DURCH QUERWÄNDE ABGESTÜTZT
    AUSSENMAUERN
      <u>UNBELASTET</u>
        GERADE
	$s = \dfrac{l \cdot h}{n\sqrt{l^2 + h^2}}$

RUND	$s = \dfrac{D \cdot h}{n\sqrt{D^2 + 16h^2}}$

<u>BELASTET</u>
  * IN EINGESCHOSSIGEN GEB.
    NICHT HORIZ. AUSGESTEIFT
	$s = \dfrac{t \cdot h}{12 \cdot \sqrt{t^2 + h^2}}$

IN HÖHE h_1 AUSGESTEIFT ($h_2 = h - h_1$ FREISTEHEND)	$s = \dfrac{t(h + h_2)}{24 \cdot \sqrt{t^2 + h^2}}$
* MEHRERE GESCHOSSE ; FÜR DAS OBERSTE GESCH.	$s = \dfrac{2t + h'}{48}$
SEHR GROSSE HÖHE	$s = \dfrac{30 + h}{80}$ BIS $\dfrac{11 + h}{64}$
BELASTETE MITTELMAUERN	$s = \dfrac{h + T}{36}$

MIT : α .... FAKTOR FÜR ANGESTREBTE " STABILITÄT "

STABILITÄT	n
SEHR GROSS	8
MITTEL	10
GERING	12

h .... HÖHE DER MAUER
h'.... HÖHE DER AUSSENMAUER DES OBERSTEN GESCHOSSES BIS ZUM DACH
l ...... FREIE LÄNGE DER MAUER
D .... DURCHMESSER (AN KONVEXER SEITE)
t ..... LICHTE TIEFE DES AN AUSSENMAUER STOSSENDEN TRAKTES
T .... LICHTE TIEFE DES AN MITTELMAUER STOSSENDEN TRAKTES

[1] ANDERE MAUERSTEINE $s = \alpha \cdot S_{ZIEGEL}$

STEINART	α
LAGERHAFTE BRUCHSTEINE	1.25
UNREGELM. GESCHIEBE	1.875
WERKSTEINE	0.625 - 0.75

Tab. 4.1: Mauerwerksbemessung (nach Rondelet)

MAUERWERK AUS	MÖRTEL	MAUERWERK				GEWÖLBE BIS 10 m	
		ALLGEMEIN	A[6]	B[6]	C[6]	DRUCK	ZUG
GEWÖHNLICHEN ZIEGELN	WEISSKALK	$0.7^{2),4),5)}$	$0.5^{3)}$	$0.25^{3)}$	–	$0.5^{3)}$	–
	ROMANZEM.	–	$0.75^{3)}$	$0.5^{3)}$	–	$0.75^{3)}$	–
	PORTLANDZ.	$1.2^{1),4)}$, $1.1^{2)}$	$1.0^{3)}$	$0.75^{3)}$	$0.5^{3)}$	$1.0^{3)}$	$0.1^{3)}$
BRUCHSTEIN (1/3 ZIEGEL ; 2/3 BRUCHSTEINE)	WEISSKALK	–	$0.4^{3)}$	–	–	–	–
	ROMANZEM.	–	$0.5^{3)}$	–	–	–	–
	PORTLANDZ.	$0.9^{4)}$	$0.8^{3)}$	–	–	–	–
GESCHLEMMTEN ZIEGELN BESTER SORTE	PORTLANDZ.	$1.4^{4)}$	$1.2^{3)}$	$0.8^{3)}$	$0.6^{3)}$	$1.2^{3)}$	$0.1^{3)}$
KLINKERN	PORTLANDZ.	$2.0 - 3.0^{5)}$ $1.4-2.0^{1)}$; $1.2-1.4^{2)}$; $2.0^{4)}$	$2.0^{3)}$	$1.5^{3)}$	$1.0^{3)}$	$2.0^{3)}$	
KALKSANDSTEIN	KALKMÖRTEL	$\leqq 0.7^{5T}$	–	–	–	–	–
	KALKZEMENT	$1.2-1.5^{5)}$	–	–	–	–	–
HARTBRANNTSTEIN	KALKZEMENT	$1.2-1.5^{5)}$	–	–	–	–	–
PORIGEN ZIEGELN	–	$0.3-0.6^{5)}$	–	–	–	–	–
GRANIT	–	4.5	–	–	–	–	–
KALKSTEIN	–	2.5	–	–	–	–	–
SANDSTEIN	–	1.5-3.0	–	–	–	–	–

[1] VORSCHRIFTEN DER BAUABTEILUNG DES PREUSS. MINISTERIUMS DER ÖFFENTL. ARBEITEN
[2] VORSCHRIFTEN DER BERLINER BAUPOLIZEI 1887
[3] NORMALIEN DES ÖSTERR. ING.- U. ARCH.- VEREINES
[4] HOCHBAUVORSCHRIFTEN DER K.K. ÖSTERR. STAATSBAHNEN
[5] BERLIN 1910
[6] ABHÄNGIGKEIT VON MAUERDICKE U. -SCHLANKHEIT

	BEZEICHNUNG		
	A	B	C
GERINGSTE MAUERDICKE	$\geqq 45$cm	<45cm	$\geqq 30$cm
TRAGPFEILER MIT a/h a ... KLEINSTER QUERSCH. h ... FREIE HÖHE	$\geqq \frac{1}{6}$	$\frac{1}{6} - \frac{1}{8}$	$\frac{1}{8} - \frac{1}{12}$

Tab. 4.2: Zulässige Spannungen für Mauerwerk / Angaben um 1900

MAUERWERK	MÖRTEL			zul $\sigma_{MW} = \alpha . \beta_{ST,Z}$ α
BRUCHSTEINMWK.	WEISSKALK			0.018
	KALKZEMENT			0.023
	ZEMENT			0.025
QUADERMWK.	WEISSKALK			0.040
	KALKZEMENT			0.047
	ZEMENT			0.050
ZIEGEL	MISCHUNG			
	KALK	ZEMENT	SAND	
	1	–	2	0.044
	7	1	16	0.048
	–	1	6	0.055
	–	1	3	0.063

Tab. 4.3: Mauerwerksfestigkeit in Abhängigkeit von Steinfestigkeit und Mörtelart

4.1.1. FUNDAMENTE

Im Wohnbau wurde die Dimensionierung der Fundamente nach einfachen Regeln vorgenommen, ungeachtet der Festigkeit des anstehenden Bodenmaterials; man berücksichtigte nur die Art des Bodens.

(Bei Industriebauten oder besonders beanspruchten Fundamenten der Bemessung zugrundegelegte zulässige Bodenpressungen - siehe Kapitel 3.)

Nach Daub wurde um 1900 eine Matrix gemäß Tab. 4.4 zur Auswahl der geeignetsten Fundierungsart bei Hochbauten angegeben.
War das anfallende Grundwasser nicht mit einfachen Mitteln aus der Baugrube zu entfernen, wurden die in der rechten Spalte von Tab. 4.4 aufgezählten Bodenverbesserungsmaßnahmen ergriffen.

<table>
<tr>
<td>TIEFE DER TRAG-FÄHIGEN BODEN-SCHICHTE</td>
<td>WASSER NICHT VORHANDEN</td>
<td>DAS WASSER IN DER BAUGRUBE LÄSST SICH AUSSCHÖPFEN</td>
<td colspan="2">DAS WASSER ÜBER DER TRAG-FÄHIGEN BODEN-SCHICHTE KANN NICHT BESEITIGT WERDEN</td>
</tr>
<tr>
<td>GERING LEICHT ERREICHBAR</td>
<td colspan="2">DURCHLAUFENDE FUNDAMENTMAUERN</td>
<td>BETON-SCHICHTE</td>
<td rowspan="6">STEINSCHÜTTUNG</td>
</tr>
<tr>
<td rowspan="2">GRÖSSER UNSCHWER ZU ERREICHEN</td>
<td colspan="2">PFEILERFUNDAMENTE</td>
<td rowspan="2">BOHLEN-ROST SCHWELL-ROST</td>
</tr>
<tr>
<td colspan="2">BETONSCHICHTE (PLATTE O. UMGEKEHRTES GEWÖLBE)
EISENBETONSCHICHT (")</td>
<td rowspan="2">PFAHLROST</td>
</tr>
<tr>
<td rowspan="4">SEHR GROSS MIT EINFACHEN MITTELN NICHT ZU ERREICHEN</td>
<td colspan="2">UMGEKEHRTES GEWÖLBE SANDSCHÜTTUNG</td>
</tr>
<tr>
<td colspan="3">STEINSCHÜTTUNG</td>
</tr>
<tr>
<td colspan="3">SENKBRUNNEN SENKRÖHREN</td>
</tr>
</table>

Tab. 4.4: Auswahlmatrix zur Festlegung der geeignetsten Fundierungsart

Die angeführten Betonschichten wurden erst gegen Ende des 19. Jahrhunderts bei Wohnbauten als Fundamentkonstruktion in größerem Umfang eingesetzt. Abb. 4.1 gibt eine Übersicht über die häufigsten Fundamentausbildungen mit den zur Bauzeit in der Literatur vorgeschlagenen Abmessungen.

Gegen 1900 wurden dann erste Studien veröffentlicht, die nicht nur die Belastbarkeit des anstehenden Bodens, sondern auch die Steifigkeit von Boden und Fundament in Rechnung stellten; die theoretischen Arbeiten blieben allerdings zunächst ohne Einfluß auf das praktische Baugeschehen.

Die in Abb. 4.1 skizzierten Beton- und Eisenbetonfundamente wurden erst ab der Jahrhundertwende verwendet, kamen im Wohnbau jedoch kaum zum Tragen.

KONSTRUKTIONSSKIZZE	ANWENDUNG BEI BODENART	BEMESSUNG/ KONSTRUKTIONSHINWEISE
STREIFENFUNDAMENTE GEWÖHNLICHE FUNDAMENTE AUS MAUERWERK (BRUCHST.) 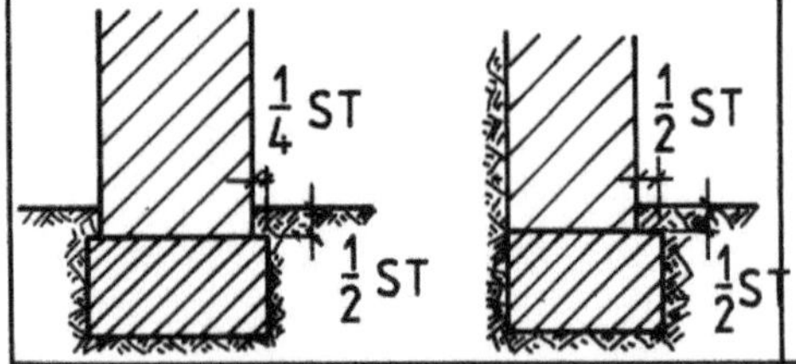 $\frac{1}{4}$ ST $\frac{1}{2}$ ST $\frac{1}{2}$ ST $\frac{1}{2}$ ST	" GUTER BAUGRUND "	KEINE BEMESSUNG VORGENOMMEN
ABGETREPPTE FUNDAMENTE MAUERWERK (BRUCHSTEIN) 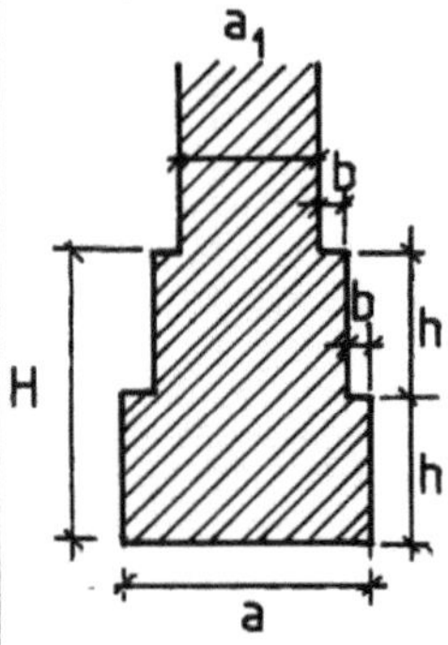 a_1 $b = 12 - 15$ cm $h < 2b$ $H = \dfrac{a - a_1}{2b} + h$ $< a - a_1$	NACH BODENART " WENIG TRAGFÄHIG "	DAUB 1904 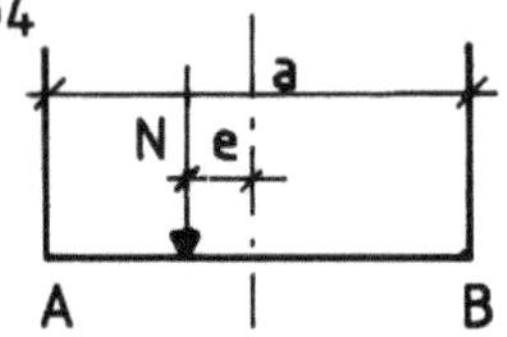 $N \quad e \quad a$ A | B β_B ... DRUCKFESTIGKEIT DES BAUGRUNDES zulσ_B ZULÄSSIGE BODENPRESSUNG N .... RESULTIERENDE BELASTUNG $n = \dfrac{\beta_B}{\text{zul}\sigma_B} = 10$ ... GEWÖHNL. VERHÄLT 7 ... PROVISORIEN 8 ... MAXIMALLAST NUR KURZZEITIG. IN A: $\sigma_1 = \dfrac{N}{n}(1 + \dfrac{6e}{a})$ } $\sigma_1 \leqq$ zul σ_B IN B: $\sigma_2 = \dfrac{N}{a}(1 - \dfrac{6e}{a})$ $\sigma_2 \geqq 0$ $\sigma_1 = $ zulσ_B ; $\sigma_2 = 0$ ..... $a = \dfrac{2N}{\text{zul}\sigma_B}$ $\sigma_1 = \sigma_2 = \sigma$ $a = \dfrac{N}{\text{zul}\sigma_B}$
PFEILERFUNDAMENTE (BRUCHSTEINMWK; STAMPFB.) 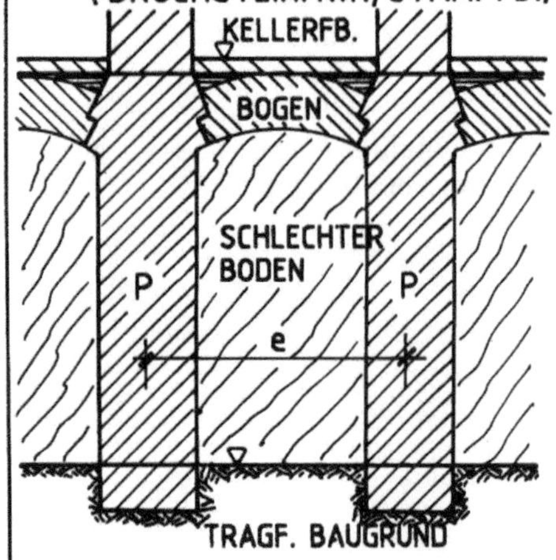 KELLERFB. BOGEN SCHLECHTER BODEN P e P TRAGF. BAUGRUND	TRAGFÄHIGER BODEN TIEFLIEGEND	PFEILERANORDNUNG : $e \leqq 4$ m; UNTER : MAUERPFEILERN, FENSTERPFEILERN, PFEILERN DES ERDGESCHOSSES, MAUERECKEN, MAUERENDEN, MAUERABZWEIGUNGEN, MAUERKREUZUNGEN, BESONDEREN EINZELLASTEN FUNDAMENTBREITE WIE OBEN

Abb. 4.1: Fundamentkonstruktionen und deren Bemessung / Angaben um 1900

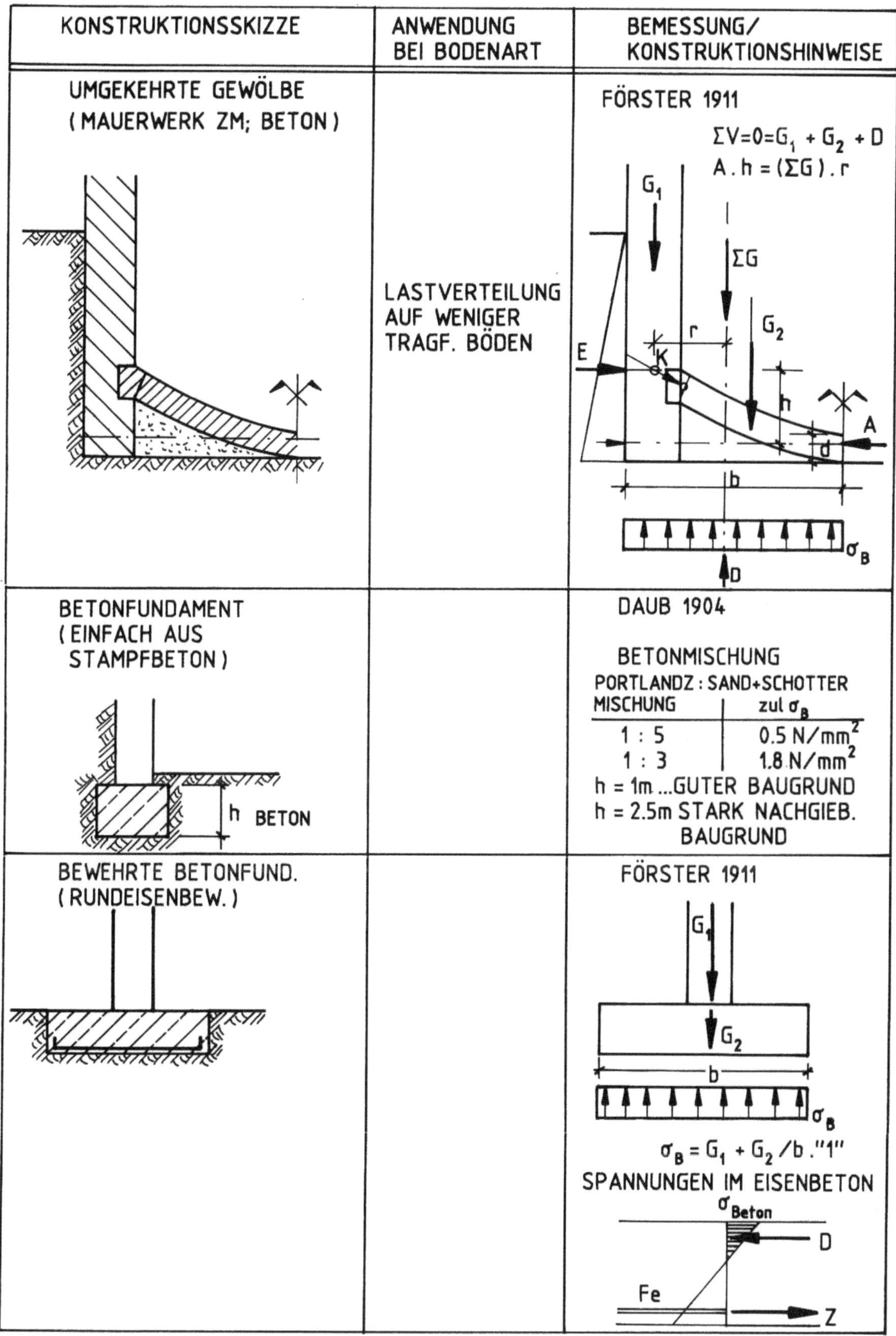

Abb. 4.1 (Fortsetzung)

KONSTRUKTIONSSKIZZE	ANWENDUNG BEI BODENART	BEMESSUNG/ KONSTRUKTIONSHINWEISE
PFOSTENROSTE 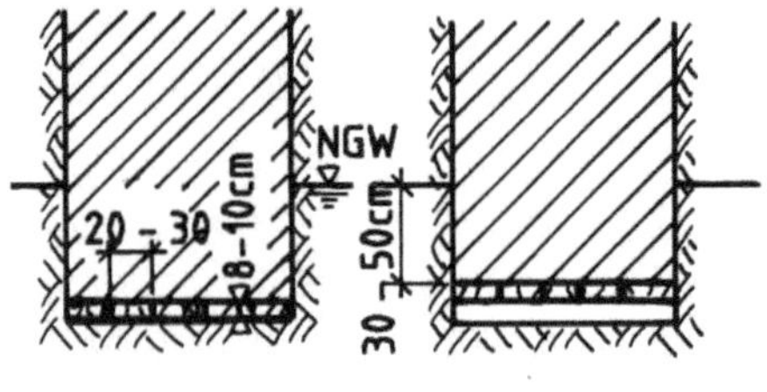 EINFACH DOPPELT	UNTER GRUNDWASSER	PFOSTEN/BOHLEN: b/h = 20-30/8-10 cm EINFACHER PFOSTENROST: FÜR KLEINE/LEICHTE BAUTEN DOPPELTER PFOSTENROST $zul\sigma_D$ = 0.1-0.15 N/mm^2 (VERBINDUNG DER LAGEN DURCH HOLZNÄGEL)
BALKENROSTE	W. O.	STATT BOHLEN 12-15cm STARKE BALKEN
SCHWELLROSTE 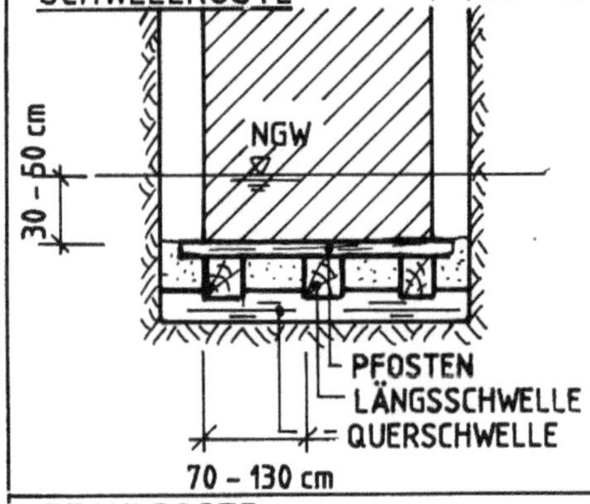 PFOSTEN LÄNGSSCHWELLE QUERSCHWELLE 70 - 130 cm	W. O.	QUERSCHWELLEN: B = 24-31 cm H = 16-24 cm e = 1-2 m LÄNGSSCHWELLEN: B = 18-25 cm H = 21-33 cm e = 75-125 cm VERBINDUNG MIT HOLZ-NÄGELN
PFAHLROSTE 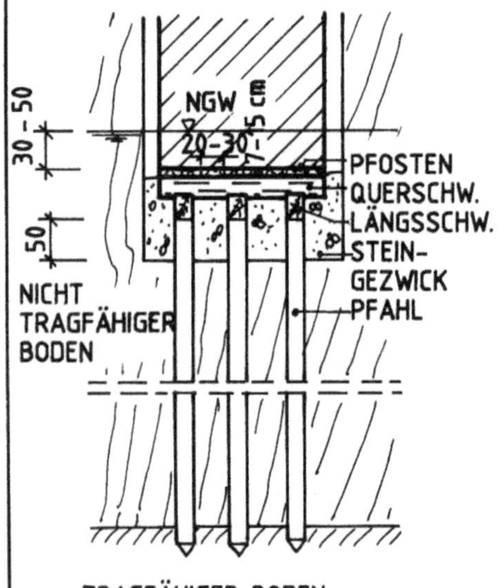 NICHT TRAGFÄHIGER BODEN PFOSTEN QUERSCHW. LÄNGSSCHW. STEIN-GEZWICK PFAHL TRAGFÄHIGER BODEN	TIEFLIEGENDER TRAGFÄHIGER BODEN	ZUL. PFAHLBELASTUNG LANGE PFÄHLE, LOCKERER BODEN: 2N/mm^2 KURZE PFÄHLE, FESTER BODEN: 4N/mm^2 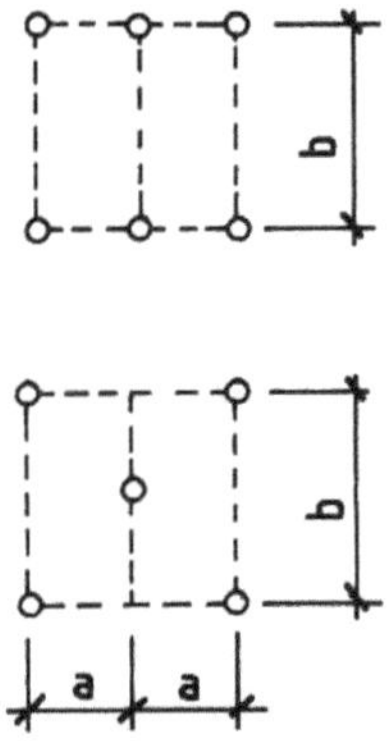 a ... 0.70 - 1.30 m b ... 1.00 - 2.00 m MÖGLICHKEITEN DER PFAHLANORDNUNG

Abb. 4.1 (Fortsetzung)

4.1.2. WANDDURCHBRÜCHE

Bis zur Mitte des 19. Jahrhunderts erfolgte die Überdeckung von Wanddurchbrüchen bei Wohnbauten meist in Form von Bögen. In der zweiten Hälfte des Jahrhunderts wurden - insbesondere bei größeren Spannweiten - eiserne Träger (im allgemeinen Walzträger, auch als "Bauträger" bezeichnet) eingesetzt, gegen 1900 in größerem Umfang bereits Eisenbetonträger, die sich im Bereich des Hochbaues aber nur bei Repräsentationsbauten durchsetzten.

Tab. 4.5 zeigt die bei der Überdeckung von Öffnungen in tragenden Mauern bei Wohnbauten - in Abhängigkeit von der Spannweite - um 1900 verwendeten Träger.

ART DER ÜBERDECKUNG	SPANNWEITE	BELASTUNG	SONST.
BÖGEN	$\leq$ 1.5 m	GEWÖHNL. VERTEILT	ARCH. GRÜNDE
EISERNE TRÄGER	> 1.5 m	SCHWERE -, EINZELLASTEN	SCHEITRECHTER STURZ
TRÄGER AUS EISENBETON	> 1.5 m	- " -	- " -

Tab. 4.5: Auswahl der Überdeckung von Maueröffnungen bei Wohnbauten um 1900

Die traditionelle und häufigste Art der Überdeckung stellten Bögen aus Mauerwerk dar, die bei tragenden Mauern in bis zu vierstöckigen Wohnbauten nach Abb. 4.2 dimensioniert wurden.

Eiserne Überdeckungen dimensionierte man für die volle Belastung des darüberliegenden Mauerwerks (keine Abminderung aus Gewölbetragwirkung des Mauerwerks). Die Bemessung wurde nach den zulässigen Spannungen (Schmiedeisen) durchgeführt. In der Regel kamen so viele Walzträger zum Einsatz, wie dies der Mauerstärke in Steinbreiten entsprach. Die Auflager der Träger wurden bei kürzeren Spannweiten durch Gußeisenplatten (maximale Stärke 13mm) gebildet (Abb. 4.3). Bei mehreren nebeneinanderliegenden Trägern wurden Unterlagsträger herangezogen.

Die gegen Ende des 19. Jahrhunderts zur Überdeckung von Maueröffnungen - als Ersatz für eiserne Träger - gewählten Eisenbetonträger wurden nach den in Kapitel 6 erwähnten Berechnungsmethoden für Deckenkonstruktionen aus Eisenbeton bemessen.

SKIZZE

SCHEITRECHTER
BOGEN
$d' = d_1 + f$

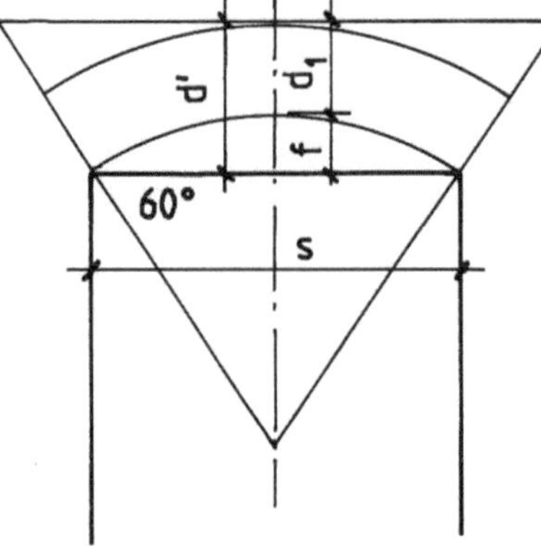

s .... SPANNWEITE
f .... PFEILHÖHE
d_1 ... SCHEITELSTÄRKE
d_2 ... KÄMPFERSTÄRKE
W .... WIDERLAGERSTÄRKE
h .... WIDERLAGERHÖHE

FÜR SEHR STARKE BÖGEN:
SCHALENFÖRMIGE WÖLBUNG:
(ROULADEN)

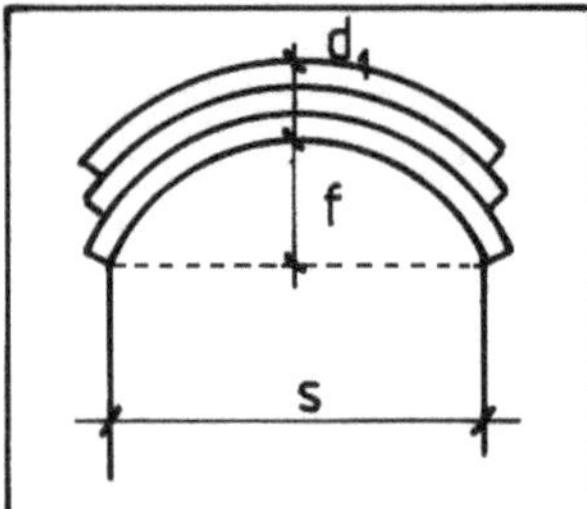

BELASTUNG:
HAUPT- OD. MITTELMAUER
EINES BIS 4 STOCK HOHEN
WOHNHAUSES

s	$f = \frac{s}{2}$	$f > \frac{s}{2}$	$f < \frac{s}{2}$ aber $> \frac{s}{8}$	
bis 2.0 m 2.0 – 3.5 m 3.5 – 5.5 m 5.5 – 8.5 m	$d_1 = d_2 = 1 - 1\ 1/2$ $1\ 1/2 - 2$ $2 - 2\ 1/2$ $2\ 1/2$ Stein	$d_1 = d_2 = 1$ $1 - 1\ 1/2$ $1\ 1/2 - 2$ $2 - 2\ 1/2$ Stein	$d_1 = 1\ 1/2 \qquad d_2 = 1\ 1/2$ $1\ 1/2 \qquad\qquad 2$ $2 \qquad\qquad 2\ 1/2$ $2\ 1/2 \qquad\qquad 3$ Tür- und Fensterbögen mit $f = \frac{s}{6} - \frac{s}{8}$ $s \leqq 1.0\ m \qquad d = 1 - 1\,1/2$ $s > 1.0\ m \qquad d < 1\ 1/2$	
über 8.5 m	$d_1 = d_2 = \frac{s}{10} - \frac{s}{12}$			
	$W = \frac{s}{5} - \frac{s}{5.5}$	$W = \frac{s}{5.5} - \frac{s}{6}$	$f > \frac{s}{4}$ $W = \frac{s}{4} - \frac{s}{4.5}$	$f < \frac{s}{4} - \frac{s}{8}$ $W = \frac{s}{3.5} - \frac{s}{4}$
			$f = 0$ $W = \frac{s}{3} - \frac{s}{4}$	

Abb. 4.2: Mauerwerksbögen

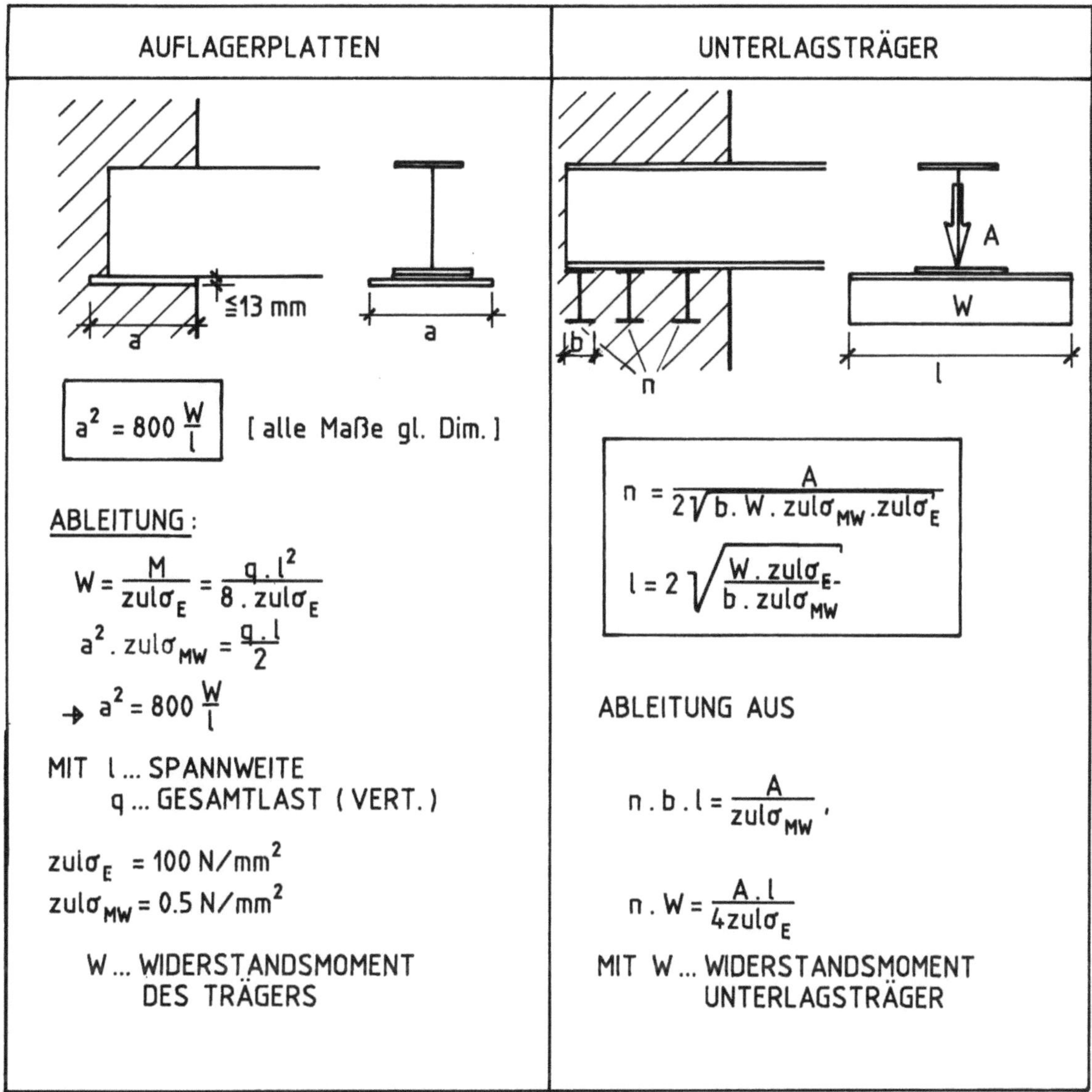

Abb. 4.3: Auflager eiserner Walzträger

4.1.3. PFEILER UND STÜTZEN

Da bereits Kapitel 3 auf Stützenkonstruktionen aus Gußeisen detailliert eingeht, liegt der thematische Schwerpunkt der folgenden Zusammenstellungen auf der zur Bauzeit üblichen Bemessung von Mauerwerkspfeilern.
Mit den zulässigen Druckspannungen in Abhängigkeit von der Pfeilerschlankheit setzt sich Abschnitt 4.1. auseinander; Abb. 4.4 verdeutlicht die um 1900 übliche Bemessung der Basisfuge.
Guß- und schmiedeiserne Säulen wurden nach den in Kapitel 3 angeführten Formeln bemessen, Säulenfuß und Säulenkopf für die zulässige Spannung des Unterlagsmaterials bzw. des unterstützten Baukörpers. Stützen aus Eisenbeton verwendete man in größerem Ausmaß erst nach der Jahrhundertwende im Hochbau (mit Ausnahme des Industriebaus). Die Bemessung von Eisenbetonsäulen entsprechend einer zusammenfassenden Darstellung aus 1908 (Daub) zeigt Abb. 4.5.

1) EXZENTRISCHE DRUCKBELASTUNG

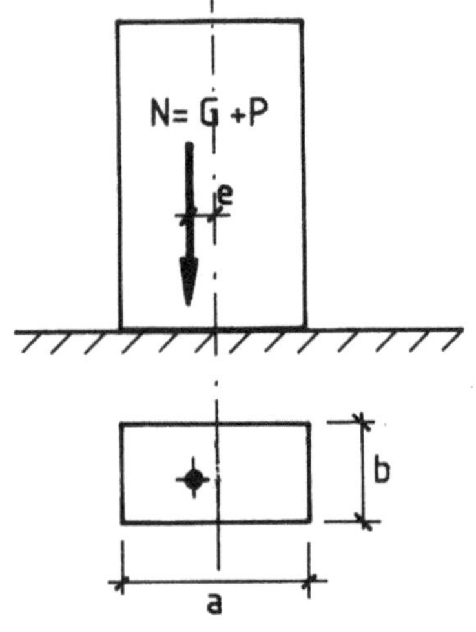

zulσ_{MW} (DRUCK) lt. ABSCHN. 4.1.
zulσ_{MW} (ZUG) (10.FACHE SICHERHEIT)
FÜR BASISFUGENMÖRTEL

MÖRTEL	zulσ_{MW} (ZUG)
WEISSKALK	$0.05 - 0.06$ N/mm^2
HYDR. KALK	$0.06 - 0.08$ N/mm^2
ROMANZEM.	$\geqq 0.15$ N/mm^2
PORTLANDZ.	$\geqq 0.16$ N/mm^2
SCHLACKENZ.	$\geqq 0.16$ N/mm^2

$$\sigma_1 = \frac{N}{a\,b}\left(1 + \frac{6e}{a}\right);$$

$$\sigma_2 = \frac{N}{a\,b}\left(1 - \frac{6e}{a}\right).$$

AUSMITTE	BEMESSUNGSBEDINGUNG
$e < \frac{a}{6}$	$\sigma_1 \leqq$ zulσ_{MW} (DRUCK)
$e = \frac{a}{6}$	$\sigma_1 \leqq$ zulσ_{MW} (DRUCK)
$e > \frac{a}{6}$	$\sigma_1 \leqq$ zulσ_{MW} (DRUCK) $\sigma_2 \leqq$ zulσ_{MW} (ZUG)

2) SCHIEFE BELASTUNG (GEWÖLBEDRUCK)

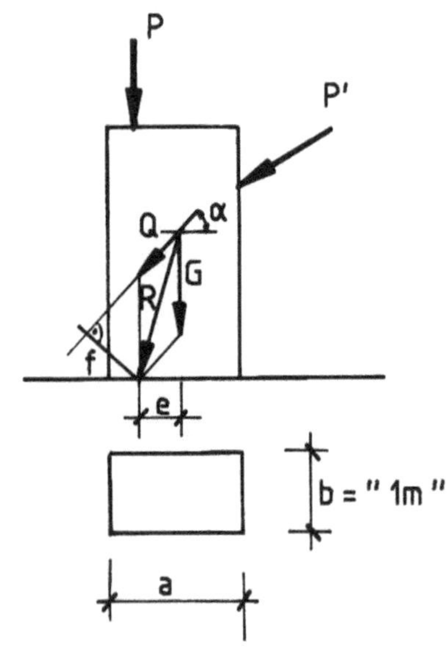

NACHWEISE :

1) <u>KIPPEN</u>

SICHERHEIT $n = \dfrac{G \cdot e}{Q \cdot f}$

2) <u>ABSCHEREN</u>

MÖRTEL	zulσ_S
KALKMÖRTEL	0.075 N/mm^2
ZEMENTMÖRTEL	0.077 N/mm^2
ALLG.	0.07 N/mm^2

$$n = \frac{a \cdot b \cdot \text{zul}\sigma_S}{Q \cdot \cos\alpha}$$

Abb. 4.4: Bemessung der Basisfuge tragender Mauerwerkspfeiler um 1900

QUERSCHNITTE:

A_B ... BETONQUERSCHNITT $A_i = A + 14 A_e$
A_e ... EISENQUERSCHNITT
A ... GESAMTQUERSCHN. $J_i = J + 14 J_e$

$$i = \sqrt{\frac{J_i}{A_i}}$$ P ... BELASTUNG

ZENTRISCHE BELASTUNG

L/i	A_e
$\leqq 20$	$A_e = \dfrac{1}{14} \left(\dfrac{P}{zul\sigma_{b,D}} - A \right)$
> 20	$\text{AUS:} 4.48 \cdot A_e - 0.006l \sqrt{\dfrac{A + 14 A_e}{J + 14 J_e}} = \dfrac{P}{zul\sigma_{b,D}} - 1.12 A$

EXZENTRISCHE BELASTUNG $n = \dfrac{E_e}{E_{b,D}} = 15$

SKIZZE	e	BEDINGUNG
	$< \dfrac{J_i}{A_i \cdot l_2}$	$\sigma_1 = P \left(\dfrac{1}{A_i} + \dfrac{e \cdot l_4}{J_i} \right) \leqq zul\sigma_{b,D}$ $\sigma_e = \dfrac{n}{d} \left[(d-a)\sigma_1 + a\sigma_2 \right] \leqq zul\sigma_{e,K}$
	$= \dfrac{J_i}{A_i \cdot l_2}$	$\sigma_1 = \dfrac{2P}{A_i} \qquad \leqq zul\sigma_{b,D}$ $\sigma_e = n\, \dfrac{d-a}{a}\, \sigma_1 \qquad \leqq zul\sigma_{e,K}$
	$> \dfrac{J_i}{A_i \cdot l_2}$	$\sigma_1 = P \left(\dfrac{1}{A_i} + \dfrac{e \cdot l_1}{J_i} \right) \qquad \leqq zul\sigma_{b,D}$ $\sigma_2 = P \left(\dfrac{1}{A_i} - \dfrac{e \cdot l_2}{J_i} \right) \qquad \leqq zul\sigma_{b,Z}$ $\sigma_e = \dfrac{n}{d} \left[(d-a)\sigma_1 + a \cdot \sigma_2 \right] \leqq zul\sigma_{e,K}$
	$\sigma_2 < \dfrac{a}{d-a}\, \sigma_1$	$\sigma_e = \dfrac{n}{d} \left[(d-a)\sigma_2 - a \cdot \sigma_1 \right] \leqq zul\sigma_{e,K}$

Abb. 4.5: Bemessung von Eisenbetonsäulen um 1910

L/i	$\text{zul}\,\sigma_{e,K}$
$= 10 .. 105$	$= \left(0.816 - 0.003\,\dfrac{L}{i}\right)\,\text{zul}\,\sigma_{e,D}$
> 105	$= 5580\left(\dfrac{i}{L}\right)^2\,\text{zul}\,\sigma_{e,D}$

Abb. 4.5 (Fortsetzung)

4.2. HEUTE ANZUWENDENDE RECHENMODELLE

4.2.1. BERECHNUNGSANSÄTZE

In den letzten Jahren wurde in der BRD wie auch in Österreich eine Überarbeitung der Mauerwerksnormen intendiert. Im Vordergrund stand der Wunsch, neben einer einfach handhabbaren Bemessung von Mauerwerkskonstruktionen ohne besondere Beanspruchungen die Möglichkeit der ingenieurmäßigen Dimensionierung zu eröffnen. Verbunden damit wurde in den deutschen Mauerwerksnormen neben der bestehenden Ermittlung der Mauerwerksfestigkeit aus den Festigkeiten von Stein und Mörtel die Untersuchung von Mauerwerkskörpern, die eine Wand möglichst realitätsnahe charakterisieren (Mauerwerk nach Eignungsprüfung), festgelegt. Die das Festigkeitsverhalten von Mauerwerk bestimmende Festigkeitsklasse ermittelt man danach entweder aus den Festigkeiten der Komponenten oder nimmt die Einstufung aufgrund von Eignungsprüfungen vor.

In Österreich werden zur Zeit einschlägige Pfeilersuche ausgewertet; nach dem derzeitigen Stand der Diskussionen soll die Mauerwerksfestigkeit zunächst aufgrund der Festigkeiten der Komponenten festgelegt werden. Vorgesehen ist eine den Regelungen der DIN entsprechende Klassifikation des Mauerwerks.

Bei der Nachrechnung von bestehendem Mauerwerk läßt sich die Festigkeit aufgrund einer Potenzfunktion der Teilfestigkeiten (Festigkeiten aus Tabellen oder nach Versuchen) oder aufgrund von Prüfergebnissen an - aus dem Bauwerk entnommenen - Prüfkörpern (nach Berücksichtigung von Probenanzahl und Streuung der Meßwerte) ermitteln.

4.2.2. SICHERHEITSÜBERLEGUNGEN

Vorliegende Normentwürfe enthalten zwar den Übergang von zulässigen Spannungen auf Rechenwerte der Baustoffestigkeit; die Teilsicherheiten für Streuung (Fraktilenwert), Dauerwirkung und Einfluß der Gestalt sind jedoch im Rechenwert berücksichtigt und gehen nicht in den Sicherheitsbeiwert (Abstand von Rechenfestigkeit und Gebrauchszustand) ein.
Abb. 4.6 veranschaulicht diese Überlegungen mit der Angabe von Zahlenwerten.

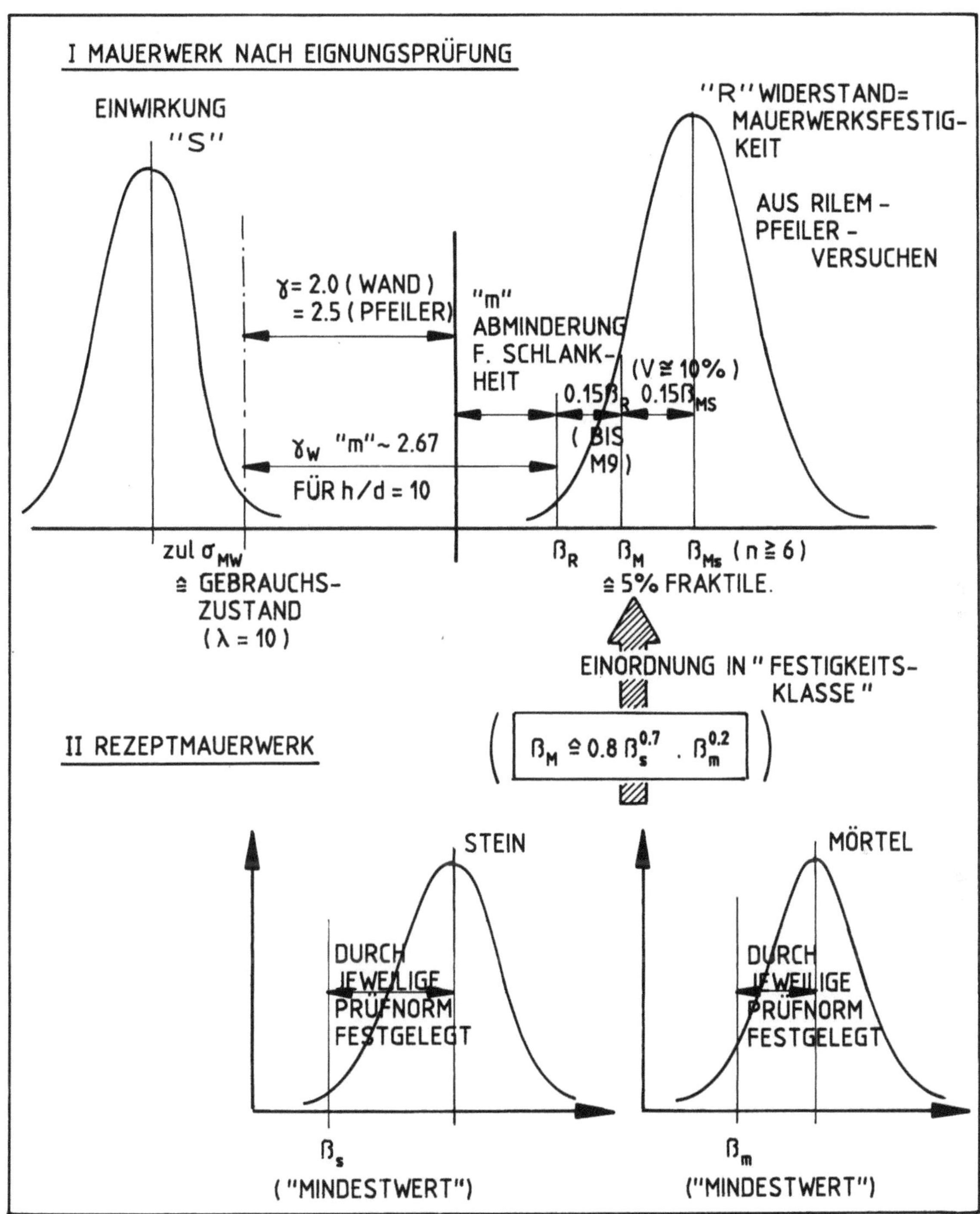

Abb. 4.6: Sicherheitsabstände / Rechenwerte bei Mauerwerk

4.2.3. AKTUELLE FESTIGKEITEN - BERÜCKSICHTIGUNG BEI DER BEMESSUNG

Bei der Nachrechnung von Mauerwerkspfeilern können zwar - mit Ausnahme stark
durchfeuchteter Bereiche - die Steinfestigkeiten aus den in Kapitel 3 genannten Werten zur
Bauzeit entnommen werden (eine Überprüfung der Gleichmäßigkeit in besonders beanspruchten Bereichen hat aber auf jeden Fall zu erfolgen); hinsichtlich der Einstufung des
Mörtels sind jedoch in den meisten Fällen Untersuchungen (nach Abschnitt 4.3.) notwendig.
Bei Erreichen einer hohen Ausnutzung aufgrund der aus Tabellen entnommenen Rechenwerte
sind Prüfungen des Mauerwerks (Ziegel und Mörtel bzw. Prüfkörper) vorzunehmen.
Bei der Festlegung der Mauerwerksfestigkeit aus den Werten für die Komponenten kann nach
den Formeln laut Abb 4.7 vorgegangen werden.

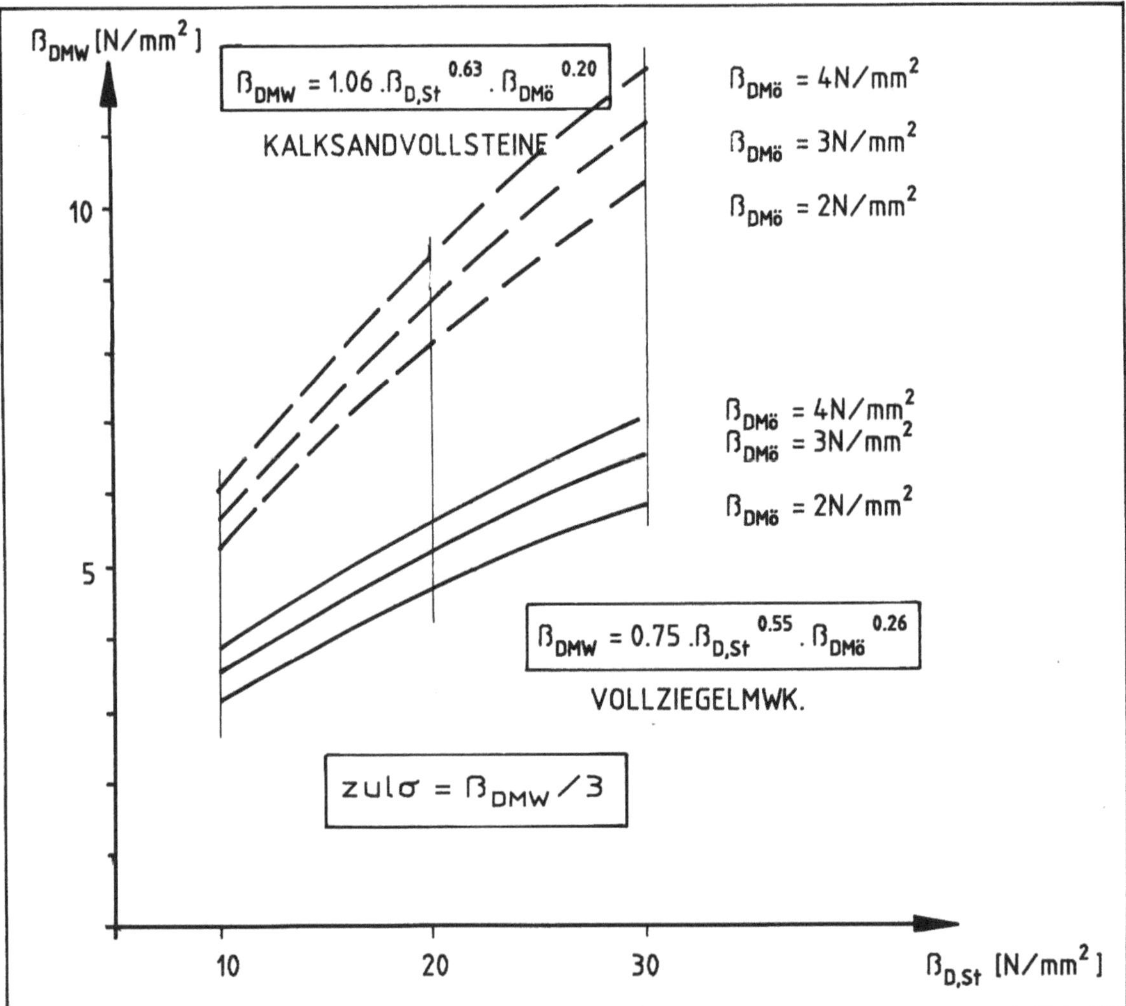

Abb. 4.7: Mauerwerksfestigkeit nach den Festigkeiten der Komponenten

Der Bruchmechanismus (nach dem aktuellen Stand der Untersuchungen) beruht bei vertikaler
Belastung auf der Verformung quer zur Belastungsrichtung. Da der Mörtel bei altem
Mauerwerk (trotz der geringen Steinfestigkeiten) meist stärkere Querverformungen als die
Steine aufweist, diese aber durch Reibung zwischen Stein und Mörtelfuge (die Haftung kann
bei altem Mauerwerk nicht gesichert in Rechnung gestellt werden) behindert wird, kommt es
zu einer Zugbeanspruchung quer zur Belastungsrichtung, im Bruchzustand zum Reißen der
Steine. Die Überlegungen für Mauerwerk aus Natursteinen sind aus Abb. 4.8 ersichtlich.

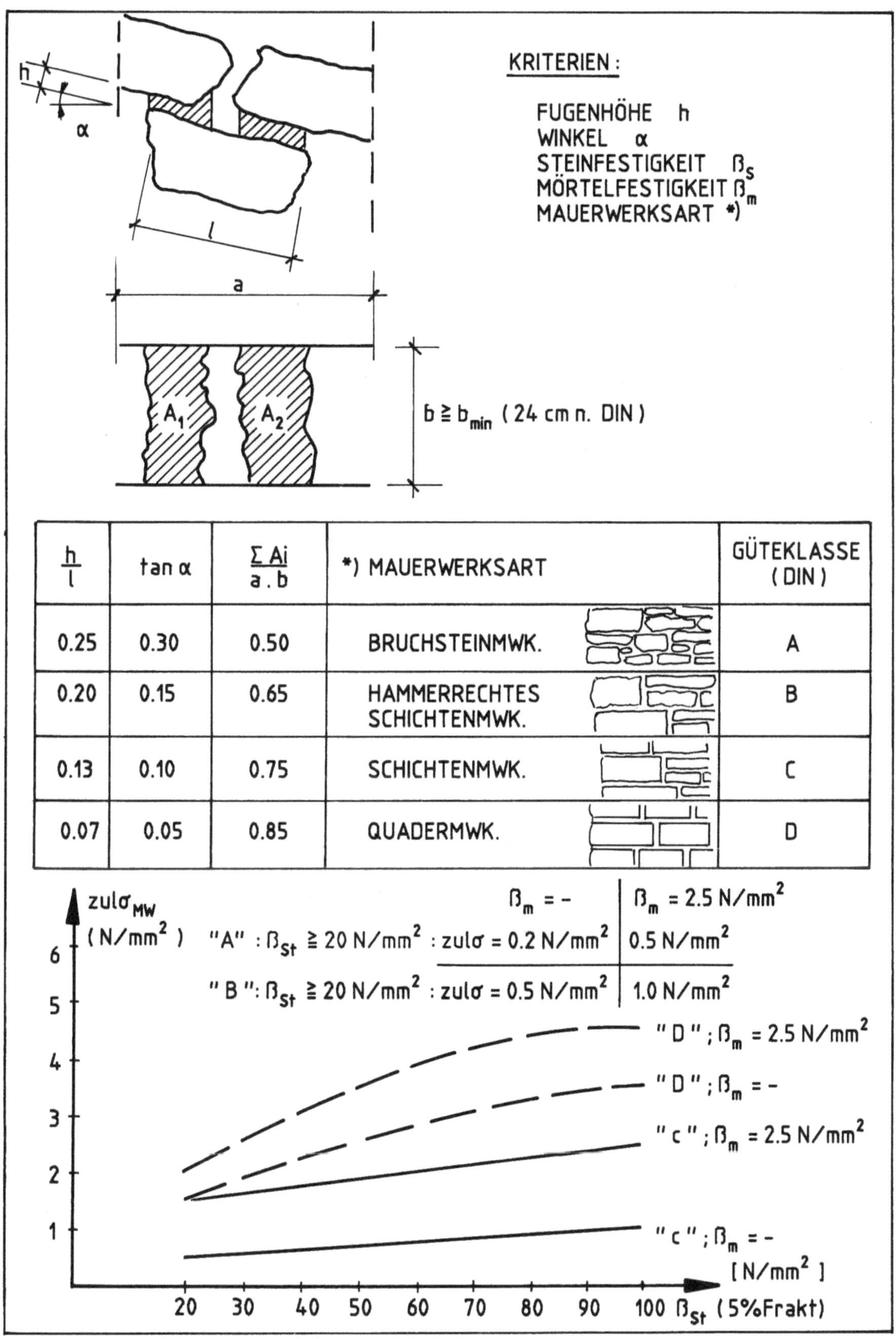

$\dfrac{h}{l}$	tan α	$\dfrac{\Sigma\,Ai}{a\,.\,b}$	*) MAUERWERKSART		GÜTEKLASSE (DIN)
0.25	0.30	0.50	BRUCHSTEINMWK.		A
0.20	0.15	0.65	HAMMERRECHTES SCHICHTENMWK.		B
0.13	0.10	0.75	SCHICHTENMWK.		C
0.07	0.05	0.85	QUADERMWK.		D

Abb. 4.8: Festigkeit von Natursteinmauerwerk

Bei der Nachrechnung von Mauerwerk in Kellerbereichen ist die vielfach durch Feuchtigkeitseinflüsse verursachte Bindemittelauswaschung des Fugenmörtels zu beachten. Bei zahlreichen Gebäudeanalysen war ein Randbereich von 2 bis 2,5 cm mit Mörtel ohne meßbare Festigkeit zu konstatieren. Bei der Nachrechnung ist daher ein entsprechend verminderter Querschnitt zugrundezulegen.

4.2.4. DURCHBRÜCHE

Den häufigsten Fall konstruktiver Auseinandersetzung mit bestehendem Mauerwerk stellt die Bemessung nachträglicher Durchbrüche dar. Gegenüber den bei der ursprünglichen Dimensionierung angesetzten vollen Lasten der oberen Geschosse wird aufgrund der aktuellen Normen die im Mauerwerk vorhandene Gewölbewirkung in Rechnung gestellt.

Eine Skizze zu den Belastungsansätzen bringt Abb. 4.9.

Die Bemessung der notwendigen Überlager (meist Fertigteilüberlager bei geringeren Stützweiten, Stahlträger oder Stahlbetonkonstruktionen bei größeren Öffnungen, z.B. Geschäftsportale) erfolgt nach den heute gültigen Normen.

4.2.5. STÜTZEN UND PFEILER

Stützen (im allgemeinen Gußeisen, seltener Schmiedeisen oder Eisenbeton) sind unter Zugrundelegung der Materialeigenschaften (aus Versuchen oder nach den Angaben der vorstehenden Abschnitte) nach den heute gültigen Normen zu überprüfen.

4.3. UNTERSUCHUNG VON MAUERWERK

Zur Untersuchung von Mauerwerk existieren die in Abb. 4.10 aufgezählten Möglichkeiten.

Die derzeit bei altem Mauerwerk verwendeten experimentellen Methoden wurden aufgelistet, Prüfungen, die noch in Entwicklung stehen, aber nicht erfaßt. Auf jeden Fall sollte die Gleichmäßigkeit des Steinmaterials durch qualitative Untersuchungsmethoden (Rückprallhammer) überprüft werden.

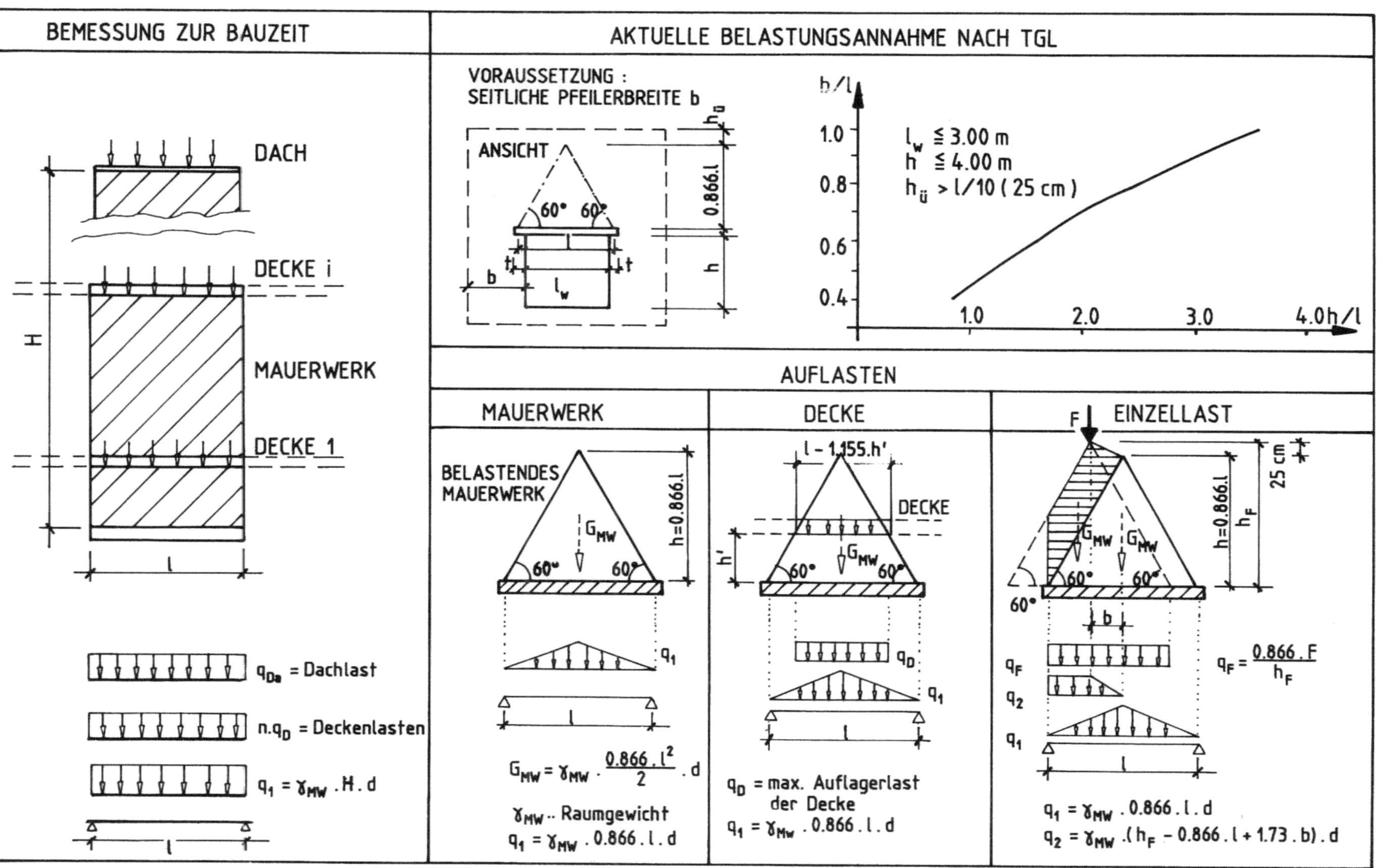

Abb. 4.9: Bemessung von Mauerdurchbrüchen

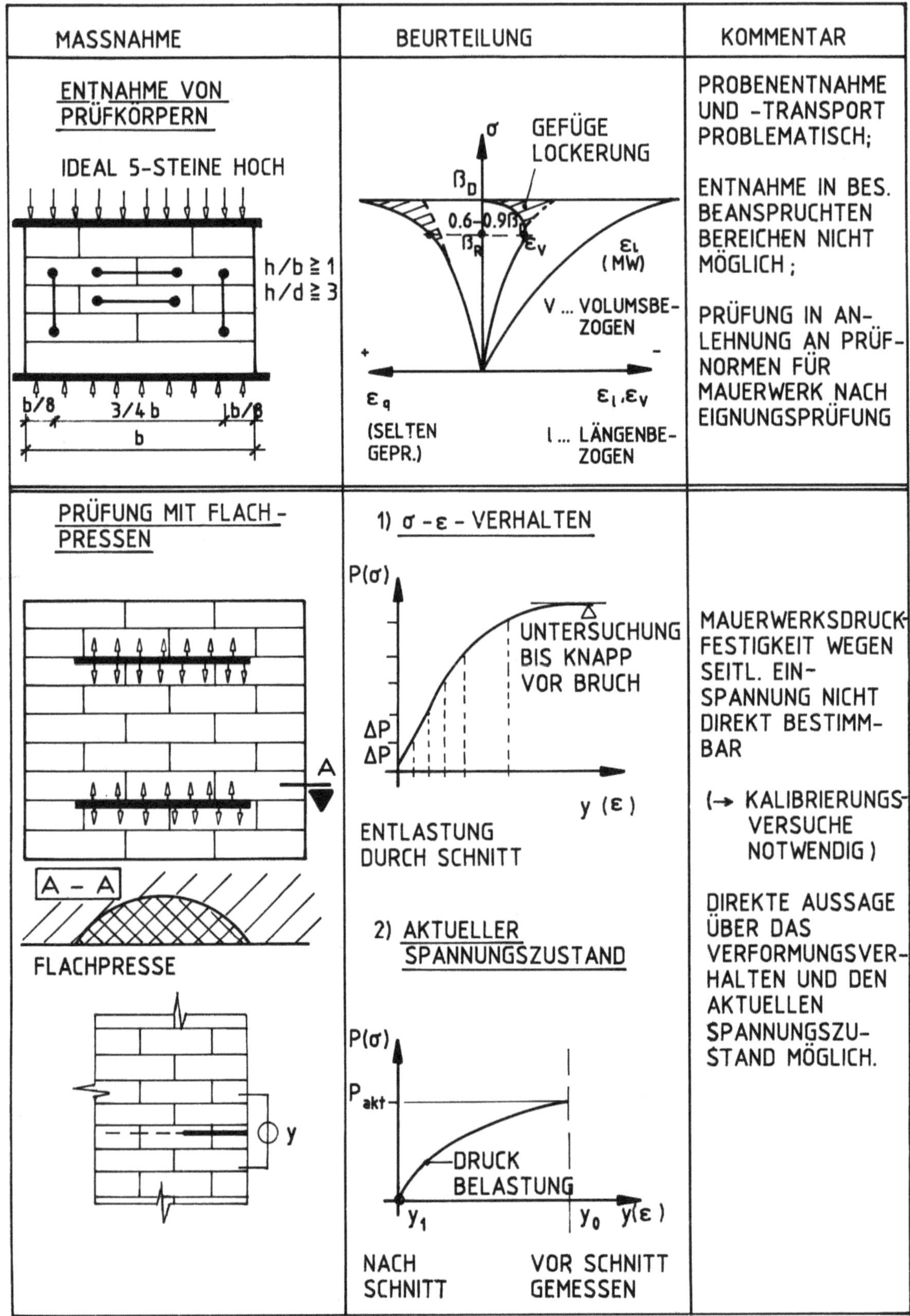

Abb. 4.10: Möglichkeiten der Untersuchung von Mauerwerk

MASSNAHME	BEURTEILUNG	KOMMENTAR

BESTIMMUNG DER KOMPONENTENFESTIG-KEIT
 	
ZIEGEL :
 	
1) DIREKT
    GANZER ZIEGEL,
 	
    BOHRKERN;
 	
2) INDIREKT
 	
    SCHLAGPRÜFUNG:
      KUGELSCHLAGPR.,
      RÜCKPRALLPRÜFUNG
 	
    ULTRASCHALLMETHODE
 	
MÖRTEL:
 	
    PROBEWÜRFEL
    $a \geq$ max d (GRÖSSTKORN)
 	
    a= 1,5 cm (FUGENBREITE)
	β_{St} , minβ_{St} , v 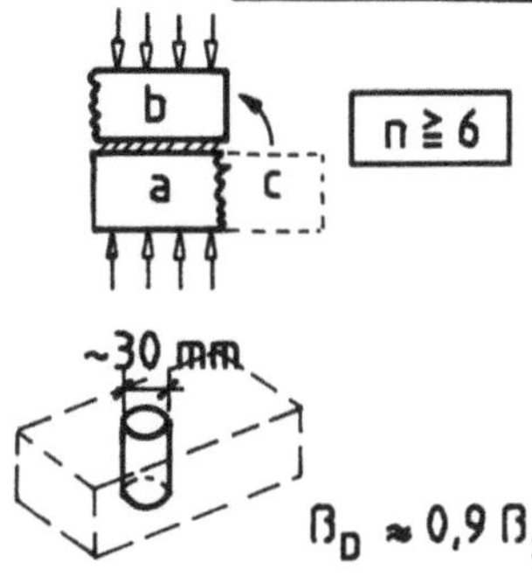
	
	$n \geq 6$
	
	~30 mm
	
	$\beta_D \approx 0,9\,\beta_{St}$
	
	ÜBER KALIBRIERUNG
	
	ÜBER KALIBRIERUNG
	
	β_m (PRISMA): $1,4\beta_m$ (WÜRFEL)
	
	$\beta_M = a \cdot \beta_m^b \cdot \beta_{St}^c$
	
	(WERTE s. ABB. 4.10.)
		GRÖSSERE PROBEN-ZAHL NOTWENDIG.
		
		GLEICHMÄSSIGKEIT D. STEINE U. D. MÖRTELS QUALITATIV (SCHLAGPRÜFUNG) BESTIMMEN.
		
		MÖRTELKENNWERTE MIT GR. UNSICHER-HEIT BEHAFTET.
		
		STARKE MINDERUNG DER DRUCKFESTIG-KEIT BEI GESCHÄDIGTEN RANDBEREICHEN DES PROBE-WÜRFELS.

MODIFIZIERT MIT MÖRTELPLÄTTCHEN	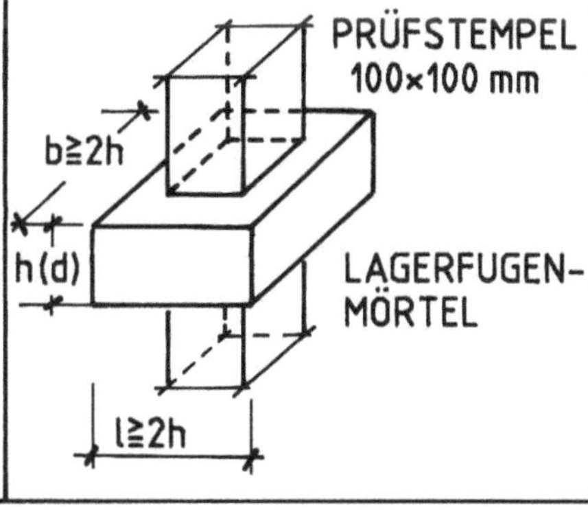 PRÜFSTEMPEL 100×100 mm $b \geq 2h$ h(d) LAGERFUGEN-MÖRTEL $l \geq 2h$	AUSGLEICHSTOFF NACH ERWARTETER MÖRTELGÜTE AUSWÄHLEN (MIND. GLEICH FEST)

Abb. 4.10 (Fortsetzung)

Bei der Beurteilung des Zusammenwirkens von Mauerwerk mit Konstruktionen aus anderen Materialien kann der E-Modul bestimmende Größe werden. Da Mauerwerk kein lineares Spannungs-Dehnungsverhältnis aufweist, wählt man ein Sekantenmodul (Abb. 4.11) zur Bestimmung des Rechenwertes.

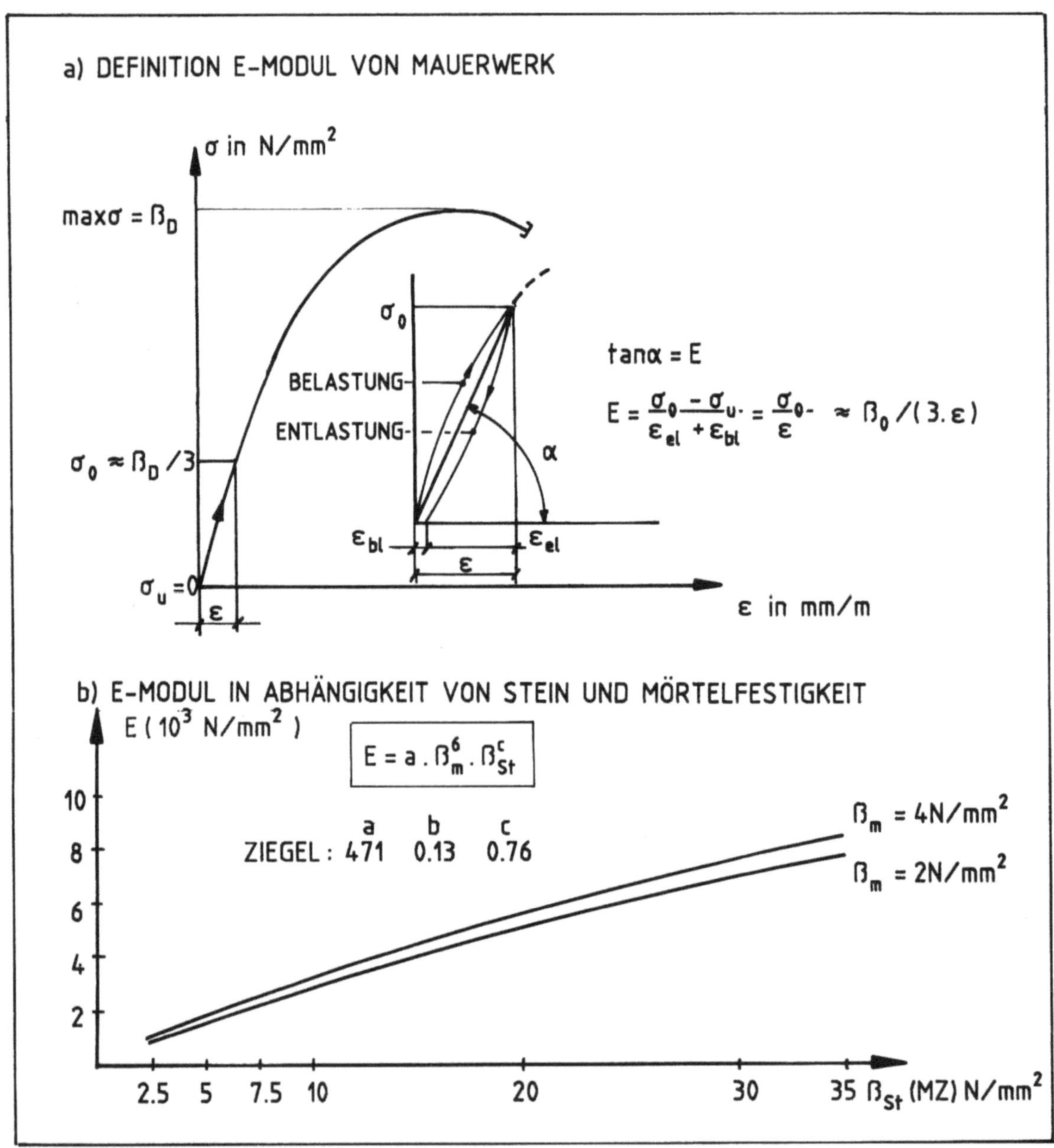

$$\tan\alpha = E$$

$$E = \frac{\sigma_0 - \sigma_u}{\varepsilon_{el} + \varepsilon_{bl}} = \frac{\sigma_0}{\varepsilon} \approx \beta_0 / (3 \cdot \varepsilon)$$

$$E = a \cdot \beta_m^b \cdot \beta_{St}^c$$

Abb. 4.11: Elastizitätsmodul

4.4. VERSTÄRKUNGSMASSNAHMEN

4.4.1. VERSTÄRKUNG VON FUNDIERUNGEN

Möglichkeiten der Verstärkung von Fundierungskonstruktionen finden sich in Abb. 4.12.

MASSNAHMEN	KOMMENTAR
BEREICHSWEISE ÜBERBRÜCKUNG VON SCHWACHSTELLEN	**VORAUSSETZUNGEN:** EINGEGRENZTER SCHADENSBEREICH — GEEIGNETE INJEKTIONS-MATERIALIEN (ABSTIMMUNG AUF STEIN / MÖRTEL)
FUNDAMENTVERBREITERUNG	**VORAUSSETZUNG:** ZUGÄNGLICHKEIT DER FUNDAMENTE — LASTÜBERNAHME ERST BEI ZUSÄTZLICHER SETZUNG Δs
FUNDAMENTVERBREITERUNG UND - HEBUNG	**VORAUSSETZUNG:** WIE FUNDAMENTVERBREITERUNG — GENAUE GEBÄUDEANALYSE NOTWENDIG — FESTLEGUNG DER HEBUNG ERST BEI DURCHFÜHRUNG

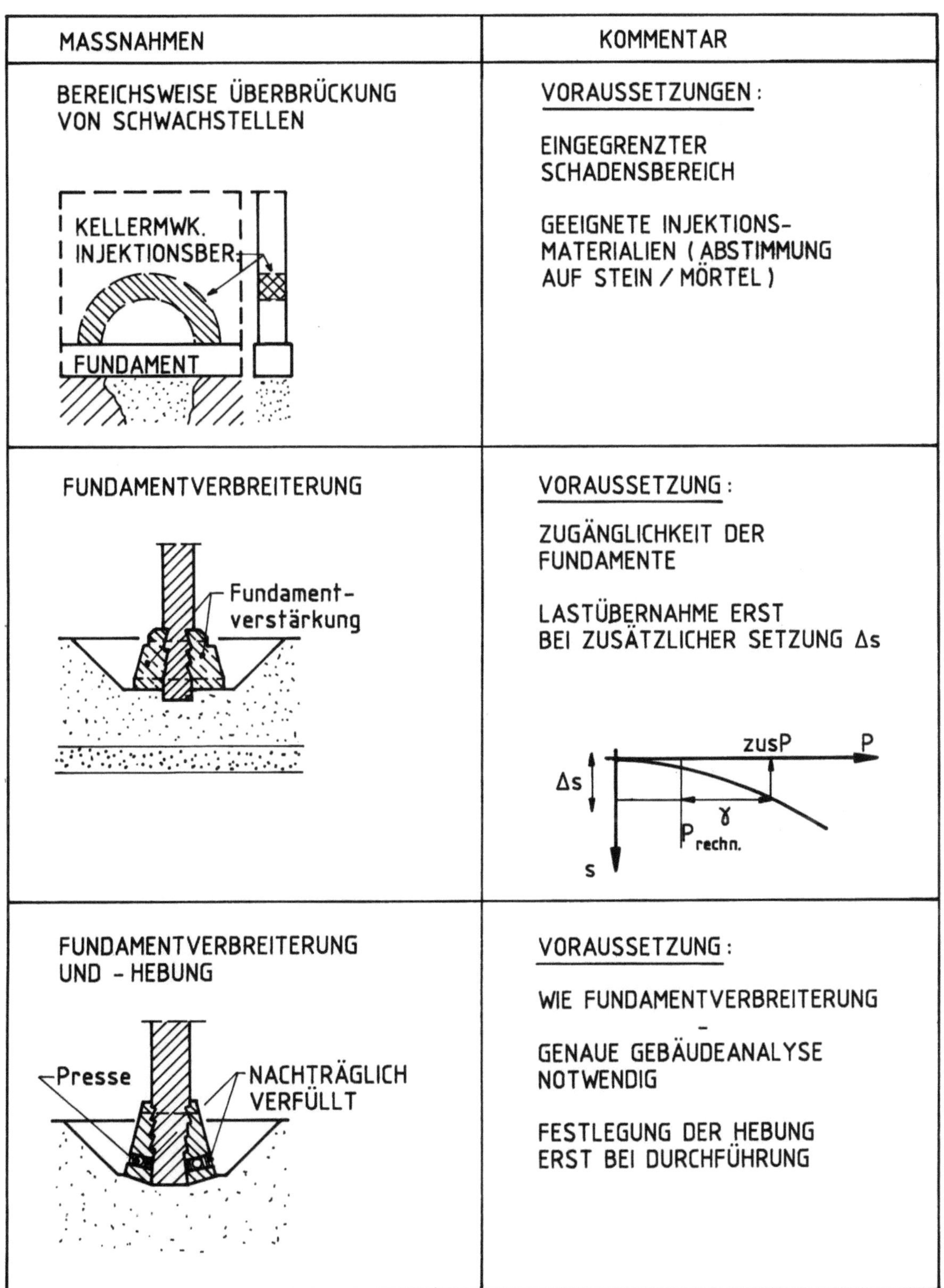

Abb. 4.12: Fundierungskonstruktionen/Möglichkeiten der Verstärkung

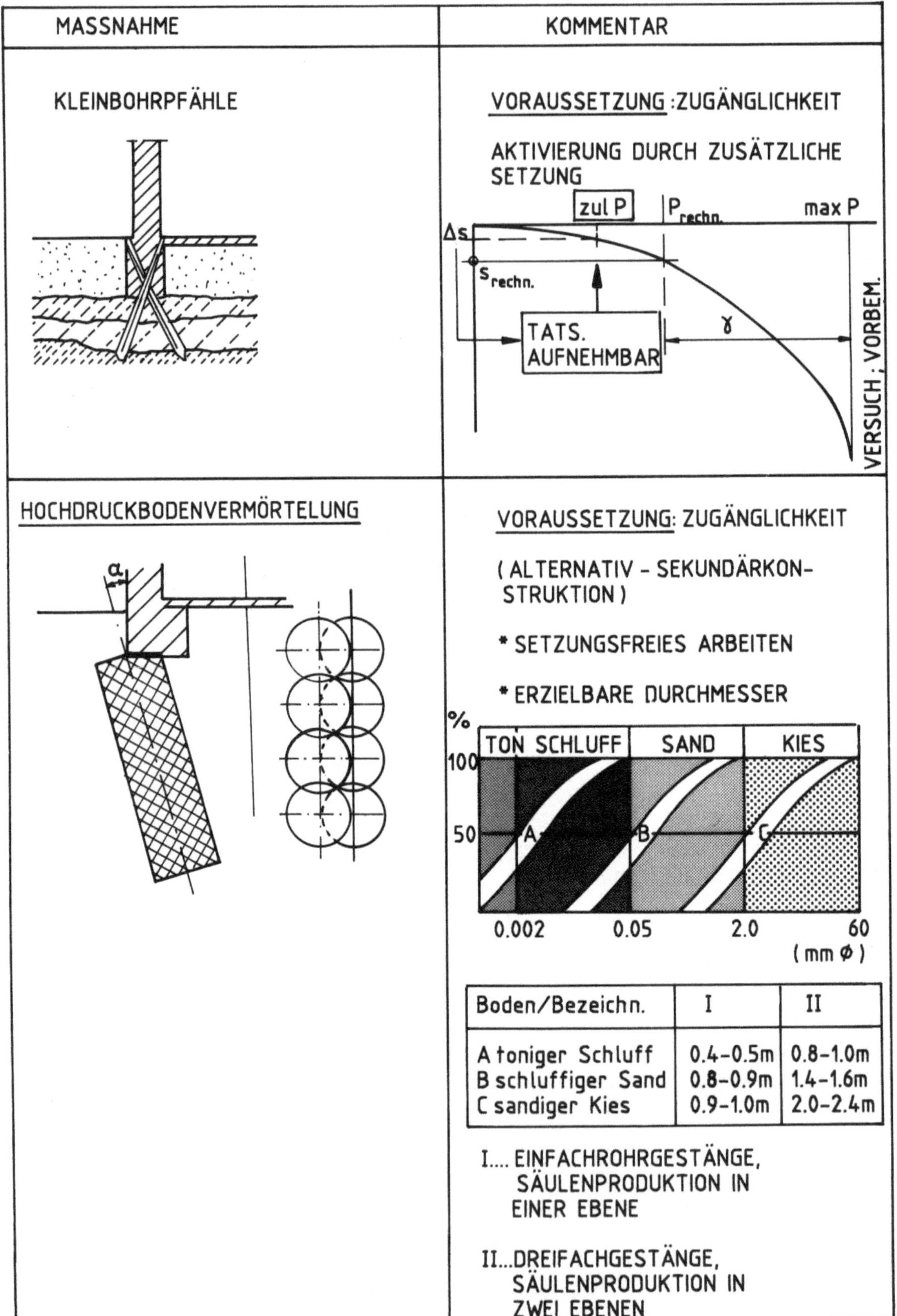

Boden/Bezeichn.	I	II
A toniger Schluff	0.4–0.5m	0.8–1.0m
B schluffiger Sand	0.8–0.9m	1.4–1.6m
C sandiger Kies	0.9–1.0m	2.0–2.4m

Abb. 4.12 (Fortsetzung)

MASSNAHME	KOMMENTAR
BODENVERFESTIGUNG (INJEKTIONEN)	VORAUSSETZUNG : NICHTBINDIGE BÖDEN – AUCH HEBUNG MÖGLICH. DIMENSIONIERUNG NACH VERSUCHSERGEBNISSEN. (OD. REFERENZOBJEKTEN)
WEITGESPANNTE UNTERFANGUNG	VORAUSSETZUNG : FREIRAUM FÜR TRAG- FÄHIGE FUNDIERUNG ANWENDUNG AUF SPEZIALFÄLLE BESCHRÄNKT.

Abb. 4.12 (Fortsetzung)

4.4.2. VERSTÄRKUNG VON MAUERWERK

Möglichkeiten der Verstärkung von Mauerwerk gehen aus Abb. 4.13 hervor. Verstärkte Aufmerksamkeit gilt den Maßnahmen bei Ziegelmauerwerk, während die Verfestigung von Natursteinmaterialien nur gestreift wird. Eine ausführlichere Beschäftigung mit diesen vor allem bei Monumentalbauten älterer Epochen üblichen Techniken würde eine eigene Abhandlung erfordern.

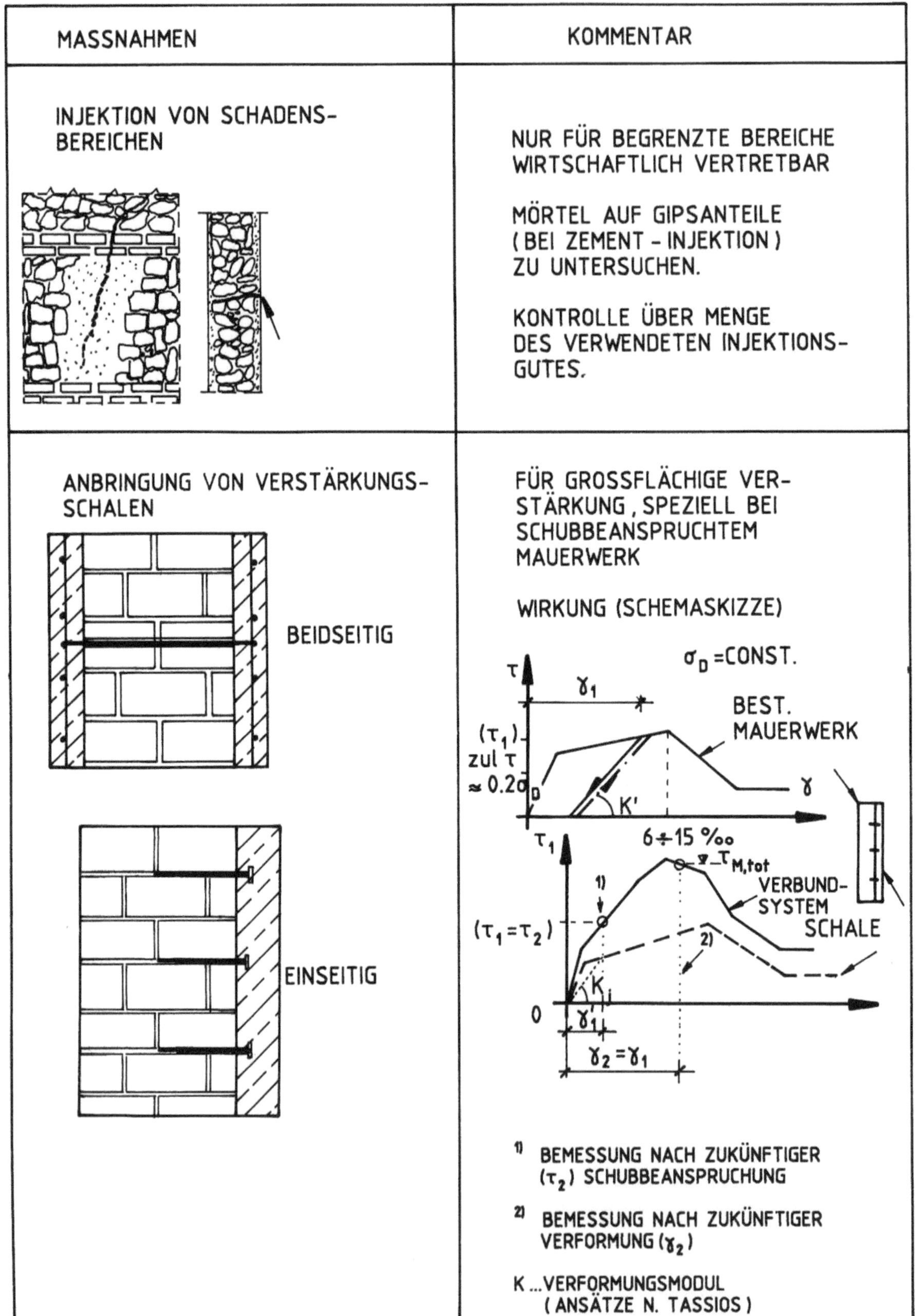

Abb. 4.13: Verstärkung von Mauerwerk

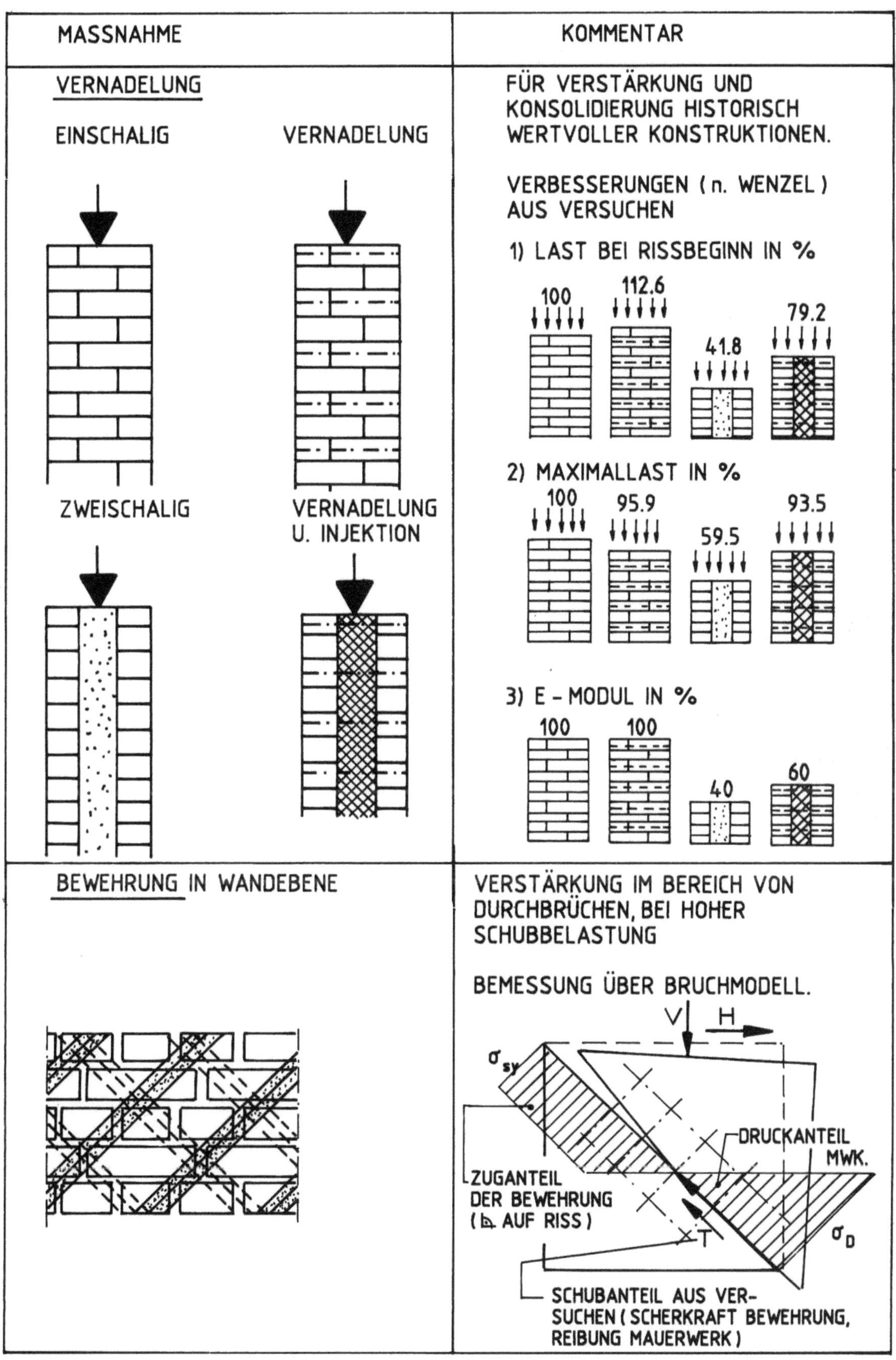

Abb. 4.13 (Fortsetzung)

MASSNAHME	KOMMENTAR
VORSPANNUNG IN WANDEBENE 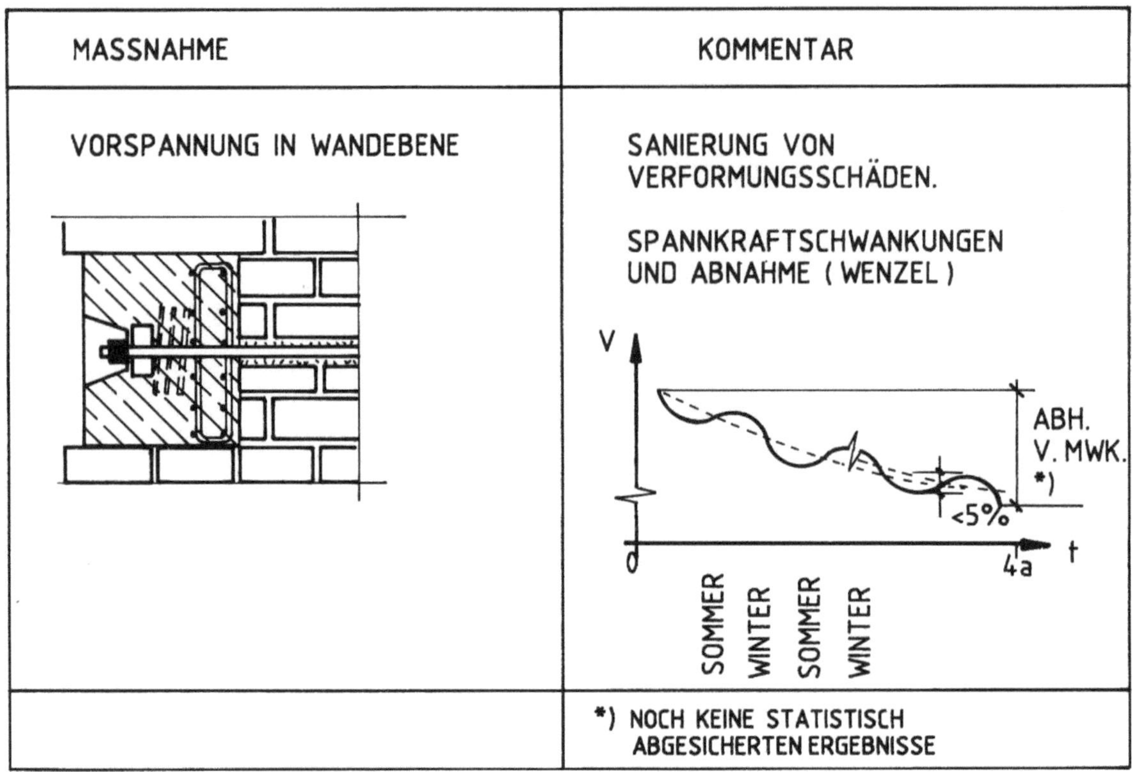	SANIERUNG VON VERFORMUNGSSCHÄDEN. SPANNKRAFTSCHWANKUNGEN UND ABNAHME (WENZEL)
	*) NOCH KEINE STATISTISCH ABGESICHERTEN ERGEBNISSE

Abb. 4.13 (Fortsetzung)

5. HÖLZERNE DECKENKONSTRUKTIONEN

Im Rahmen der vorbereitenden Untersuchungen zu konstruktiven Sanierungs- und Adaptierungsmaßnahmen steht die Erfassung hölzerner Deckenkonstruktionen im Vordergrund, da infolge der geringeren Baukosten und des geringeren Gewichtes bei Wohnbauten für Zwischendecken fast ausschließlich (relativ schadensanfällige) Holzdeckenkonstruktionen verwendet wurden. Bei maximalen Spannweiten von 6m waren die im Wohnbau auftretenden Trakttiefen ohne Probleme zu überdecken.

Kellerdecken wurden wegen der meist benötigten höheren Tragfähigkeit und befürchteter Feuchtigkeitseinwirkungen als Massivdecken (vgl. Kapitel 6) ausgeführt. Die Abschlußdecken zum Dachgeschoß wurden aufgrund der Brandschutzbestimmungen der Bauordnungen entweder als Dippelbaumdecken oder Tramtraversendecken ausgebildet.- Tramtraversendecken werden wegen des massiven Primär-Tragsystems in Kapitel 6 behandelt.

5.1. HÖLZERNE DECKENKONSTRUKTIONEN - ÜBERSICHT (Abb. 5.1)

5.1.1. DIPPELBAUMDECKEN

Die in ihrer Entwicklung am weitesten zurückreichende Deckenausbildung stellt die Dippelbaumdecke (zum Teil auch als "Dippelboden" bezeichnet) dar, die durch unmittelbar, Mann an Mann nebeneinander verlegte Balken (Dippelbäume) gebildet wird. Die Balken wurden aus Tannen- oder Fichtenholz hergestellt, an der Unterseite und den Seitenflächen eben zugehauen oder zugesägt. Die Oberseite wurde rund belassen und nur von Rinde und Bast befreit. Die Balken waren miteinander durch etwa 2m entfernte Dippel (auch "Diebel" oder "Dübel") aus Eichenholz verbunden.

Bei Wohnbauten nach 1850 finden sich derartige Deckenkonstruktionen meist als Abschluß zum Dachraum, seltener als Zwischendecken. Als Nachteile wurden der hohe Materialaufwand und der notwendige Wandabsatz als Deckenauflager in jedem Geschoß gesehen.
Decken dieses Konstruktionstyps weisen sehr oft Schäden durch Feuchtigkeitseinwirkung auf. Dies ist einerseits auf in den Dachraum eindringendes Niederschlagswasser, andererseits auf die Unterbindung einer entsprechenden Durchlüftung - speziell im besonders gefährdeten Auflagerbereich (fäulnisanfälliges Hirnholz) - zurückzuführen.

5.1.2. TRAMDECKEN

Primäres Tragelement der Tramdecken (auch "Tramböden", "Sturzböden") sind vierkantig behauene (später gesägte) Balken (Träme), im Abstand von maximal 90cm verlegt. Die Träme waren aus Tannen-, seltener aus Kiefernholz; gegen Ende des 19. Jahrhunderts imprägnierte man zumindest die Tramköpfe mit Karbolineum (Ausbildungsarten dieser Deckenkonstruktion - siehe Abb. 5.1).

Windel- oder Wickelböden wurden vor allem in Deutschland eingesetzt. Sie zeichnen sich durch den Ersatz der Sturzschalung durch 3-5cm starke Holzstangen (Staken), mit seilartigen, in Lehmbrei getauchten Strohbündeln umwickelt, aus. Die nebeneinanderliegenden Stangen wurden noch mit Lehmbrei übergossen.

Bei Wohnbauten mit niedrigem Wohnungsstandard (Arbeitermiethäuser) sind Tramdecken mit versenkter Sturzschalung vorherrschend, da auf diese Weise Konstruktionshöhe gespart werden konnte. Fehltramdecken baute man in Repräsentativbauten zum Schutz wertvoller Deckenuntersichten ein. Der Plafond wurde durch die getrennt verlegte, untere Balkenlage (Fehlträme) getragen.

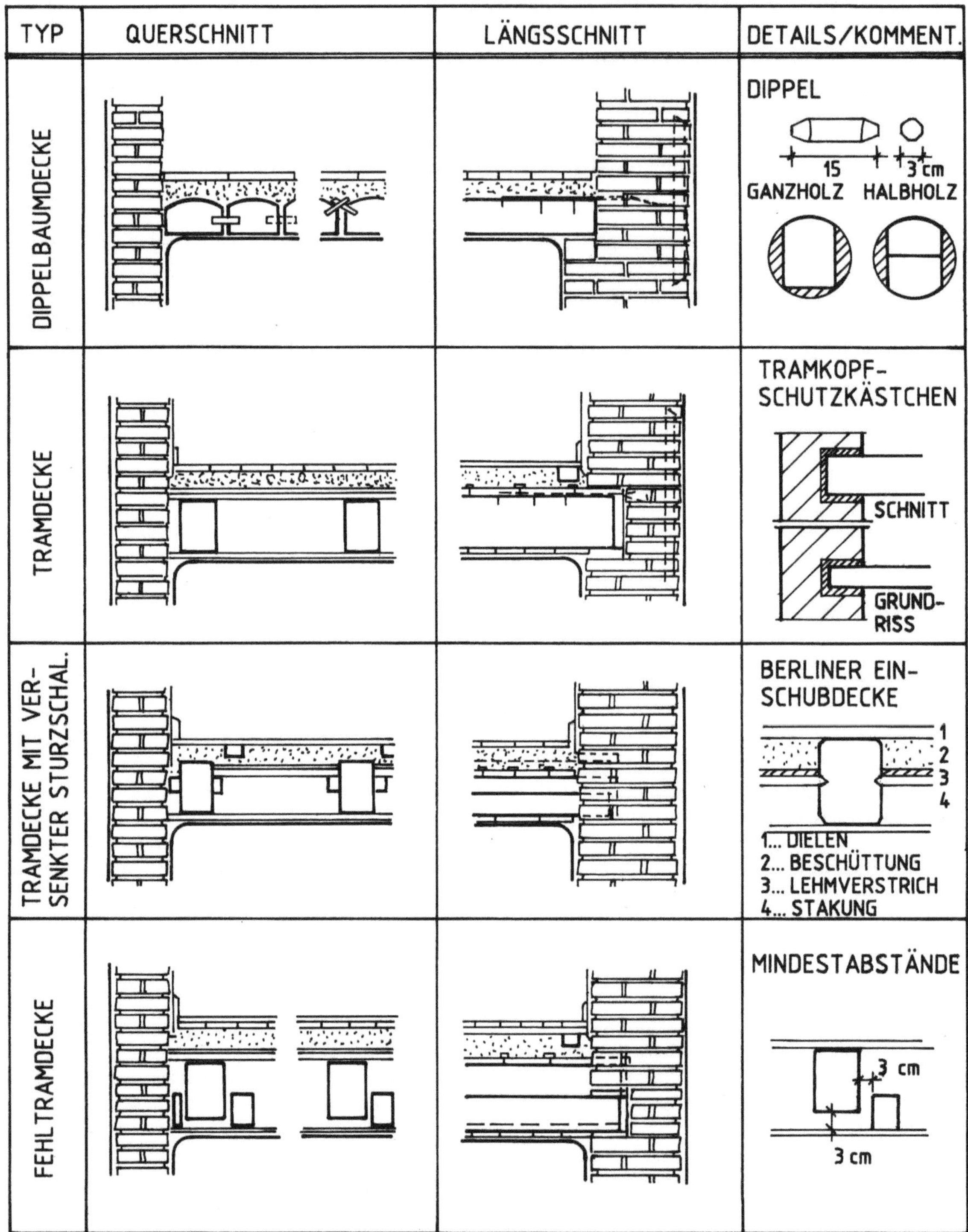

Abb. 5.1: Übersicht über die Holzdeckenkonstruktionen der Gründerzeit

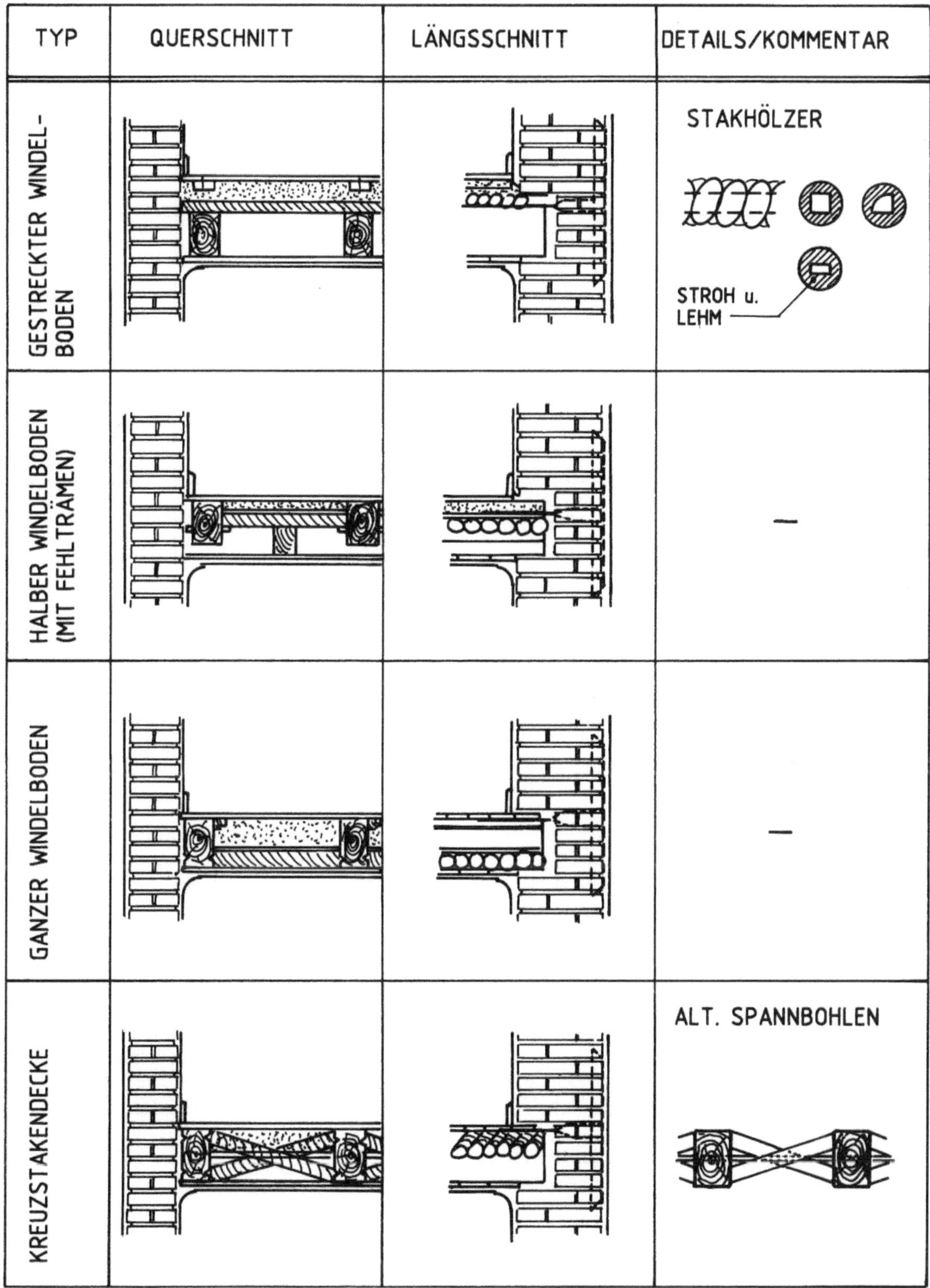

Abb. 5.1 (Fortsetzung)

5.1.3. BESCHÜTTUNG

In den meisten Fällen war aus Brandschutzgründen (auch als Schallschutz wirksam) eine Trennung der Fußbodenkonstruktion von der Decke durch eine "Beschüttung" ("Deckenschutt") vorgeschrieben (verwendete Materialien - siehe Tab. 5.1).

MATERIAL	ZUSAMMENSETZUNG / BEHANDLUNG	ROHDICHTE ρ [kg/m^3]
MAUERSCHUTT (BAUSCHUTT)	IN TRÜMMERN ABGEBROCHENES MAUERWERK, ZUR UNGEZIEFERVERNICHTUNG " GERÖSTET "	~ 1400
SCHLACKE	SCHWEFELFREIES MATERIAL	~ 850
STEINKOHLENASCHE (KOHLENLÖSCH)	-	~ 750
KIESELGUR	SCHALENTRÜMMER VON DIATOMACEEN, NUR TEILWEISE LAGERSTÄTTEN	~ 300
SAND	-	~ 1400
LEHMSCHLAG	NUR WENN FUSSBODEN ALS LEHMESTRICH AUSGEBILDET	—

Tab. 5.1: Beschüttungsmaterialien

5.1.4. AUFLAGERAUSBILDUNGEN

Bei den Auflagerausbildungen wurde versucht, die empfindlichen Balkenköpfe nicht direkt an das Mauerwerk zu legen. Die betreffenden Maßnahmen sind aus Abb. 5.1 ersichtlich.

Bei Tramdecken wurden die parallel zu Mauern verlegten Balken (Streichbalken) von diesen durch einen schmalen Spalt getrennt und meist in halber Breite ausgebildet. Da Träme (wie alle Holzteile) von den lichten Querschnitten der Kamine mindestens eine Mauerziegelbreite (Fugen durch Dachziegel abgedeckt) getrennt werden mußten, war die Ausführung sogenannter Auswechslungen erforderlich. Ähnliche Konstruktionen waren bei Deckenöffnungen für Stiegen, Aufzüge etc. nötig.
Abb. 5.2 zeigt den prinzipiellen Aufbau.

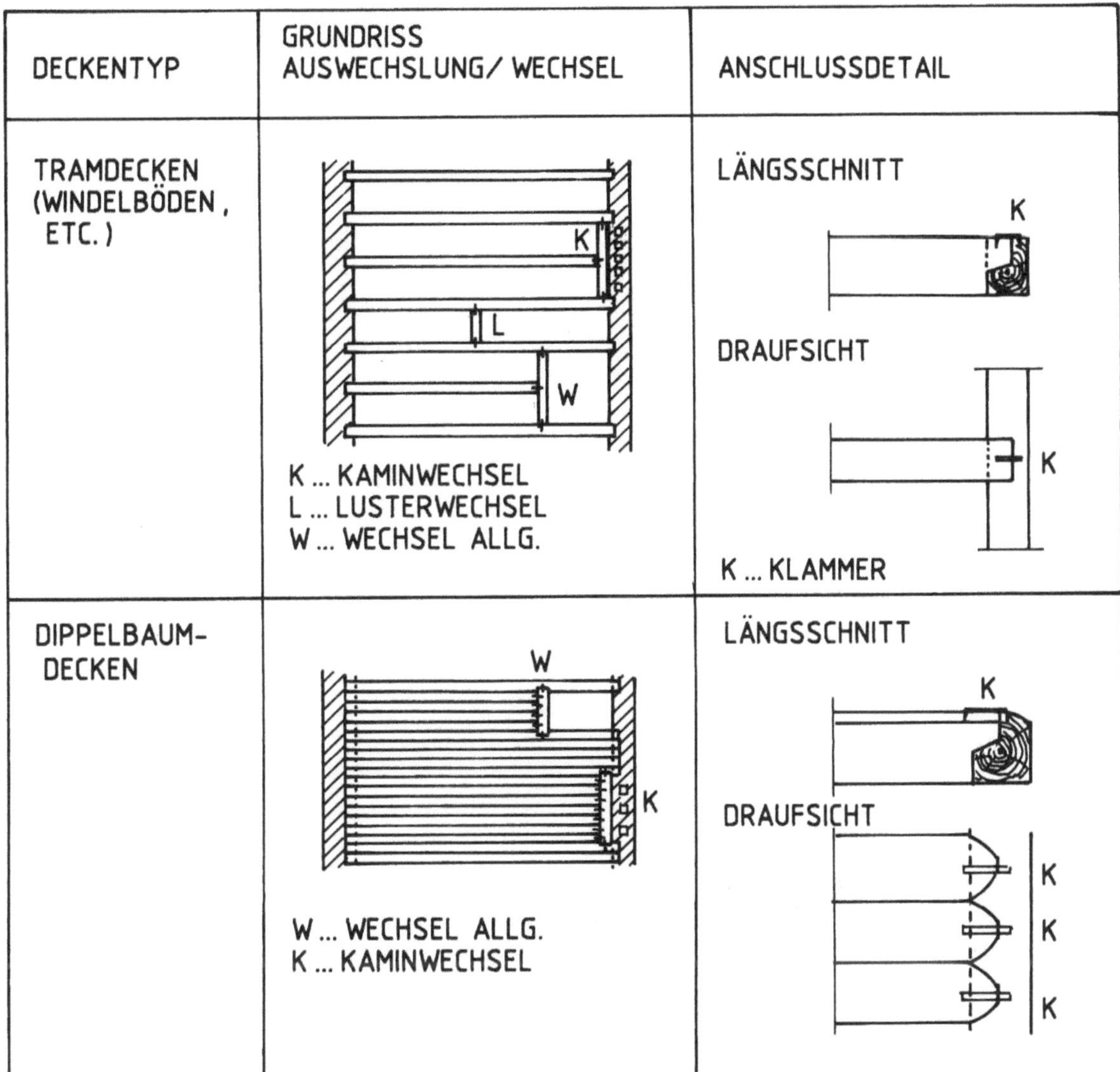

Abb. 5.2: Auswechslungen bei Holzdecken

5.2. DECKENBEMESSUNG UND BERECHNUNGSMETHODEN ZUR BAUZEIT

5.2.1. HANDWERKSREGELN

Die Bemessung von Holzdeckenkonstruktionen erfolgte bis Ende des vorigen Jahrhunderts meist nach Zimmermannsregeln ohne statische Bemessung. In Abb. 5.3 sind für Tramabstände von 90cm die aus alten Angaben zusammengestellten Tramabmessungen sowie die Abmessungen der Balken bei Dippelbaumdecken über der Trakttiefe aufgetragen.

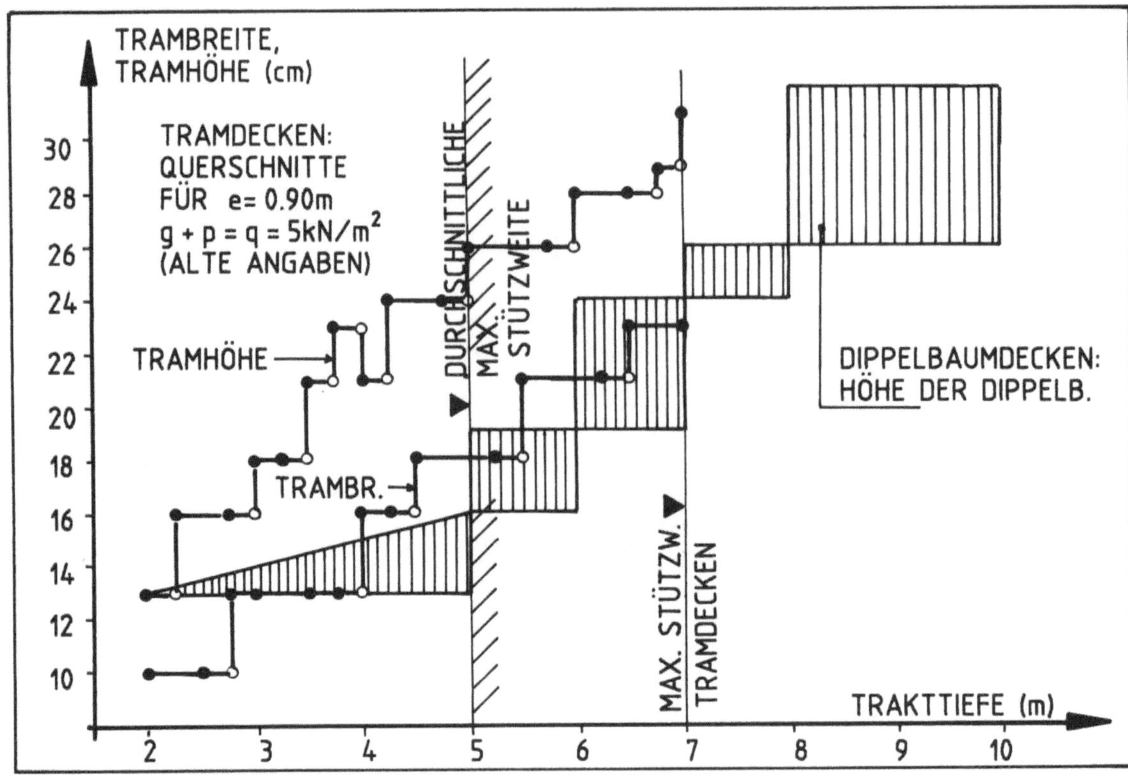

Abb. 5.3: Dimensionen der Deckenbalken / Angaben zur Bauzeit

5.2.2. BEMESSUNG DER DECKENBALKEN

Bei der Bemessung der Konstruktionselemente wurde der Nachweis über die zulässige Spannung bei Gebrauchslast geführt; Formänderungsnachweise wurden in der Regel nicht durchgeführt. Die in Rechnung gestellten zulässigen Spannungen sind in Kapitel 3, Sicherheiten in Kapitel 2 zusammengefaßt.

5.2.3. VERSCHLIESSUNGSKONSTRUKTIONEN

Verschließungskonstruktionen wurden zur Bauzeit nach empirisch festgelegten Konstruktionsregeln ausgeteilt. (Über die Bemessung derartiger Elemente gibt die zeitgenössische Literatur keinen Aufschluß.) Typische Ausbildungen von Verschließungen - in Abhängigkeit von den einzelnen Deckentypen - macht Abb. 5.4 deutlich.

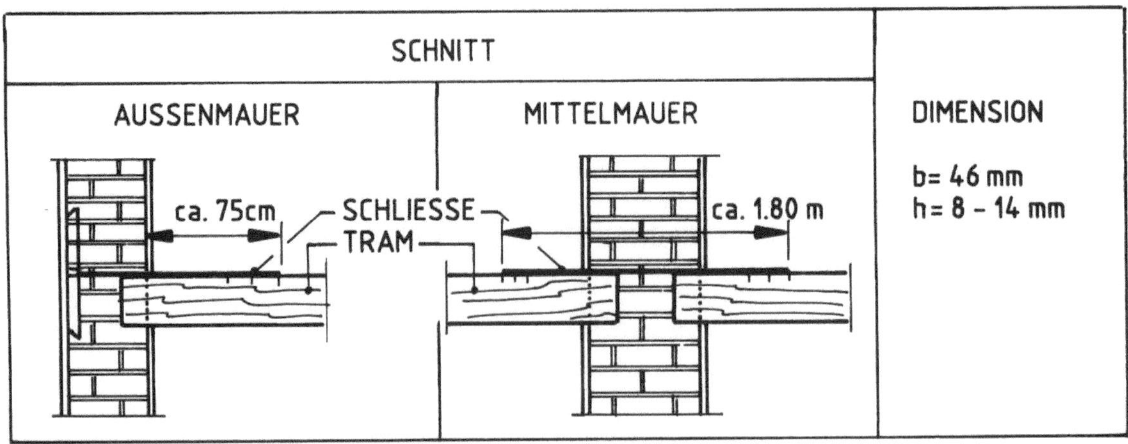

Abb. 5.4: Verschließungskonstruktionen bei Holzdecken

5.3. NACHRECHNUNG BESTEHENDER HOLZDECKEN

Bei der Nachrechnung bestehender Holzdeckenkonstruktionen liegt der größte Unsicherheitsfaktor in der Abschätzung der aktuellen Holzkennwerte. Während gut erhaltene Holzbalken die gegenwärtigen Anforderungen an "gutes Bauholz" durchwegs erfüllen, ist bei der Feststellung von Holzschäden (Abschnitt 5.4.) die Beurteilung des Festigkeitsverlustes nur selten innerhalb enger Grenzen möglich.

5.3.1. ERFORDERLICHE NACHWEISE

Im Zuge der Nachrechnung erweist sich der Formänderungsnachweis als bestimmendes Beurteilungskriterium. Ebenfalls zu beachten ist die Beurteilung der Schwingungsanfälligkeit, die im Einzelfall (Bürobetrieb) die Gebrauchstauglichkeit der Konstruktion entscheidend mindern kann. Als erste Näherung läßt sich aus der vorhandenen Durchbiegung (optische Messung) auf die Eigenfrequenz der Konstruktion (Abb. 5.5) schließen.

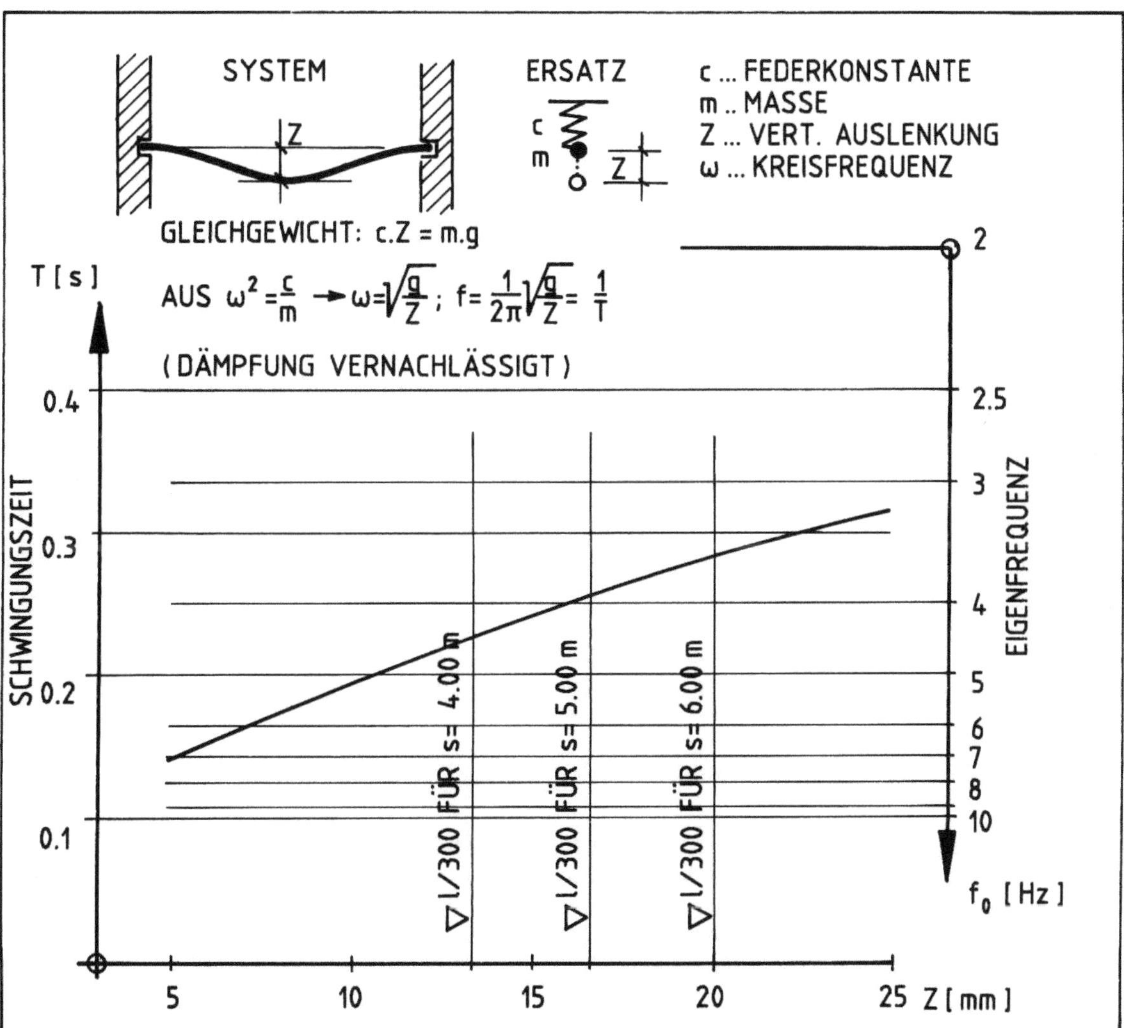

Abb. 5.5: Eigenfrequenz eines Deckenelementes in Abhängigkeit von der Durchbiegung

Mit der Beurteilung der durch die kleinflächige Lasteinleitung im Mauerwerk hervorgerufenen Spaltzugkräfte beschäftigt sich Kapitel 6 im Zusammenhang mit dem Austausch von Deckenkonstruktionen.

5.4. SCHÄDEN AN HÖLZERNEN DECKENKONSTRUKTIONEN

Da Holz als natürlicher Baustoff biologischen Abbauprozessen unterworfen ist - die Bestandteile werden durch Einwirkung von Bakterien, Pilzen und Insekten zerlegt -, sind insbesondere bei Zudringen von Feuchtigkeit an die Konstruktion bei unbehandelten Bauteilen Schäden zu erwarten. Im Bereich des Hochbaues dominiert Befall durch Pilze und Insekten. Die folgende Zusammenfassung kann die in der Fachliteratur enthaltene Darstellung der Holzschädlinge nicht ersetzen, soll aber für die in Abschnitt 5.5. erwähnten Untersuchungsmethoden als Grundlage dienen. Bei Verdacht auf Anwesenheit von Holzschädlingen ist ein Fachmann zur Identifikation des Schädlings und gegebenenfalls zur Festlegung von Bekämpfungsmaßnahmen beizuziehen.

5.4.1. PILZBEFALL

Im Rahmen dieses Problemkreises liegt das Schwergewicht auf den holzzerstörenden Pilzen: Speziell der "echte Hausschwamm", der auch mehrere Meter Mauerwerk durchdringen kann, führt innerhalb weniger Monate zu einem vollkommenen Abbau der Holzfestigkeit.- Die Milieubedingungen für holzzerstörende Pilze und Insekten sind aus Abb. 5.6 zu erkennen.

5.4.2. INSEKTENBEFALL

In Mitteleuropa sind als holzzerstörende Insekten vor allem der Hausbock (Hylotrupes bajulus) und der gewöhnliche Nagekäfer (Anobium punctatum) anzuführen (für holzzerstörende Insekten erforderliche Temperatur- und Feuchtigkeitsverhältnisse - siehe Abb. 5.6).

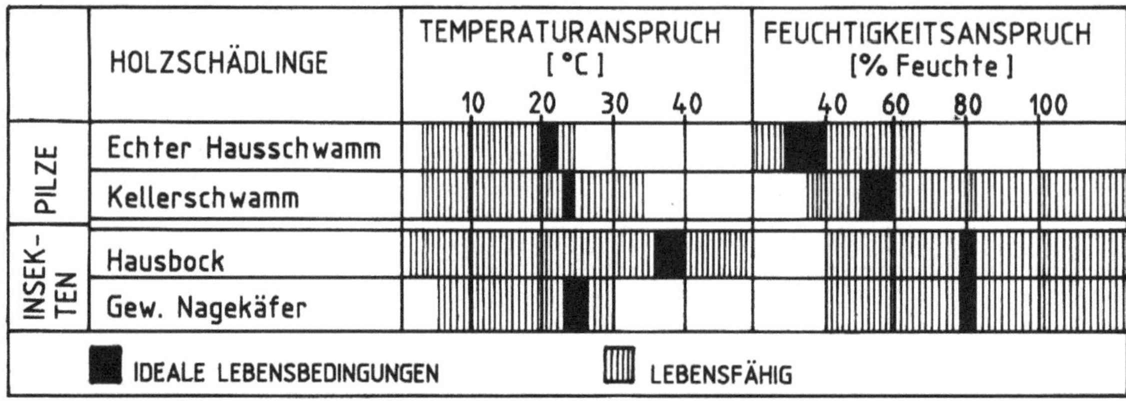

Abb. 5.6: Temperatur- und Feuchtigkeitsanspruch holzzerstörender Pilze und Insekten

5.5. UNTERSUCHUNG HÖLZERNER DECKENKONSTRUKTIONEN

Die Beurteilung des Zustandes hölzerner Deckenkonstruktionen stellt bei der Abschätzung der wirtschaftlichen Aspekte der Sanierung von Hochbauten der Gründerzeit ein wesentliches Entscheidungskriterium dar. Verbunden damit ist im Rahmen einer Voruntersuchung einerseits auf eine hohe Aussagekraft der Untersuchungsmethoden, andererseits auf eine Minimierung des Analyseaufwandes zu achten.
Kriterien:

- Erfassung sämtlicher Deckenflächen
- Auswertung aller greifbaren Baudokumente
  (auch Aufzeichnungen über spätere Umbauten)
- Dokumentation und Bewertung der Untersuchungsergebnisse
  in standardisierter, nachvollziehbarer Form.

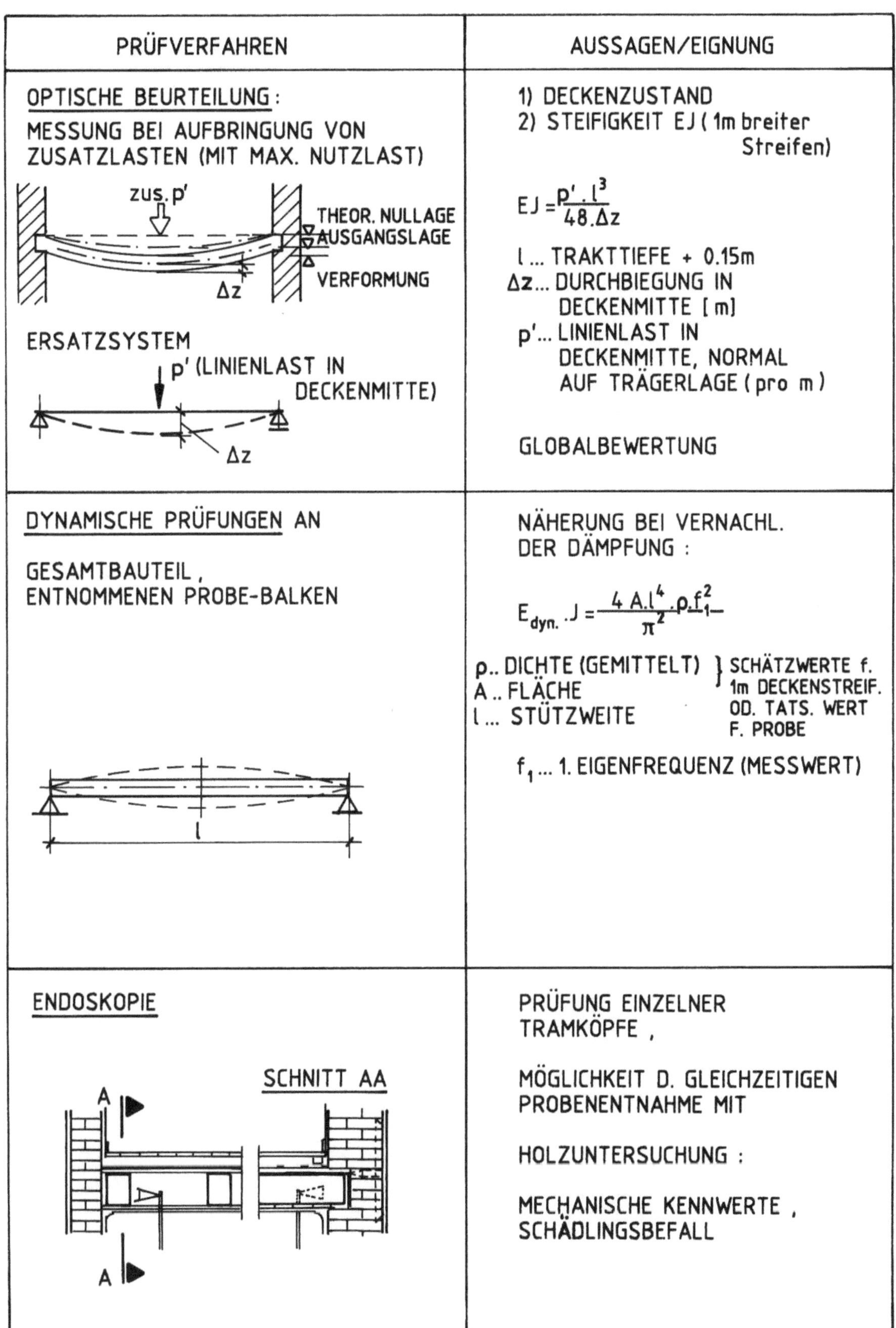

Abb. 5.7: Untersuchungsmethoden zur Beurteilung hölzerner Deckenkonstruktionen

PRÜFVERFAHREN	AUSSAGEN/EIGNUNG
KONSTRUKTIONSÖFFNUNG: MIT EINDRINGWIDERSTANDSMESSUNG 	HOLZZUSTAND IM OBERFLÄCHENNAHEN BEREICH BEWERTUNG AUS SCHLAG (FALL) ENERGIE (P) EINDRINGTIEFE (e) NACH KALIBRIERUNG
WEITERE VERFAHREN:	
LAUFZEITMESSUNG v .... GESCHWINDIGKEIT D. LONGITUDINALWELLE	PROBESTÜCKE (AUCH AM BAU) E-MODUL-BESTIMMUNG (VORAUSSETZUNG : ρ BEKANNT ; NÄHERUNG FÜR HOMOGENEN, $E_{dyn.} = v^2 . \rho$ ISOTROPEN WERKSTOFF)
γ STRAHLEN U. RÖNTGEN - VERFAHREN	MESSUNG DER UNTERSCHIEDE IN DICHTE RÜCKSCHLUSS AUF SCHADSTELLEN. NUR BEDINGT AUSSAGEKRÄFTIG.
IR - THERMOGRAPHIE (REFLEXIONSMESSUNG)	LAGE DER DECKENBALKEN.

Abb. 5.7 (Fortsetzung)

Die Untersuchungsmethoden laut Abb. 5.7 sind nach steigender Aussagekraft (meist verbunden mit erhöhtem Untersuchungsaufwand) gereiht. Bei Vorliegen entsprechend abgesicherter Ergebnisse kann die Untersuchung abgebrochen werden.

Bei der Untersuchung hölzerner Dachtragwerke ist in ähnlicher Weise vorzugehen, wobei die speziell für die Beurteilung verdeckter Konstruktionen entwickelten Verfahren jedoch unberücksichtigt bleiben.

5.6. SANIERUNGSMETHODEN

Unter diesem Abschnitt wird auf Methoden zur Bekämpfung von Holzschädlingen und Maßnahmen zur Imprägnierung der Holzbauteile wie auch auf eigentliche Sanierungs- und Verstärkungsmaßnahmen in Abhängigkeit vom Schadensbild eingegangen.

5.6.1. METHODEN ZUR BEKÄMPFUNG VON HOLZSCHÄDLINGEN

Voraussetzungen für Sanierungsmaßnahmen an Holzbauteilen, bei denen ein Befall durch holzzerstörende Pilze oder Insekten festgestellt wurde, sind Bekämpfung und Verhinderung der weiteren Ausbreitung der Schädlinge (Maßnahmen - siehe Tab. 5.2).

METHODENGRUPPE	BEISPIELE	BEKÄMPFUNG VON
PHYSIKALISCHE METHODEN	HEISSLUFT	INSEKTEN IN OFFENEN KONSTRUKTIONEN
	MIKROWELLEN	INSEKTEN
	ABBRENNEN	INSEKTEN, PILZE (OBERFLÄCHLICH MIT NACHTRÄGLICHER IMPRÄGNIERUNG)
CHEMISCHE METHODEN	GIFTIGE GASE	INSEKTEN (OFFENE KONSTRUKTIONEN IN ABZU- DICHTENDEN RÄUMEN)
	FLÜSSIGE HOLZ- SCHUTZMITTEL	INSEKTEN, PILZE (OBERFLÄCHLICH)
	GIFTKAPSELN	PILZE , INSEKTEN (BEGRENZTE BEREICHE)

Tab. 5.2: Maßnahmen zur Bekämpfung von Holzschädlingen

Hinsichtlich der chemischen Holzimprägnierung wurden in den letzten Jahren zunehmend Bedenken wegen der möglichen Abgabe schädlicher Substanzen an die Raumluft geäußert. Da der Mechanismus dieser Abgabe bei den umhüllten Bauteilen der Deckenkonstruktionen noch nicht ausreichend untersucht ist, soll dieser Problemkreis nicht näher erörtert werden.

5.6.2. SANIERUNG UND VERSTÄRKUNG VON HOLZDECKEN

Sanierungs- oder Verstärkungsursachen:

- Intakte Holzelemente
  Mängel in bezug auf die Gebrauchstauglichkeit bzw.
  Tragsicherheit unter zukünftig anzusetzenden Einwirkungen
  (zu große Durchbiegung, Schwingungsanfälligkeit)
- Lokal begrenzte Schäden (einzelne Balkenköpfe geschädigt)
- Bereichsweise Schädigung tragender Elemente.

(Den einzelnen Gruppen zuzuordnende Maßnahmen - siehe Abb. 5.8 bis Abb. 5.10.)

SCHADENSSKIZZEN	BEHEBUNG
SCHWINGUNGS-ANFÄLLIGKEIT (TRAGSICHERHEIT GEWÄHRLEISTET) 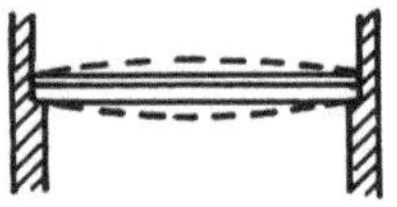	BESCHWERENDE AUFBETONPLATTE (Δm) $f_0 = FKT\,(\sqrt{E_{ges}}\sqrt{\frac{1}{\Delta m}})$
UNEBENHEIT 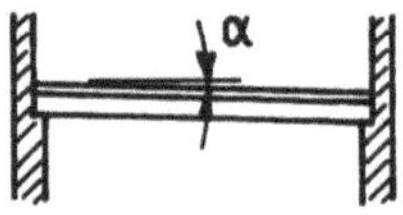	LEICHTBETON- (SCHAUMBETON-) AUSGLEICH BESCHÜTTUNGSAUSGLEICH 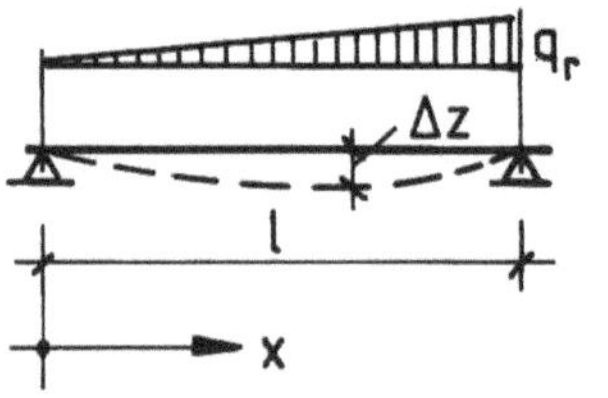 $\Delta M_{(MITTE)} = \frac{q\,l^2}{16}$ $\Delta M_{(max)} = 0.064\ q\,l^2$ $x = 0.577l$ $\Delta z_{(max)} = 0.0065\ \frac{q\,l^4}{E\,J}$ $x = 0.519l$
ZU GROSSE DURCHBIEGUNG	A) HOLZ - HOLZ - VERBUNDTRAGWERK
f> l/300  (TRAGSICHERHEIT GEWÄHRLEISTET)	VARIANTE 1: 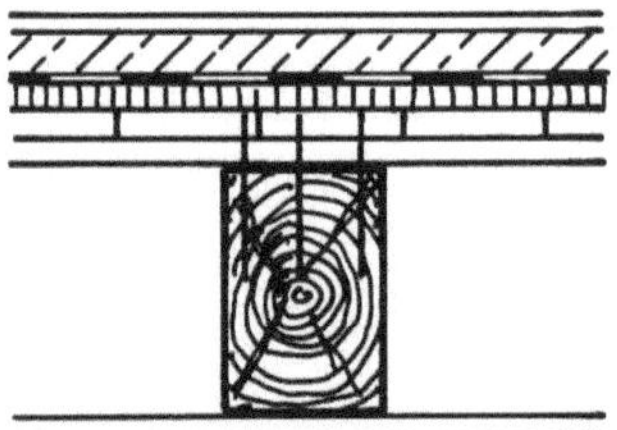 TRAMPARALLELE BRETTERLAGE — VARIANTE 2: 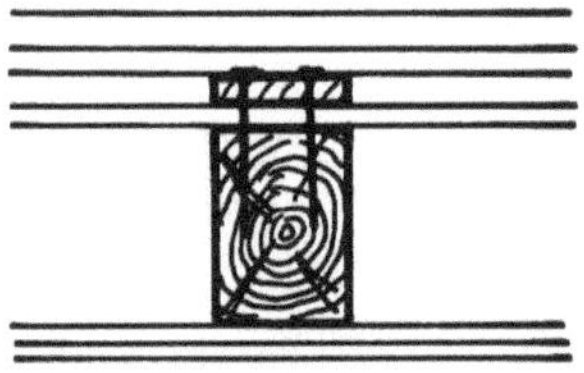 AUFGEDOPPELTER HOLZPFOSTEN
	BERÜCKSICHTIGUNG DES " ELASTISCHEN VERBUNDES " DURCH ABMINDERUNGSFAKTOREN FÜR TRAGSICHERHEITS- UND GEBRAUCHSTAUGLICHKEITS- (= DURCHBIEGUNGS-) NACHWEIS.

Abb. 5.8: Maßnahmen bei Mängeln in bezug auf Gebrauchstauglichkeit bzw. Tragsicherheit/ intakte Holzbauteile

SCHADENSSKIZZE	BEHEBUNG
ZU GROSSE DURCHBIEGUNG	VERSCHIEBUNGSMODUL N/mm NACH ENTWURF EUROCODE 5

VERBINDUNGSMITTEL	VERSCHIEBUNGSMODUL
RUNDE NÄGEL $d \leqq 5$ mm	$0.025 \cdot d \cdot E_{0,K} / k_{kriech}$
$d > 5$ mm	$0.125 \cdot E_{0,K} / k_{kriech}$
BOLZEN MIT EINPRESSDÜBELN	$2.5 \cdot E_{0,K} / k_{kriech}$

$E_{0,K}$ ... CHARAKT. WERT D. E-MODULS II FASERRICHTUNG

LASTEINWIRKUNGSDAUER	k_{kriech} BEI		
	1	2	3
LANG	2.5	3.0	5.0
MITTEL	2.0	2.5	3.0
KURZ	1.0	1.2	1.5

<u>HOLZ - BETON - VERBUNDTRAGWERK</u>

TRAMDECKE	DIPPELBAUMDECKE

FUSSBODENAUFBAU NICHT DARGESTELLT.

BERECHNUNG (s. WEITERFÜHRENDE LITERATUR)

ZU BERÜCKSICHTIGEN:
* NACHGIEBIGKEIT D. VERBUNDMITTEL

* ZEITABHÄNGIGE PLAST. BETONVERFORMUNGEN.

* HERSTELLUNGSABLAUF
(MIT -, OHNE HILFSUNTERSTELLUNG)

Abb. 5.8 (Fortsetzung)

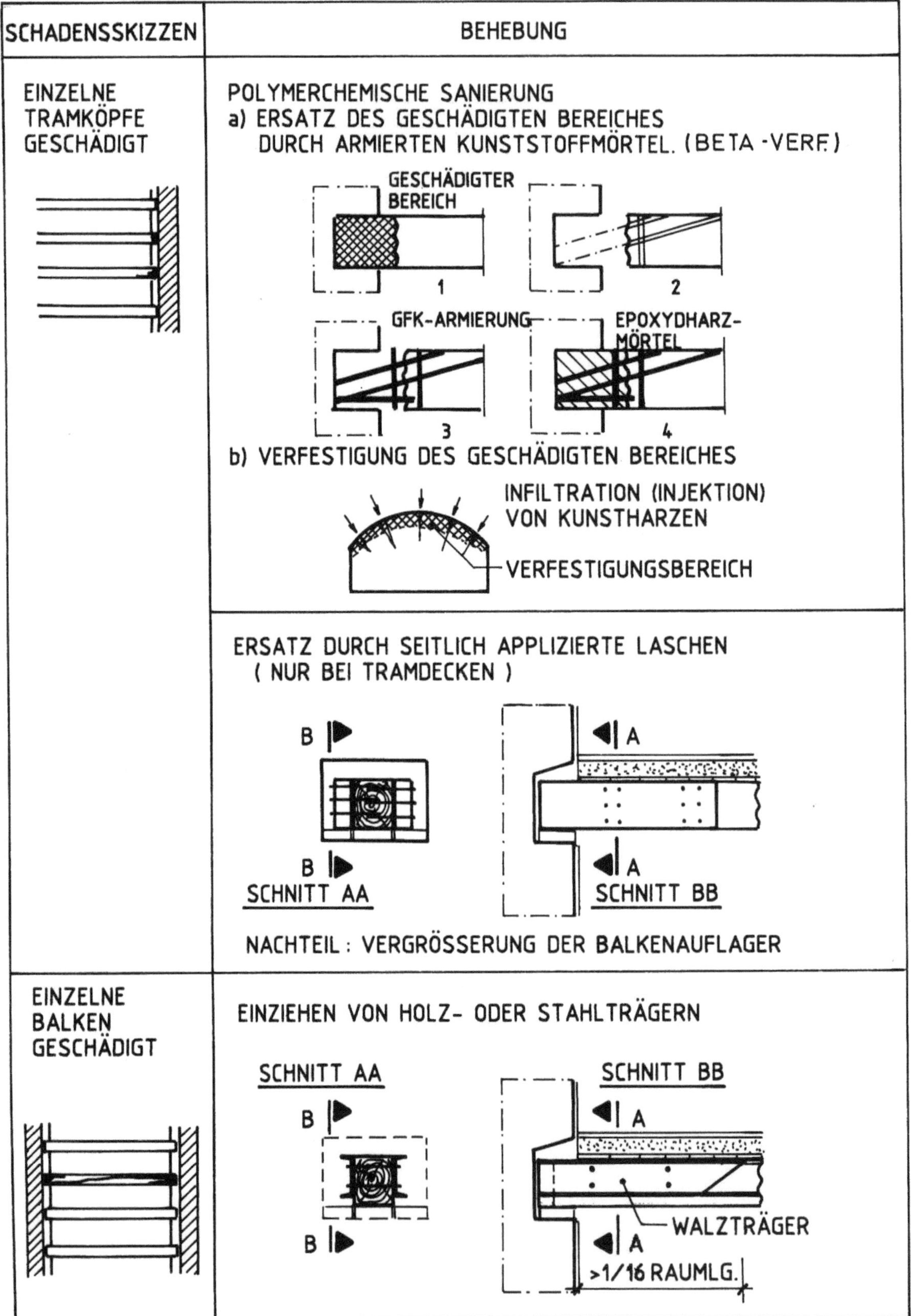

Abb. 5.9: Maßnahmen bei lokal begrenzten Schäden

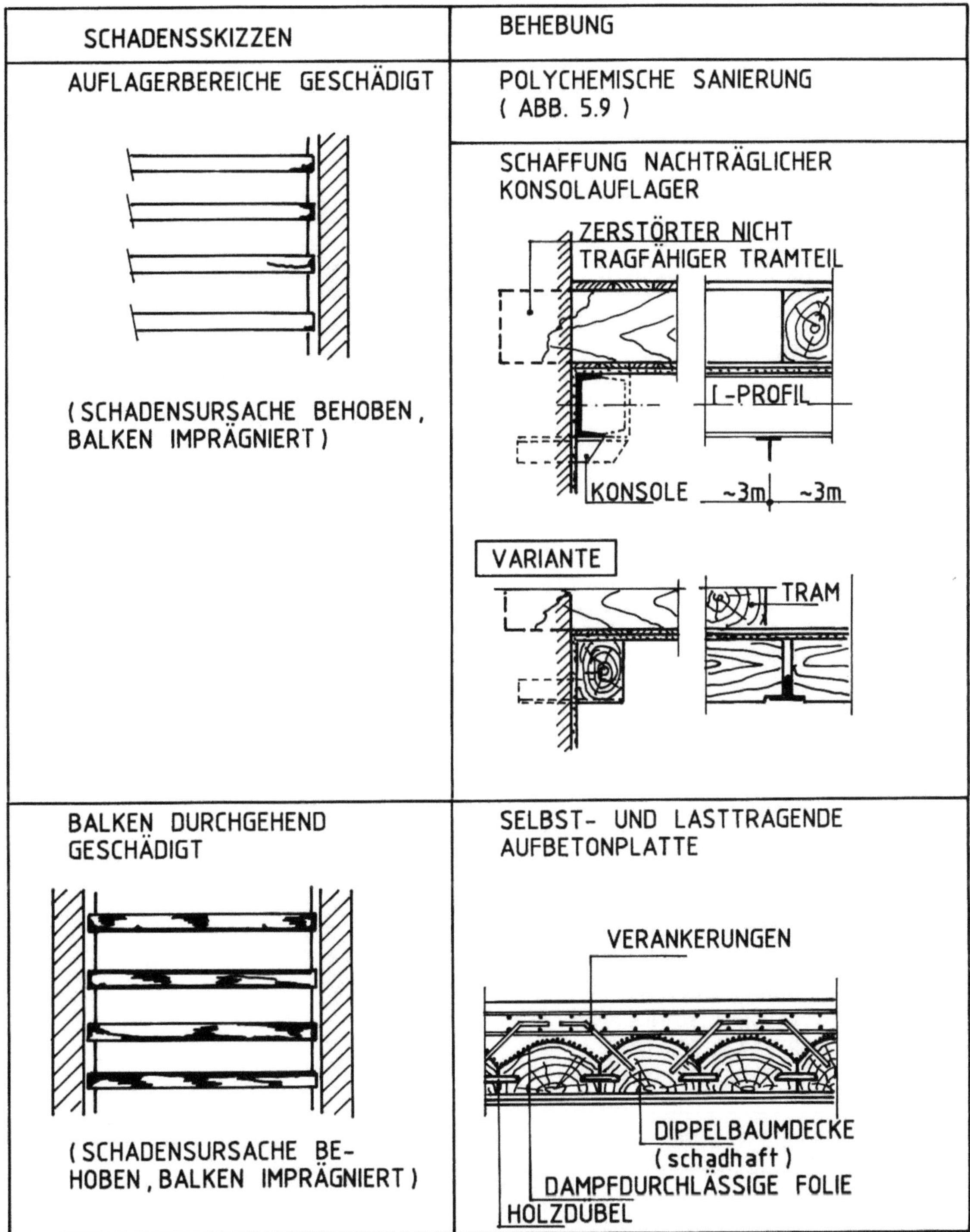

Abb. 5.10: Maßnahmen bei bereichsweiser Schädigung tragender Elemente

Scheint aufgrund der Untersuchung der Deckenkonstruktion die Sanierung der vorhandenen Bauteile wirtschaftlich nicht vertretbar, ist der Austausch der Decke zu überlegen; mit den zu beachtenden konstruktiven Vorgaben befaßt sich Kapitel 6.

5.6.3. VERSCHLIESSUNGEN - ZUGANKER, RINGANKER, RINGBALKEN

Da in den behandelten Hochbauten zwar Zuganker eingebaut waren, doch Ringanker bzw. Ringbalken in der Regel fehlen, ist bei Sanierungsmaßnahmen, die einer Änderung des konsensmäßigen Zustandes entsprechen, der Nachweis der Aussteifung der tragenden Wände (ohne Anker) zu erbringen. In Tab. 5.3 sind die gegenwärtig an Verschließungskonstruktionen zu stellenden Anforderungen als Vergleichswerte angeführt (Angaben - nach Entwurf DIN 1053, Teil 1).

TYP	ERFORDERLICH BEI [*])	KONSTRUKTIVE, STAT. ANFORDERUNGEN [*])
ZUGANKER (SCHLIESSEN)	HOLZBALKENDECKEN MASSIVDECKEN MIT AUFLAGER-TIEFEN < 10 cm (ERSATZ FÜR ANSCHLUSS DURCH REIBUNG)	* ANORDNUNG IN BELASTETEN WAND-BEREICHEN. (BEI FEHLENDER AUFLAST RINGANKER) * ABSTAND e im Mittel 2m; < 4m * WÄNDE PARALLEL ZUR DECKENSPANN-RICHTUNG: 　* MIND. 3 HOLZBALKEN ZU ERFASSEN 　(BEI MASSIVDECKEN: 　　1 m DECKENSTREIFEN 　　2 DECKENRIPPEN / BALKEN)
RINGANKER (ROST)	IN ALLEN AUSSEN-WÄNDEN UND QUER-WÄNDEN, DIE AN AB-TRAGUNG HORIZON-TALER LASTEN MITWIRKEN, FALLS: * GEBÄUDE: HÖHER ALS 2 VOLL-GESCHOSSE ODER LÄNGER ALS 18m * WÄNDE: Σ ÖFFNUNGSBREITEN >60% D. WANDLÄNGE ODER FENSTERBREITEN >40% D. WANDLÄNGE BEI FENSTERHÖHE > 2/3 GESCHOSSHÖHE	IN DECKENLAGE OD. UNMITTELBAR DARUNTER MATERIAL: STAHLBETON 　　　BEWEHRTES MAUERWERK 　　　STAHL HOLZ AUFNEHMBARE ZUGKRAFT (UNTER GE-BRAUCHLAST) 30kN PARALLEL LIEGENDE BEWEHRUNGEN ANRECHENBAR FALLS MAX. 50 cm VON MITTELEBENEN WAND / DECKE ENTFERNT.
RINGBALKEN	DECKEN OHNE SCHEIBENWIRKUNG ODER GLEITSCHICHTEN UNTER DECKENAUFLAGER	RINGBALKEN UND ANSCHLÜSSE AN AUSSTEIFENDE WÄNDE FÜR HORIZONTALLAST VON 1/100 D. VERTIKALLAST ZU BEMESSEN
[*]) AUSZÜGE DER VORSCHLÄGE NACH ENTWURF DIN 1053 T. 1		

Tab. 5.3: Anforderungen an Verschließungskonstruktionen

6. MASSIVE DECKENKONSTRUKTIONEN

Unter diesem Abschnitt sollen außer den reinen Gewölben und flachen Ziegelgewölben auf Walzträgern (Kappendecken, "Wiener Platzl") auch Tramtraversendecken (Walzträger als primäres Tragelement) sowie Eisenbetondecken und ebene unbewehrte Steindecken besprochen werden. Da die beiden letztgenannten Gruppen im Wohnbau der Gründerzeit nach der Zeit um 1900 in geringem Umfang eingesetzt wurden, sind die entsprechenden Angaben nur übersichtsartig gestaltet.

Die Auswahl massiver Deckentypen für die Überdeckung der Kellergeschosse, zeitweise auch des obersten Geschosses (z.B. Wien 1859 bis 1868), wurde durch die jeweils gültigen Bauvorschriften (Bauordnungen) geregelt. Der Grund für die in allen Vorschriften verlangte Ausbildung massiver Decken über dem Kellergeschoß (den Kellergeschossen) lag einerseits in der befürchteten Durchfeuchtung, andererseits in den erwarteten größeren Lasten (Geschäfts- und Lagerräume).

6.1. MASSIVE DECKENSYSTEME - ÜBERSICHT

In der Übersicht werden die massiven Deckensysteme nach Konstruktionstypen behandelt; im Vordergrund stehen die konstruktiven Vorgaben und Bemessungsvorschläge der Bauzeit.

6.1.1. GEWÖLBE

Im folgenden Abschnitt wird nur auf Tonnengewölbe eingegangen, da Kreuz- wie auch Klostergewölbe in größerem Ausmaß nur bei Repräsentations- und Sakralbauten zum Einsatz kamen (konstruktive Durchbildung der Gewölbekonstruktionen - siehe Abb. 6.1).

Überlegungen zur Berechnung gekrümmter Tragelemente gehen auf Leonhard Euler zurück, der 1727 in "De oscillationibus annulorum elasticorum" (in "Opera Postuma" 1862 erschienen) im Zusammenhang mit der Schwingung von Kreisringen die Differentialgleichung eines Ringes (in deformierter Gestalt als Ellipse) unter Verwendung eines linear elastischen Materialgesetzes entwickelte.

In der praktischen Anwendung erfolgte die Bemessung bis etwa 1855 nach empirisch gewonnenen Faustformeln; ab 1855 finden sich theoretische Überlegungen, die zur Bemessung des dreifach statisch unbestimmten Tragwerkes nach der Stützlinienmethode sowie zu entsprechend gewonnenen Bemessungsformeln führten.

In Abb. 6.2 sind die Bemessungsansätze nach der Stützlinienmethode dargestellt, die der zeitgenössischen Literatur entnommenen Erfahrungswerte in Tab. 6.1.

Die relativ großen Widerlagerstärken (speziell in Randfeldern mehrteiliger Gewölbe) konnten durch Anordnung von Gewölbeschließen vermindert werden (Abb. 6.1). Relativ geringe Widerlagerstärken sind bei der Bauaufnahme als Indiz für das Vorhandensein derartiger Schließen zu werten.

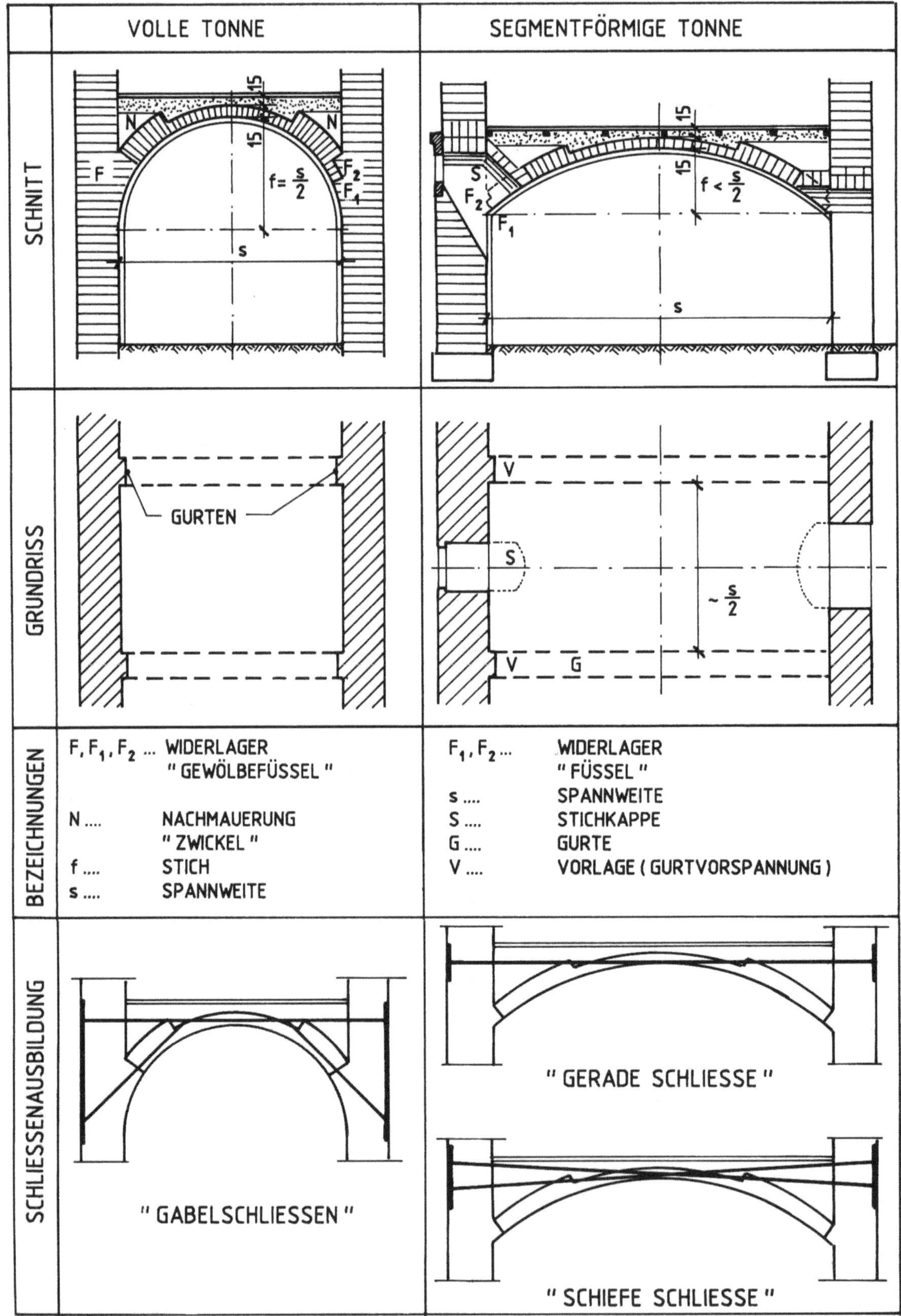

Abb. 6.1: Ausbildungen von Gewölbedecken

BEMESSUNG NACH STÜTZLINIEN-VERFAHREN :
(ÜBERWIEGEND STÄNDIGE LASTEN)

1. WAHL DER GEWÖLBEFORM

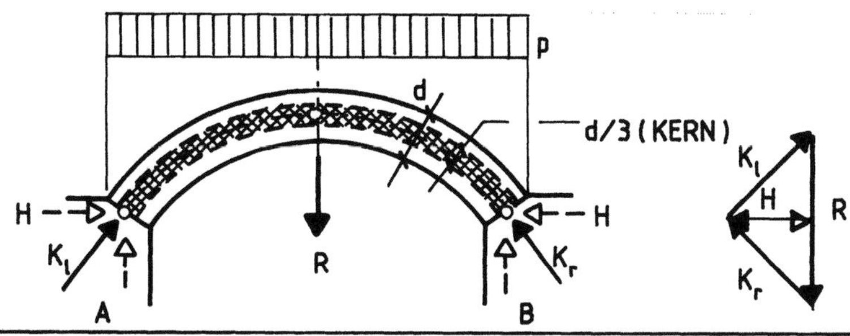

2. MAXIMALSPANNUNGEN IM SCHEITEL UND AM KÄMPFER
a. REGELFALL - MINIMALSTÜTZLINIE

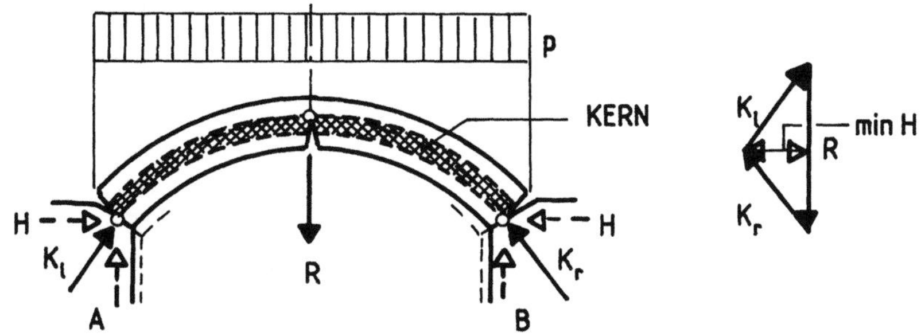

b. SEITL. DRUCK VON WIDERLAGERN MÖGLICH

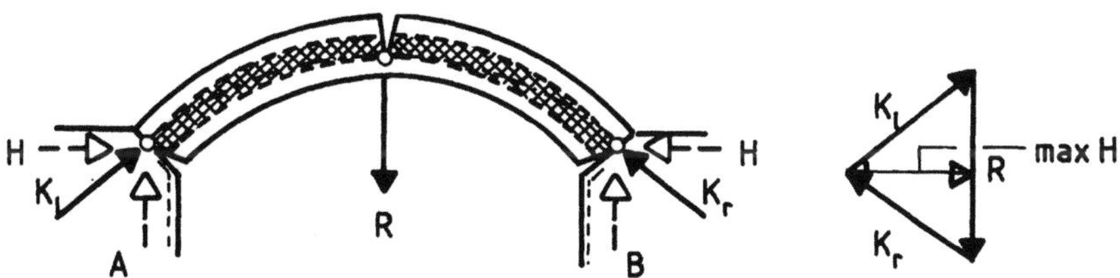

ZULÄSSIGE SPANNUNGEN F. GEWÖLBEMAUERWERK
(NORMALIEN DES ÖIAV)

W Weißkalk, R Romanzement, P Portlandzement

BAUSTOFFE	MÖRTEL 1:3	zul σ_D [N/mm^2]	zul σ_Z
GEWÖHNLICHE, ABER GUT GEBRANNTE ZIEGEL	W	0.5	–
GEWÖHNLICHE, ABER GUT GEBRANNTE ZIEGEL	R	0.75	–
GEWÖHNLICHE, ABER GUT GEBRANNTE ZIEGEL	P	1.0	0.1
GESCHLEMMTE ZIEGEL BESTER ART	P	1.2	0.1
BESTE KLINKER	P	2.0	–
BETON			
AUF 1 m^3 — ZEMENT: SAND + SCHOTTER IN VOL.			
SAND + SCHOTTER			
500 kg P 1:3	P	1.8	0.3
325 kg P 1:5	P	1.2	0.2
500 kg P 1:3 MIT EISENEINLAGE	P	2.1	0.8
QUADERN	P	3.0	0.1

Abb. 6.2: Bemessungsansätze zur Dimensionierung von Gewölbekonstruktionen

MAUERWERKSGEWÖLBE

BELASTUNG	SPANNWEITE (m)	GEWÖLBESTÄRKE (ZIEGELLÄNGEN)		VERSTÄRKUNGSGURTEN (ZIEGELLÄNGEN)	
		$f = s/2$	$f < s/2$		
GEW. BELASTUNG	< 4 m	1/2	1/2	-	
	4 BIS 6.30 m	1/2	1/2	1/1	
	> 6.30 m	1	1 1/2	1 BIS 1 1/2 / 1 1/2 BIS 2	
STARKE BEL. (MAGAZINE)	≦ 4 m	1 1/2	–	OHNE	
	4 BIS 5 m	1 1/2	–	MIT	
	5 BIS 7 m	2	–	OHNE	
	7 BIS 9 m	2	–	MIT	
	9 BIS 10 m	2 1/2	–	OHNE	

HÖHE DES WIDERLAGERS ≦ 3 m	PFEILHÖHE	SCHEITELSTÄRKE	WIDERLAGERSTÄRKE WIDERLAGER	
			BELASTET	UNBELASTET
	$f = s/2$	s/40	s/4	s/4 BIS s/5
	$f < s/2$	s/30	s/2 BIS s/3	s/3 BIS s/4

BEMESSUNG NACH RONDELET

HÖHE WIDERLAGER	SCHEITEL	KÄMPFER	WIDERLAGER
s/4 ÜBER ANLAUF	s/48	s/32	s/10
s/2 ÜBER ANLAUF	s/36		s/9
BIS SCHEITEL RÜCKEN	s/48		s/11

WIDERLAGERSTÄRKE

H ≦ 5 m, BIS SCHEITEL NACHGEMAUERT

$$W = \frac{s}{8} \cdot \frac{3s - f}{s + f} + \frac{H}{7} + 0.3\,\text{m}$$

H' = 5 m + h

FUNDAMENTSTÄRKE

$$W' = W + \left(\frac{1}{6} \dots \frac{1}{8} \right) \cdot h$$

$$F = (1.25 \dots 1.33)\,W$$

Tab. 6.1: Erfahrungswerte für Gewölbestärken/Angaben um 1900

6.1.2. FLACHE ZIEGELGEWÖLBE

Bei der Errichtung von Wohnbauten der Gründerzeit wurden gegen Ende des 19. Jahrhunderts mit der Entwicklung der Eisenindustrie fast ausschließlich flache Ziegelgewölbe auf Walzträgern (Traversen) zur Überdeckung der Kellergeschosse (selten auch zur Herstellung der obersten Geschoßdecke) herangezogen. Zwischen den Traversen waren in der Regel flache Tonnen (preußische Kappen) ausgebildet. Derartige Konstruktionen bezeichnete man auch als "Platzel"(decken).

Die Konstruktion dieser Decken ist in Abb. 6.3 skizziert; Berechnung der Träger sowie Dimensionierung der Gewölbestärken erfolgten anhand der Angaben von Tab. 6.2. Mit Hilfe dieser Angaben kann aufgrund der Ergebnisse der Bauteiluntersuchung auf die zur Bauzeit angesetzte zulässige Belastung (Eigengewicht plus Nutzlast) geschlossen werden.

A: ABSTAND U. PROFILWAHL DER EISERNEN TRÄGER

FORDERUNG $f \leqq l/600$ $\qquad$ q ... GESAMTBELASTUNG

MIT zulσ_e = 100 N/mm^2 $\qquad$ > TRÄGERABSTAND $e = \dfrac{\alpha}{q}$

STÜTZWEITE $l = 16\,h$	PROFIL NR. (TAB. 3.17)	α	STÜTZWEITE (m)	PROFIL NR.	α
3.36	21	1933.7	4.48	28	2400.0
3.52	22	1991.1	4.48	28a	2902.9
3.52	22a	2531.3	4.80	30	2516.2
3.68	23	2081.6	5.12	32	2633.2
3.84	24	2139	5.60	35	2693.2
3.84	24a	2589.4	6.40	40	3155.9
4.00	25	2196.4	7.20	45	3475.7
4.16	26	2254.3	8.00	50	3862.0

B: KAPPENSTÄRKE

PFEILHÖHE $\quad f = \dfrac{e}{10} \cdot \left(\dfrac{e}{8} \text{ BIS } \dfrac{e}{12} \right)$

KAPPENSTÄRKE $e = 1/2$ STEINLÄNGE

BEI BEMESSUNG:

GEWÖLBESCHUB $\quad F_h = \dfrac{q \cdot l^2}{8f}$

$\qquad\qquad\qquad$ max$\sigma = \dfrac{2 F_h}{b \cdot d}$

zulσ LI. ABB. 6.2.

Tab. 6.2: Bemessung flacher Ziegelgewölbe zwischen eisernen Trägern (um 1900)

Balkone wurden bei städtischen Wohnbauten der Gründerzeit überwiegend mit einer gleichartigen Tragkonstruktion ausgebildet (flache Ziegel-, später Betongewölbe zwischen eisernen Kragplatten). Konstruktiv können diese Bauteile wie oben beschrieben behandelt werden.

Bei Umbauten (Durchbrüchen) von flachen Gewölben ist die Lage der Ziegelscharen bedeutend (Abb. 6.3), da bei miteinander verspannten Scharen Sicherungsmaßnahmen zur Verhinderung eines fortschreitenden Einbruches notwendig sind. Gleichfalls von Bedeutung ist die Erkundung der ausgeführten Verschließungsart.

Als "feuersicher" galten derartige Konstruktionen nur, wenn sowohl Ober- als auch Unterflanschen der Walzträger entsprechend überdeckt waren. Dazu wurden zunächst speziell geformte Flanschenziegel (Abb. 6.3) für den Unterflansch gewählt, später die Träger mit Beton überzogen.

Der Übergang zu Betondecken über den Ersatz der Ziegel- durch Stampfbetongewölbe geht aus Abschnitt 6.1.4. hervor.

6.1.3. FORMZIEGELDECKEN

Der größte Nachteil der in Abschnitt 6.1.2. angeführten flachen Ziegelgewölbe lag in der gewölbten Untersicht. Um in Geschäfts- und Wohnräumen bereits mit der tragenden Konstruktion ebene Untersichten herzustellen, wurden zahlreiche "Formziegeldecken" entwickelt, bei denen entsprechend geformte Steine miteinander durch Nasen, Falzen etc. zu zusammenhängenden Platten verbunden wurden (vgl. Abb. 6.4; einschlägige Literaturangaben ab etwa 1895).

In die gleiche Aufstellung wurden bewehrte Ziegelplatten aufgenommen, deren erster Einsatz 1896 (in Berlin) dokumentiert wurde.

Die Auswahl der Deckensysteme stellt nur eine Auswahl typischer Konstruktionen dar; regional wurden zahlreiche Varianten ausgeführt.

6.1.4. TRAMTRAVERSENDECKEN

Tramtraversendecken (auch "Traversen-Tramdecken") bilden den Übergang von hölzernen zu massiven Deckenaufbauten. Sie kamen bei größeren Spannweiten zum Einsatz. Die Ausbildung dieses Deckentyps sowie die Bemessungsansätze zeigt Abb. 6.5. Der Aufbau der Decke zwischen den eisernen Trägern entspricht dem der herkömmlichen Holzdecken, wobei in der Regel die einer Tramdecke entsprechende Konstruktion gewählt wurde; in Einzelfällen waren auch verdübelte Balkenlagen eingebaut.

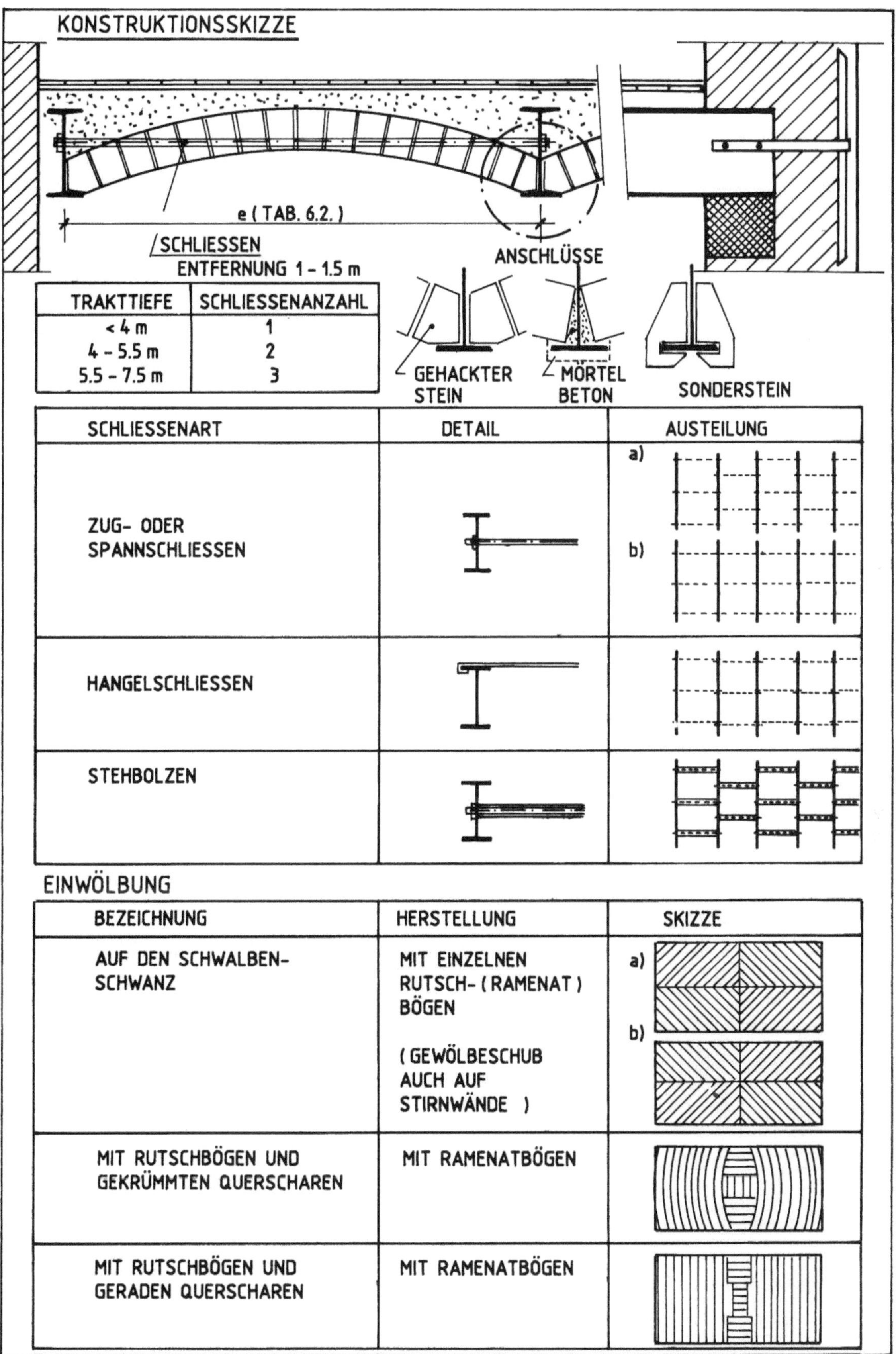

Abb. 6.3: Flache Ziegelgewölbe zwischen eisernen Trägern

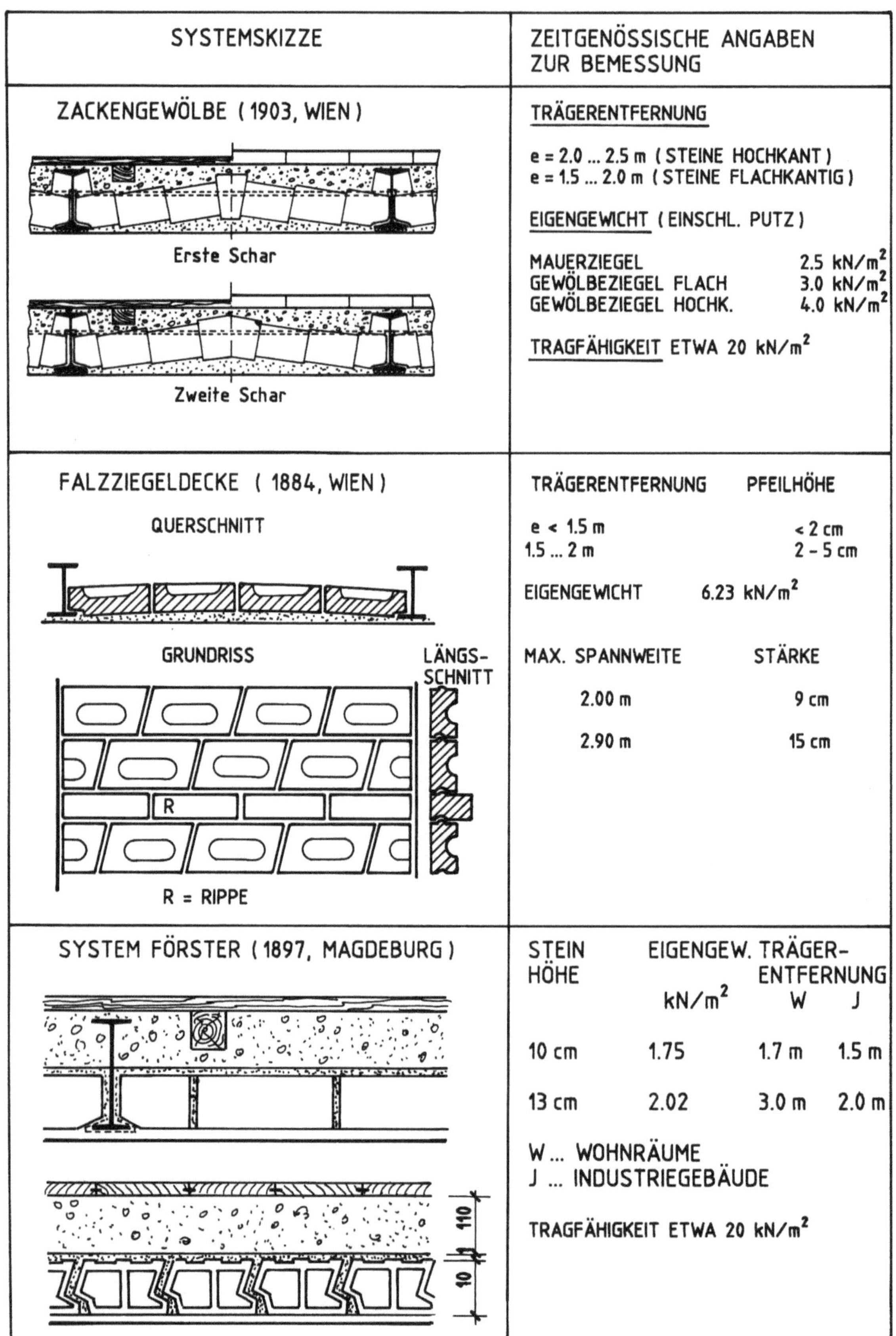

Abb. 6.4: Formziegeldecken und bewehrte Ziegelplatten

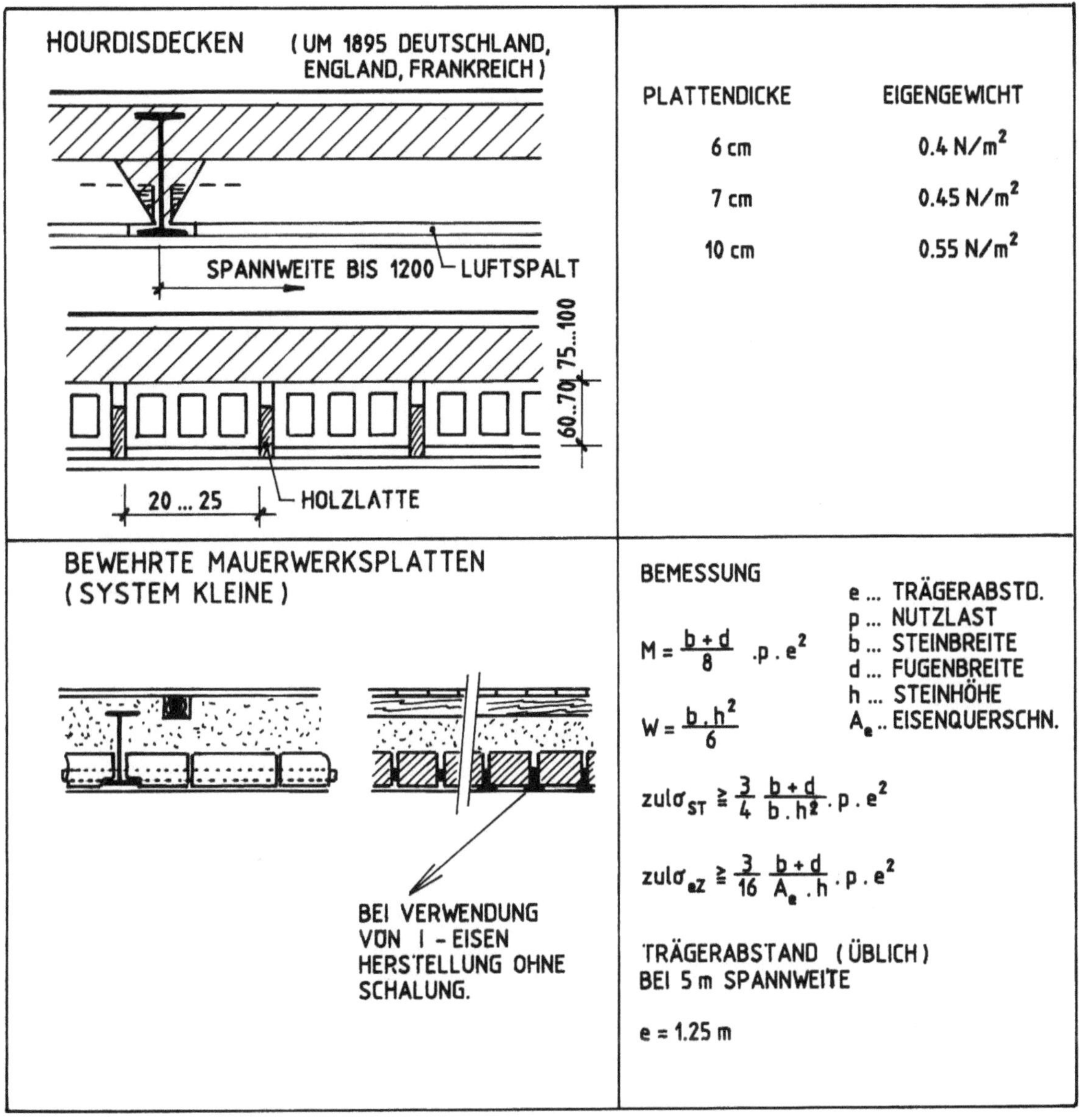

HOURDISDECKEN (UM 1895 DEUTSCHLAND, ENGLAND, FRANKREICH)

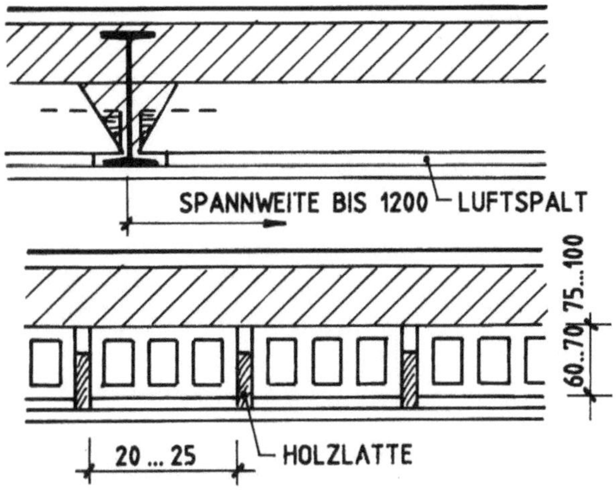

PLATTENDICKE	EIGENGEWICHT
6 cm	0.4 N/m²
7 cm	0.45 N/m²
10 cm	0.55 N/m²

BEWEHRTE MAUERWERKSPLATTEN (SYSTEM KLEINE)

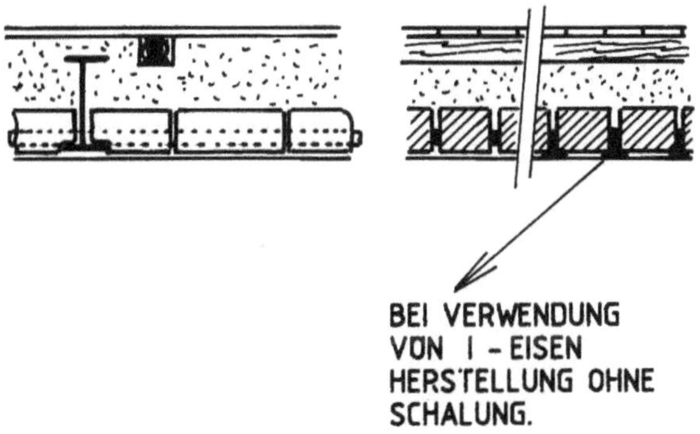

BEMESSUNG

$$M = \frac{b+d}{8} \cdot p \cdot e^2$$

$$W = \frac{b \cdot h^2}{6}$$

$$\text{zul}\,\sigma_{ST} \geq \frac{3}{4}\,\frac{b+d}{b \cdot h^2} \cdot p \cdot e^2$$

$$\text{zul}\,\sigma_{eZ} \geq \frac{3}{16}\,\frac{b+d}{A_e \cdot h} \cdot p \cdot e^2$$

e ... TRÄGERABSTD.
p ... NUTZLAST
b ... STEINBREITE
d ... FUGENBREITE
h ... STEINHÖHE
A_e .. EISENQUERSCHN.

TRÄGERABSTAND (ÜBLICH) BEI 5 m SPANNWEITE

e = 1.25 m

Abb. 6.4 (Fortsetzung)

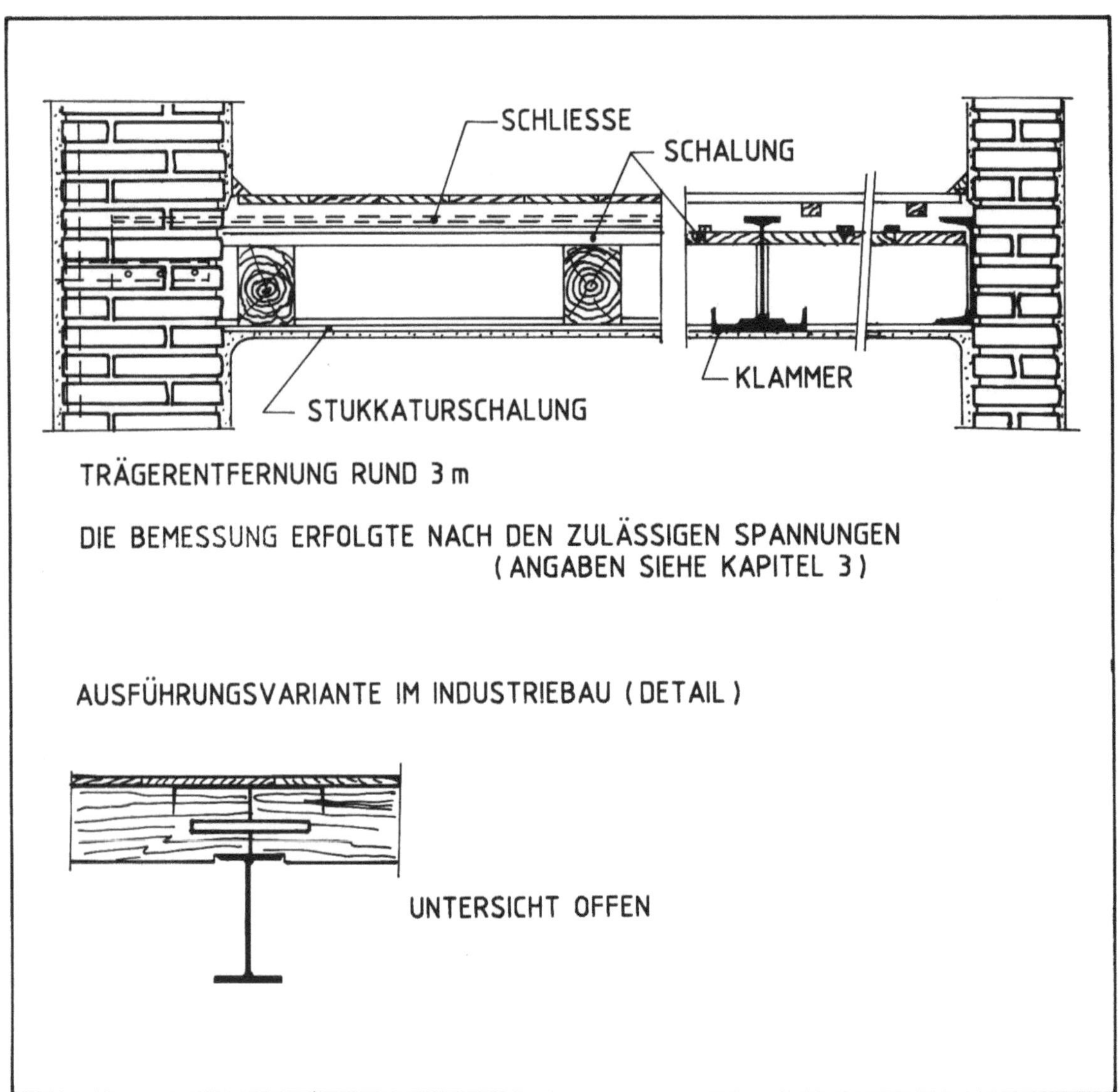

Abb. 6.5: Tramtraversendecken

6.1.5. BETON- UND EISENBETONDECKEN

Aus unbewehrtem Beton stellte man Betonkappen und Betonplatten auf Walzträgern her, deren Formentwicklung auf flachen Ziegelgewölben basierte (Gegenüberstellung derartiger Konstruktionen - siehe Abb. 6.6).

Der Einsatz von Eisenbetondecken wurde ebenfalls im letzten Jahrzehnt des vorigen Jahrhunderts dokumentiert. Die Bemessungsansätze resultierten aus den angesetzten Spannungsverteilungen, die für rechteckige Querschnitte in Abb. 6.7 skizziert sind. Da ab 1900 zahlreiche Eisenbetondeckensysteme entwickelt wurden, muß von einer eingehenden Auseinandersetzung mit den einzelnen Konstruktionen in diesem Zusammenhang abgesehen werden; hinsichtlich der konstruktiven Details ist auf die weiterführende Literatur zu verweisen.

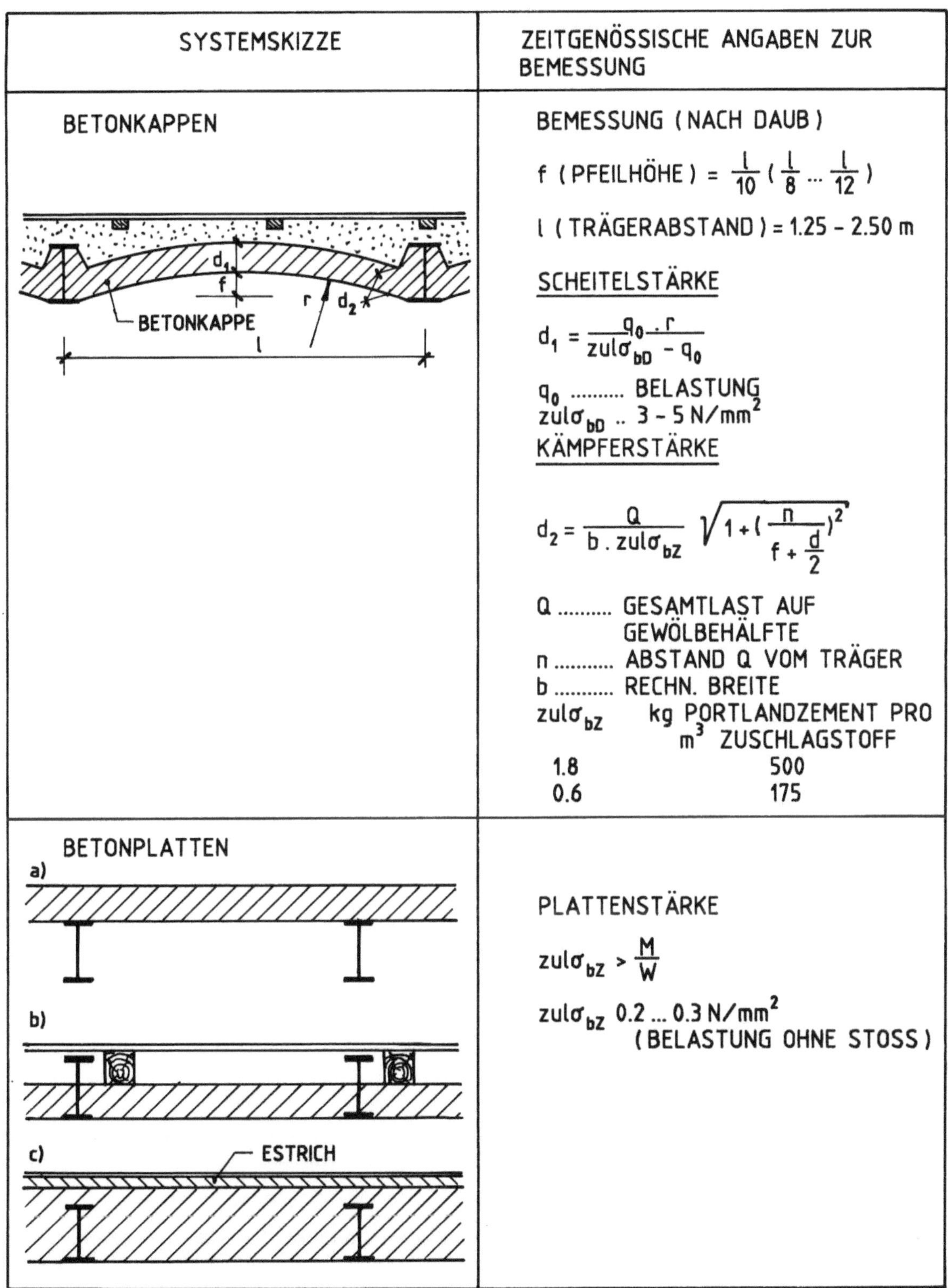

$$f \ (\text{PFEILHÖHE}) = \frac{l}{10} \left(\frac{l}{8} \ ... \ \frac{l}{12} \right)$$

$$d_1 = \frac{q_0 \cdot r}{\text{zul}\sigma_{bD} - q_0}$$

q_0 .... BELASTUNG
$\text{zul}\sigma_{bD}$ .. 3 – 5 N/mm²

$$d_2 = \frac{Q}{b \cdot \text{zul}\sigma_{bZ}} \sqrt{1 + \left(\frac{n}{f + \frac{d}{2}} \right)^2}$$

Q .... GESAMTLAST AUF GEWÖLBEHÄLFTE
n .... ABSTAND Q VOM TRÄGER
b .... RECHN. BREITE

$$\text{zul}\sigma_{bZ} > \frac{M}{W}$$

$\text{zul}\sigma_{bZ}$ 0.2 ... 0.3 N/mm²

Abb. 6.6: Betondecken

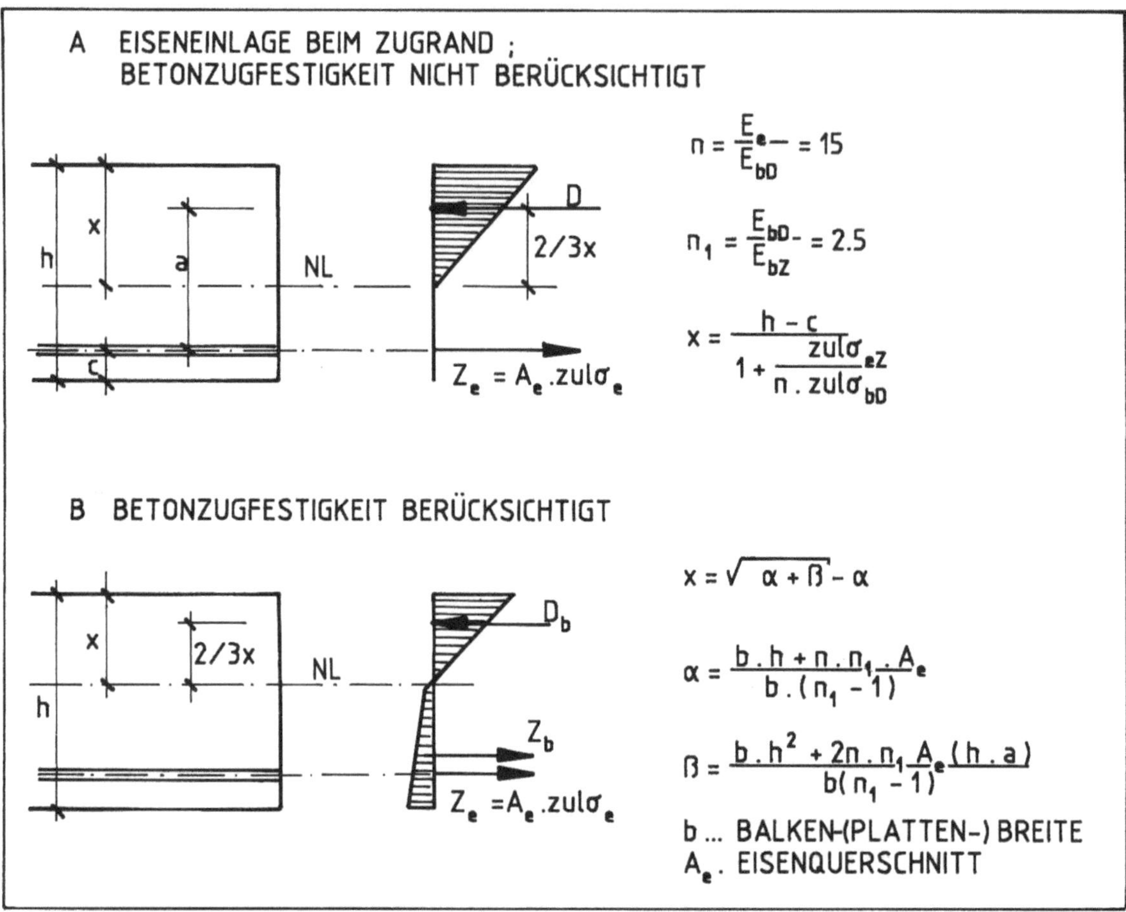

Abb. 6.7: Bemessungsansätze für Eisenbetonquerschnitte (um 1910)

6.1.6.   EISERNE DECKENKONSTRUKTIONEN

Eiserne Decken existierten im Wohnbau in geringem Ausmaß vor allem als Wellblechdecken.
Wegen des hohen Eigengewichtes wurden sie nur bei besonders hohen Nutzlasten verwendet.

6.2.   MASSIVE DECKENKONSTRUKTIONEN - SCHÄDEN UND MÄNGEL

6.2.1.   GEWÖLBEDECKEN

An Gewölben selbst waren (bei gleichbleibender Nutzung) kaum Schäden festzustellen. Risse
gehen in den meisten Fällen auf Verschiebungen (aufgrund von Setzungen oder unsachgemä-
ßer Änderung der Bausubstanz) der Widerlager zurück.

In feuchten Bereichen kann es durch Auswaschung der Bindemittel aus dem Fugenmörtel zu
einem Herausfallen von Mörtelteilen und einzelnen Steinen kommen. Im Extremfall bewirkt
dies eine Formänderung des Gewölbes; Einstürze aufgrund dieses Schadensbildes waren der
ausgewerteten Literatur aber nicht zu entnehmen.

Ein zwar nicht die Tragsicherheit unmittelbar berührendes, aber für die Nutzung oft
maßgebendes Schadensbild ist die Durchfeuchtung der Gewölbeüberschüttung. Da in diesem
Bereich meist Bauschutt verwendet wurde, wird die aufgesaugte Wassermenge nur sehr
langsam abgegeben (Sanierungsmöglichkeiten - siehe Punkt 6.3.).

6.2.2. FLACHE ZIEGELGEWÖLBE AUF TRAVERSEN

Bei Ziegelkappen auf Walzträgern waren bei zahlreichen Untersuchungen kaum Schäden zu beobachten. Die in feuchten Räumen auftretende Korrosion der Traversen war meist oberflächlich, daher für die Tragsicherheit der Konstruktion ohne Bedeutung.

Die bei Gewölben in Einzelfällen festgestellte Loslösung von Steinen konnte trotz Mörtelzersetzung infolge von Durchfeuchtungen bei flachgewölbten Kappen nicht registriert werden. Bei beabsichtigten Steigerungen der Nutzlast erwiesen sich in den meisten Fällen die Walzträger hinsichtlich der Gebrauchstauglichkeit (Durchbiegungsnachweis) als das schwächere Element (Maßnahmen zur Erhöhung der Systemsteifigkeit - siehe Punkt 6.3.).

6.2.3. TRAMTRAVERSENDECKEN

In bezug auf die Schäden an Tramtraversendecken gelten die Darlegungen gemäß Punkt 6.2.2. Zusätzlich sind Schädigungen der hölzernen Konstruktionselemente, meist als Folge von Durchfeuchtungen, zu betonen; die entsprechenden Schadensbilder erläutert Kapitel 5.

6.2.4. FORMSTEIN-, BETON- UND EISENBETONDECKEN

Da diese Deckensysteme bei Wohnbauten bis 1918 selten eingesetzt waren, bleiben in diesem Zusammenhang die zahlreichen möglichen Schäden und Mängel unberücksichtigt; zu diesem Themenkreis (besonders Schäden an Beton- und Eisenbetonkonstruktionen) finden sich detaillierte Aufzeichnungen in der weiterführenden Literatur.

6.3. MASSIVE DECKENKONSTRUKTIONEN - NACHBEMESSUNG

Die Nachbemessung massiver Deckenkonstruktionen in Verbindung mit Sanierungsaufgaben stellt besondere Anforderungen an die Untersuchung der Konstruktionselemente, wobei vor allem die Feststellung der Abmessungen und - bei Ziegelgewölben - die Beurteilung der Mörtelfestigkeiten im Mittelpunkt stehen. In der anschließenden Zusammenfassung können nicht alle in Abschnitt 6.2. aufgelisteten Deckentypen behandelt werden; die Angaben beziehen sich auf die häufigsten Elemente massiver Deckenkonstruktionen, wie Ziegelgewölbe, Walzträger und Widerlager/Schließen.

6.3.1. ZIEGELGEWÖLBE

Da sich Tonnengewölbe aus Mauerwerk wegen der nicht genau bestimmbaren Einspannung an den Widerlagern und der Unsicherheiten bezüglich des Zusammenwirkens von Mauerstein und Fugenmörtel (speziell bei den Kantenpressungen im Gewölbe) einer exakten Theorie entziehen, die für die Anwendung numerischer Verfahren (FEM) notwendigen geometrischen und mechanischen Angaben meist nicht vorliegen, wird die Bemessung insbesondere der flachen Gewölbe im Hochbau auch heute nach dem Stützlinienverfahren ausreichend genaue Ergebnisse bringen. Die Bogenform kann bei angenommener konstanter Gleichlast für einen Parabelbogen, bei konstantem Eigengewicht durch einen Kantenoidenbogen angenähert werden. Dabei steht die Ermittlung des Horizontalschubes im Vordergrund, da sich die Ziegelgewölbe in der Regel als ausreichend dimensioniert erweisen (Abb. 6.8).

SKIZZE	BERECHNUNGSANSATZ

KONSTANTE GLEICHLAST : PARABELBOGEN   **GEGEBEN : f und l**

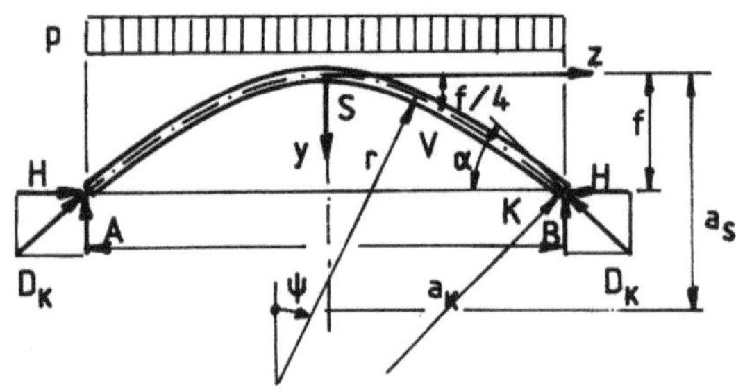

$$\tan\alpha = 4\left(\frac{f}{l}\right) \; ; \; a_S = \frac{l}{2\cdot\tan\alpha} = \frac{l}{8(f/l)} = \frac{l^2}{8f}$$

$$\text{P.K.: } r = \frac{a_S}{\cos^3\psi} \; ; \; a_K = \frac{a_S}{\cos^3\alpha}$$

$$\text{K.K.: } y = 4f\cdot\left(\frac{z}{l}\right)^2$$

$$\text{PARAMETERDARST.: } z = a_S\tan\psi \; ; \; y = \frac{a_S}{2}\tan^2\psi$$

$$A = B = p\,\frac{l}{2} = pa_S\cdot\tan\alpha \; ; \; H = \frac{pl^2}{8f} = pa_S \; ; \; D_S = H$$

$$D_K = \frac{pl^2}{8f}\cdot\sqrt{1+(4f/l)^2} = pa_S\cdot\sqrt{1+\tan^2\alpha}$$

$$D_V = \frac{H}{\cos\psi_V} = \frac{pa_S}{\cos\psi_V} \; , \; \psi_V \text{ folgt aus } \psi_V = 2\,\frac{f}{l}$$

KONSTANTES EIGENGEWICHT : KATENOIDBOGEN   **GEGEBEN : f und l**

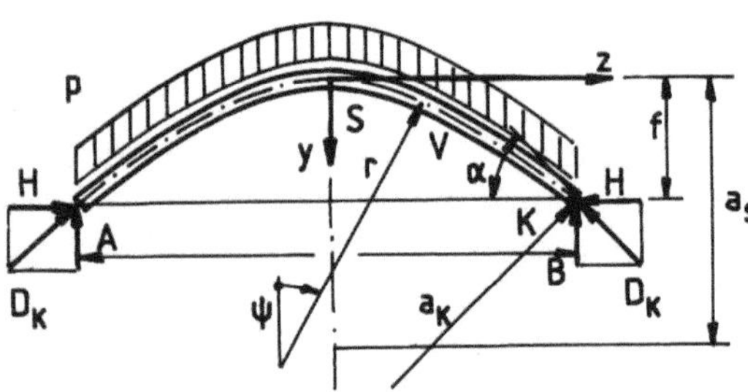

α EXPLIZIT NICHT ANZUGEBEN.

α (IN ALTGRAD) ABHÄNGIGKEIT VON $\left(\frac{f}{l}\right)$ SIEHE DIAGRAMM.

$$a_S = \frac{l}{2\cdot\ln[\tan(\alpha/2 + \pi/4)]} \text{ oder}$$

$$a_S = \frac{f\cdot\cos\alpha}{(1-\cos\alpha)}$$

$$\text{P.K.: } r = \frac{a_S}{\cos^2\psi} \; ; \; a_K = \frac{a_S}{\cos^2\alpha}$$

$$\text{K.K.: } z = a_S\cdot\ln\left[\tan\left(\frac{1}{2}\arccos\frac{a_S}{a_S+y} + \frac{\pi}{4}\right)\right]$$

PARAMETERDARSTELLUNG :

$$z = a_S\cdot\ln\left[\tan\left(\frac{\psi}{2} + \frac{\pi}{4}\right)\right] \; ; \; y = a_S\cdot\frac{1-\cos\psi}{\cos\psi}$$

$$A = B = pa_S\cdot\tan\alpha \; ; \; H = pa_S \cdot D_S = H \; ;$$

$$D_K = pa_S\cdot\sqrt{1+\tan^2\alpha}$$

$$D_V = \frac{H}{\cos\psi_V} = \frac{pa_S}{\cos\psi_V} \; , \; \psi_V \text{ folgt aus}$$

$$\ln\left[\tan\left(\frac{\psi_V}{2} + \frac{\pi}{4}\right)\right] = \frac{1}{4}\cdot\frac{l}{a_S} \text{ (Diagramm)}$$

LEGENDE :

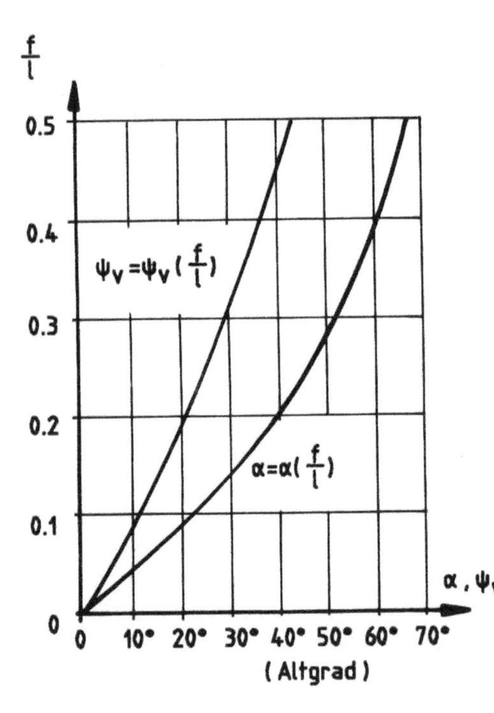

Indizes : S...SCHEITEL, K...KÄMPFER, V...VIERTELSPUNKT

D_S, D_K, D_V : DRUCKKRAFT IM SCHEITEL, KÄMPFER bzw. VIERTELSPUNKT.

H : HORIZONTALSCHUB

P.K. : POLARKOORDINATEN : $r = r(\psi)$

K.K. : KARTESISCHE KOORD.: $y = y(z)$

α : ANSCHNITTWINKEL AM KÄMPFER

a_S, a_K : KRÜMMUNGSRADIUS AM SCHEITEL bzw. KÄMPFER.

Abb. 6.8: Stützlinien flacher Gewölbe (nach Petersen)

6.3.2. WALZTRÄGER

Die bei der Ausführung flacher Ziegelgewölbe und Tramtraversendecken verwendeten eisernen Walzträger entsprechen den in Kapitel 3 erwähnten Bauelementen; für die bei der Nachrechnung anzusetzenden Kennwerte sind daher die Angaben dieses Kapitels relevant. Besondere Aufmerksamkeit ist den Trägerauflagern zu schenken; hinsichtlich des Nachweises der Spaltzugkräfte im Mauerwerk sind die Bestimmungen der aktuellen Mauerwerksnormen heranzuziehen. Was die anzusetzende Spannungsverteilung betrifft, ist Abb. 6.11 sinngemäß anzuwenden.

6.3.3. WIDERLAGER/SCHLIESSEN

Die bei der statischen Überprüfung der Widerlager bzw. der Schließen anzusetzenden Horizontalkräfte können der Nachrechnung der Ziegelgewölbe entnommen werden. Die Schließenkonstruktionen sind - bedingt durch die geringeren Querschnittsabmessungen - weit anfälliger in bezug auf Korrosionserscheinungen als die zur Lastabtragung eingesetzten Walzprofile. Diese Konstruktionen bedürfen daher einer Nachbemessung.

Außer dem Nachweis der Widerlager auf Horizontalbeanspruchung sind vor allem Setzungserscheinungen jüngeren Datums zu untersuchen, da bei entsprechend großen Verformungen das Gefüge der flachen Gewölbe entscheidend gestört werden kann. Die der Nachrechnung der Widerlager zugrundezulegenden Kennwerte sind in den Kapiteln 2 und 3 angeführt. Speziell im Kellerbereich sind außerdem die Mörtelfestigkeiten (Möglichkeit von feuchtigkeitsbedingtem Bindemittelabbau) zu prüfen und vorsichtig zu bewerten.

6.4. MASSIVE KONSTRUKTIONEN - UNTERSUCHUNG

Die Untersuchung massiver Konstruktionen kann getrennt nach Tragelementen zusammengefaßt werden (vgl. Abschnitt 6.3).

6.4.1. ZIEGELGEWÖLBE

Da die Entnahme größerer Prüfelemente aus dem Gewölbe aus konstruktiven Gründen selten, der Transport der Prüfstücke in ein Labor kaum ohne Gefügelockerungen möglich ist, kommt zur Beurteilung der Gesamtfestigkeit nur die Untersuchung der Einzelkomponenten in Frage. Dabei kann nach den in Kapitel 4 aufgezeigten Gesichtspunkten vorgegangen werden. Speziell zur Untersuchung von Kappengewölben liegen allerdings kaum Vergleichswerte vor, weshalb zur Ermittlung der Gesamtfestigkeit auf kalibrierte Werte nicht zurückgegriffen werden kann.

6.4.2. EISENTRÄGER

Die Prüfung der Eisenträger kann, da die mechanischen Kennwerte aus der Literatur bekannt sind, auf die Untersuchung vorhandener Korrosionserscheinungen und - im Zusammenhang mit der Ausführung eines Verbundtragwerkes (Abschnitt 6.5.) - der Schweißeignung des Materials beschränkt werden.

Da im Hochbau kaum Wechselbeanspruchungen zu erwarten sind, kann die Beurteilung des Werkstoffverhaltens unter dynamischer Belastung im Gegensatz zur Untersuchung von Brückentragwerken unterbleiben.

6.4.3. WIDERLAGER/SCHLIESSEN

Widerlager sind gemäß den Angaben aus Kapitel 4 zu untersuchen. Bei Schließen sind vorwiegend Korrosionserscheinungen sowie Verbindungsmittel einer kritischen Begutachtung zu unterziehen.

6.5. MASSIVE DECKENKONSTRUKTIONEN - SANIERUNG

Bei den nachstehenden Hinweisen zur Sanierung von massiven Deckenkonstruktionen wurde auf die Auseinandersetzung mit Beton- und Eisenbetonkonstruktionen bewußt verzichtet, da zu diesem Themenkreis in den letzten Jahren zahlreiche ausführliche Abhandlungen erschienen. Ebenso kann hinsichtlich der Sanierung der hölzernen Tragelemente von Tramtraversendecken auf die Angaben in Kapitel 5 verwiesen werden.
Dem Themenkreis "Deckentausch" wurde ein eigener Abschnitt (Abschnitt 6.6.) gewidmet, da in diesem Zusammenhang spezielle Maßnahmen zu ergreifen sind.

6.5.1. SANIERUNG VON GEWÖLBEN

Die im folgenden erläuterten Sanierungsmaßnahmen an Gewölbekonstruktionen beziehen sich auf Ziegelgewölbe. Die Hinweise gelten jedoch ohne wesentliche Einschränkungen auch für Bruchstein- und Werksteinkonstruktionen, die in Einzelfällen meist dann anzutreffen sind, wenn während der Errichtung zur Herstellung der Kellergeschosse auf Abbruchmaterialien zurückgegriffen wurde.

Als primäre Maßnahme ist zur Erhebung des Schadensbildes der Gewölbeverputz vollständig zu entfernen, brüchiger Fugenmörtel auszukratzen oder durch Sandstrahlen zu beseitigen. Bei Anzeichen gravierender Schäden ist die Überschüttung ebenfalls zu entfernen.
In Abhängigkeit vom Schadensbild sind mögliche Sanierungsmaßnahmen in Abb. 6.9 skizziert. Die bei Aufbringung zusätzlicher Einzel- oder Streifenlasten anzuordnenden Überzüge bleiben unberücksichtigt.
Bei Widerlagerverschiebungen sind Schließen einzubauen. Die Ausbildung der Verankerung im Widerlagermauerwerk sollte nach dem Zustand des Mauerwerks, am besten jedoch nach einer Auszugsprüfung gewählt werden.

Da die Bemessung der genannten Sanierungsmethoden in hohem Maß von den jeweiligen geometrischen Eingangsparametern und dem aktuellen Bauteilzustand bestimmt wird, wurden allgemeine Bemessungshinweise ausgeklammert.

6.5.2. VERSTÄRKUNG VON WALZTRÄGERN

Zur Verstärkung von Walzträgern ist eine Verbundkonstruktion heranzuziehen, wenn sich aufgrund der zu erwartenden Nutzlasten eine zu große Durchbiegung ergibt.

Da in der Regel eine Anhebung der Deckenkonstruktion vor der Herstellung der Betonplatte nicht in Betracht kommt (Gefügezerstörung im Bereich des Ziegelgewölbes), wird von der Verbundkonstruktion nur die Nutzlast übernommen, während der Spannungszustand aus Eigengewicht in den Trägern eingeprägt bleibt. Eine derartige Sanierung scheint daher nur sinnvoll, wenn bei Belastung durch das Eigengewicht entsprechende Tragfähigkeitsreserven der Walzträger bestehen.

Die Ausbildung des Verbundtragwerkes selbst kann nach Abb. 6.10 erfolgen. Als Verbundmittel können bei Nachweis der Schweißeignung handelsübliche Bolzen dienen; ansonsten ist der Verbund über Schrauben zu erzeugen. Die Tragfähigkeit der in Abb. 6.10 enthaltenen Schraubdübel wurde in vergleichenden Versuchen (Aribert, Rival) ermittelt.

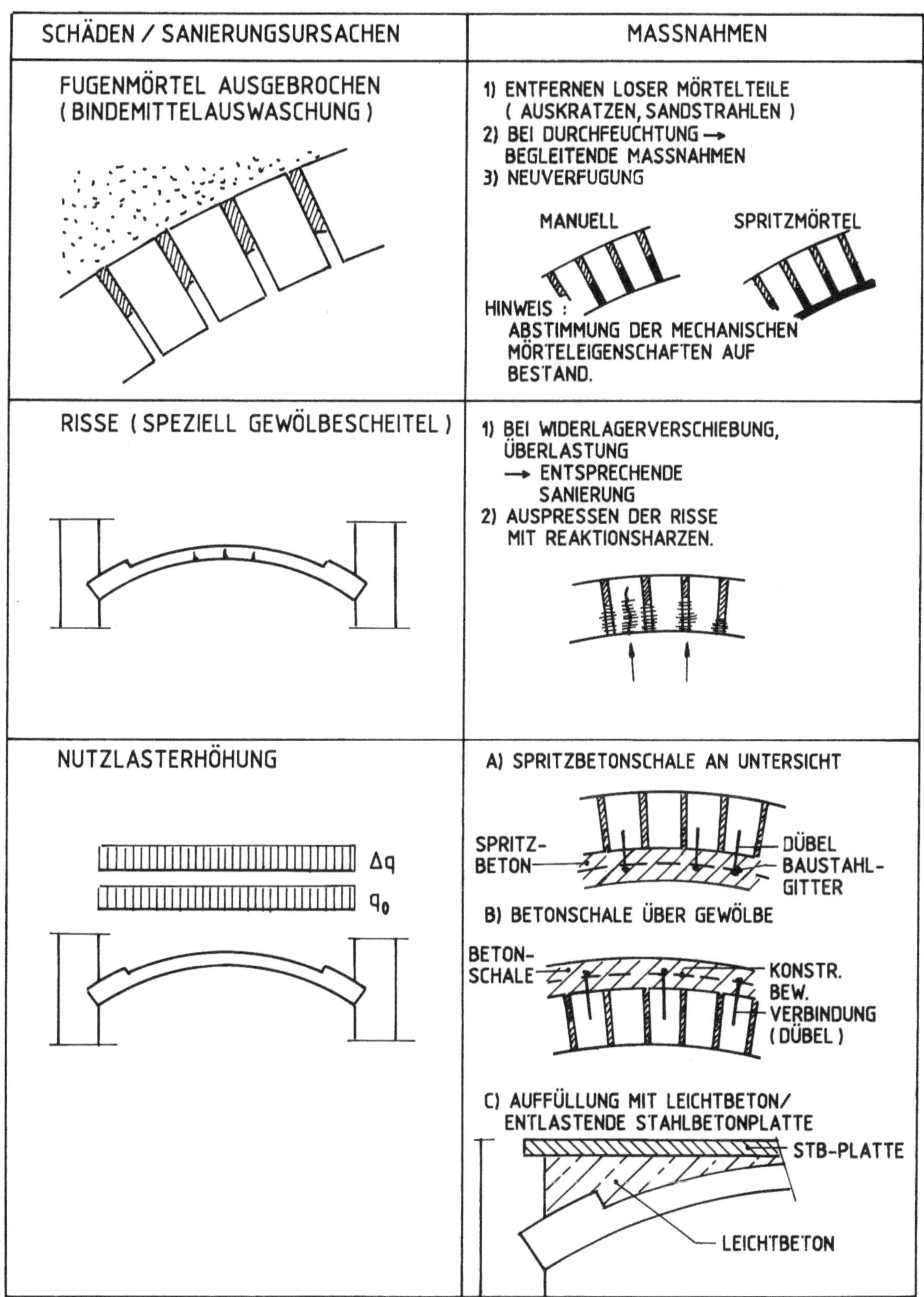

Abb. 6.9: Sanierungsmaßnahmen an Ziegelgewölben

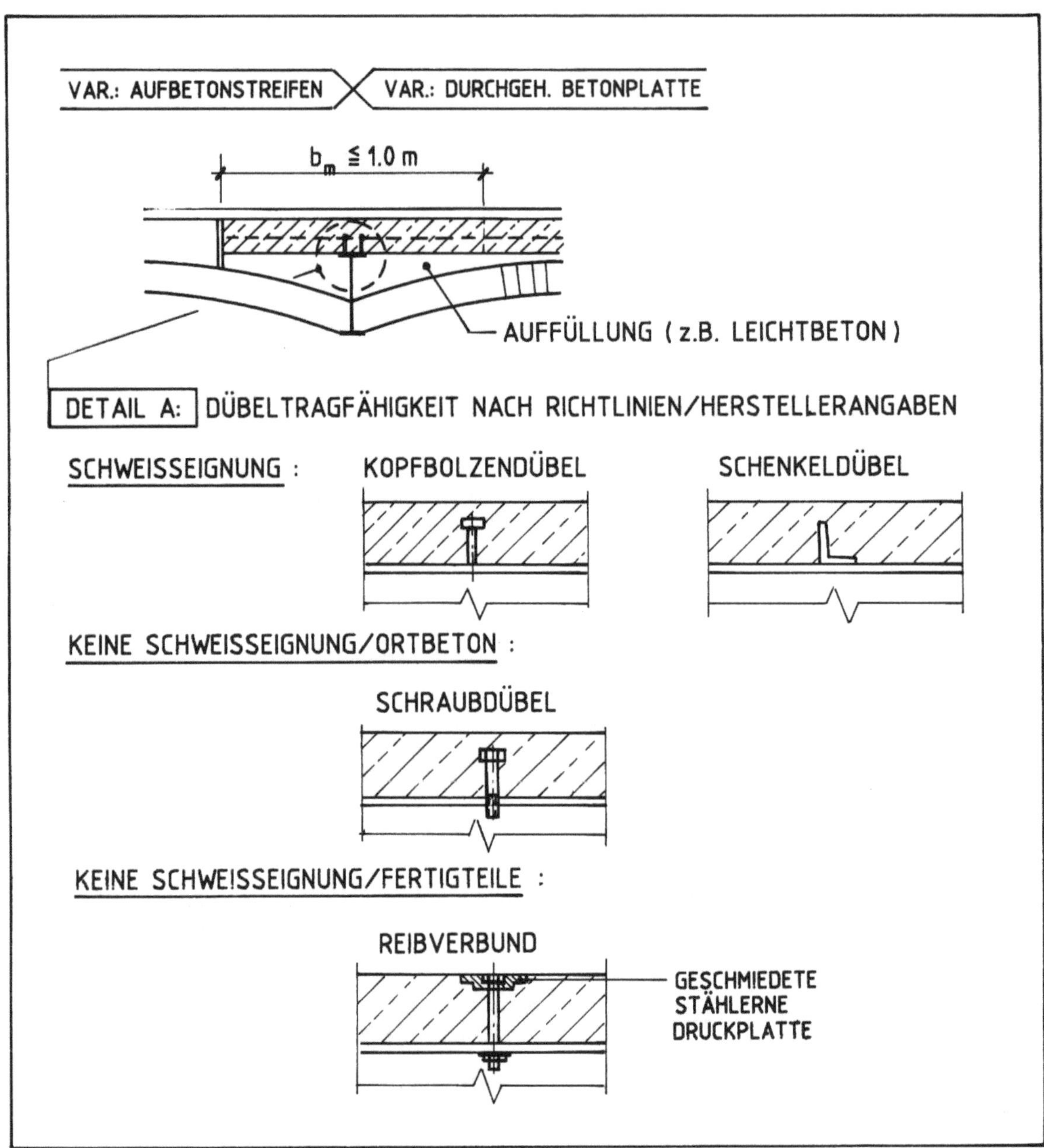

Abb. 6.10: Verbundkonstruktion zur Verstärkung von Traversen

6.5.3. SANIERUNG VON WIDERLAGERN UND SCHLIESSEN

Für die Sanierung von Widerlagern sind die in Kapitel 4 beschriebenen Verfahren wesentlich. Bei Schließen empfiehlt sich im Schadensfall der Ersatz der Konstruktion.

6.6. DECKENTAUSCH

Scheint aus wirtschaftlichen oder konstruktiven Gründen die Erhaltung einer Deckenkonstruktion nicht möglich, muß der Austausch gegen eine neue, meist als Fertigteildecke ausgebildete Konstruktion vorgenommen werden.

Zu beachtende Kriterien:

6.6.1. DECKENEINSPANNUNG

Da die neue Deckenkonstruktion entweder auf Mauerwerksvorsprüngen gelagert oder in einen Mauerschlitz verlegt wird, kann die beim Neubau aus der Auflast des weiterführenden Mauerwerks resultierende Einspannung nicht aktiviert werden (Abb. 6.11).

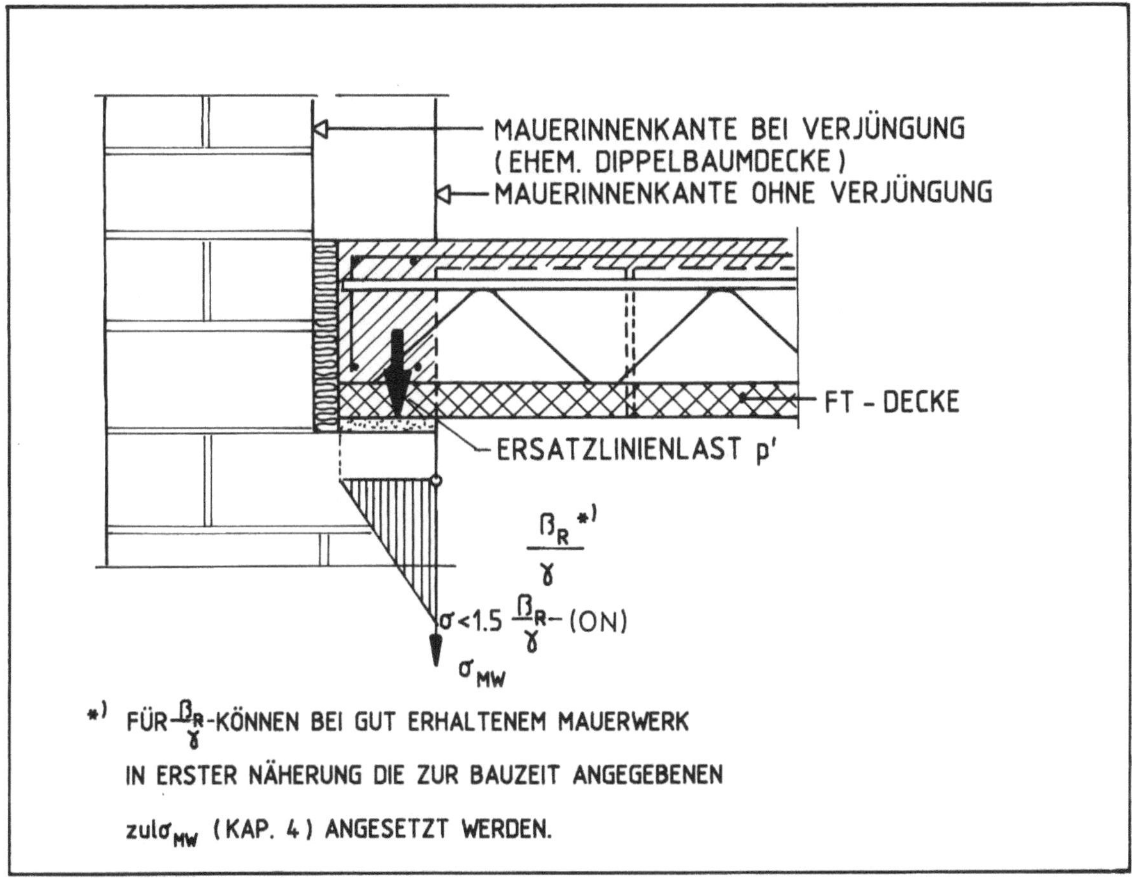

Abb. 6.11: Deckenauflager bei Deckentausch

Da aber bei den tabellierten Bemessungstafeln für Fertigteildecken bezüglich des Durchbiegungsnachweises teilweise ein Einspannmoment zugrundegelegt ist, können die entsprechenden Angaben nicht unmittelbar übernommen werden. Im Zweifelsfall empfiehlt sich eine Nachrechnung aufgrund der aus den Zulassungen erkennbaren Berechnungsgrundlagen.

6.6.2. VERSCHLIESSUNGSKONSTRUKTIONEN

Da beim Entfernen der vorhandenen Decken die Verschließungskonstruktionen ebenfalls meist abgebrochen werden, sind entsprechende konstruktive Maßnahmen zur Wiederherstellung der horizontalen Aussteifung zu setzen (prinzipielle Vorschläge - siehe Abb. 6.12).

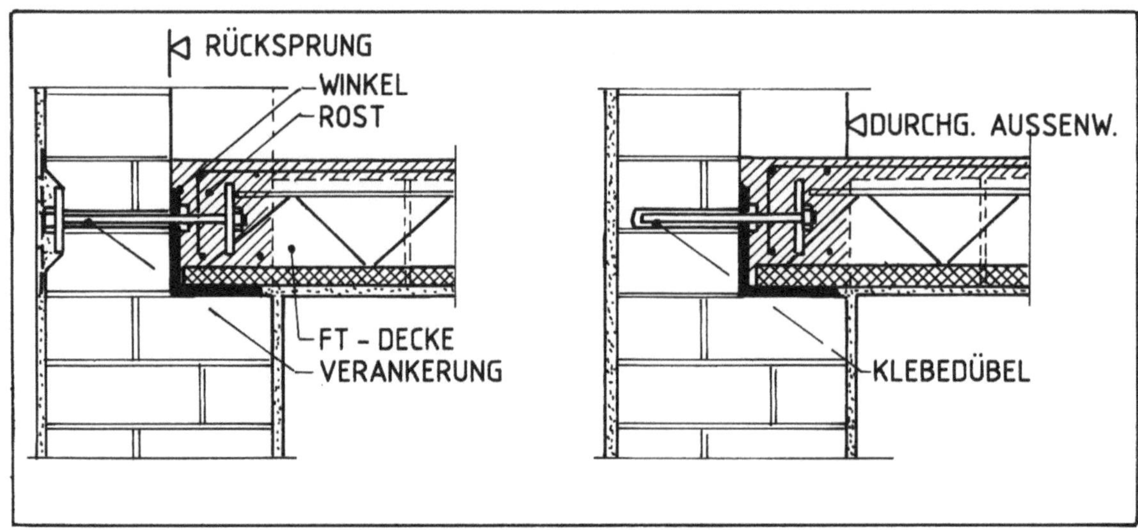

Abb. 6.12: Erneuerung von Verschließungskonstruktionen (Zugankern) bei Deckentausch

7. DACHKONSTRUKTIONEN

Die Darstellung konzentriert sich auf die Behandlung der Dachtragwerke. Auf Elemente der Dachhaut, wie Eindeckung und Verblechung, sowie Elemente der Dachentwässerung wird nicht eingegangen. (Die aufgrund der unterschiedlichen Eindeckungsmaterialien anzusetzenden Belastungen sind in Kapitel 3 aufgelistet.)

Da die Mehrzahl der Hochbauten während der Gründerzeit mit hölzernen Dachkonstruktionen ausgestattet wurde, liegt der Akzent der Ausführungen auf Konstruktionen aus Holz. Die im Industriebau und bei Repräsentationsbauten eingesetzten eisernen Dachstühle werden zusammenfassend erwähnt.
Die in den folgenden Abschnitten erläuterten Konstruktionstypen und Detaillösungen können nur eine generelle Typologie darstellen, da sich regional die unterschiedlichsten Varianten zu einzelnen Konstruktionen entwickelten.- Die Auseinandersetzung mit den im deutschen Sprachraum vertretenen Dachkonstruktionstypen der untersuchten Bauzeit würde den Rahmen des Berichtes sprengen; bezüglich derartiger Spezialfragen ist daher auf die weiterführende Fachliteratur zu verweisen. Aus diesem Grund wurde auch auf die Erörterung der Dachkonstruktionen von Türmen verzichtet.

7.1. BAUSYSTEME UND ANSCHLUSSDETAILS

Die Übersicht ist nach Tragwerken aus Holz und Eisen unterteilt; den Holztragwerken wurde aufgrund der dominierenden Stellung im Hochbau größeres Augenmerk geschenkt.

7.1.1. HÖLZERNE DACHTRAGWERKE

Der Überblick über die bei Gründerzeitbauten eingesetzten Dachtragwerke ist in Abb. 7.1 mit Informationen zur seinerzeitigen Dimensionierung ergänzt.
Die Bemessung der Dachtragwerke erfolgte bis in die letzten Jahrzehnte des vorigen Jahrhunderts bei Hochbauten meist nach Handwerksregeln ohne statische Bemessung. Vielfach resultierten daraus überdimensionierte Tragelemente mit entsprechenden Reserven. Durch die Einführung der statischen Bemessung konnten die Konstruktionen besser ausgenutzt werden, was sich in verringerten Querschnittsabmessungen niederschlug. Dieser Vorteil wurde jedoch durch die immer strengeren Anforderungen aus der Windbelastung (siehe auch Kapitel 3) zum Teil aufgehoben. In den Bemessungsangaben der Gründerzeit (siehe Abb. 7.1) blieben Windlasten bei der Bemessung der Dachkonstruktionen unberücksichtigt.
Die Belastungen infolge der Dacheindeckung sowie die zur Bauzeit gültigen Annahmen zu den Schneelasten gehen aus Kapitel 3 hervor. Die gegenwärtig bei leichten Eindeckungen in Hinsicht auf die Bemessung der Anschlüsse wesentlichen Soganteile der Windbelastung wurden durch die relativ hohen Gewichte der Dachsteine kompensiert. Schäden durch Windsog an alten Dachkonstruktionen sind daher quantitativ vernachlässigbar.

Die Bemessung der Anschluß- und Verbindungsdetails wurde großteils nach Handwerksregeln ohne statische Bemessung vorgenommen. Da im Zuge der Nachbemessung hölzerner Dachstühle (häufig in Verbindung mit nachträglichen Dacheinbauten oder -ausbauten) die Untersuchung der entsprechenden Details wesentlicher Beurteilungsfaktor ist, findet sich die Darstellung der entsprechenden Details unter Abschnitt 7.2. (Nachbemessung).

Die bei den in Abb. 7.1 aufgelisteten Dachkonstruktionen in der Regel verwendeten Anschlüsse verdeutlicht Tab. 7.1.

BEZEICHNUNG / SKIZZE	BEMESSUNGSHINWEISE (BAUZEIT) (N. DIESENER) (HORIZONTALKRÄFTE – WINDDRUCK – WURDEN NICHT BERÜCKSICHTIGT !)
EINFACHES SPARRENDACH 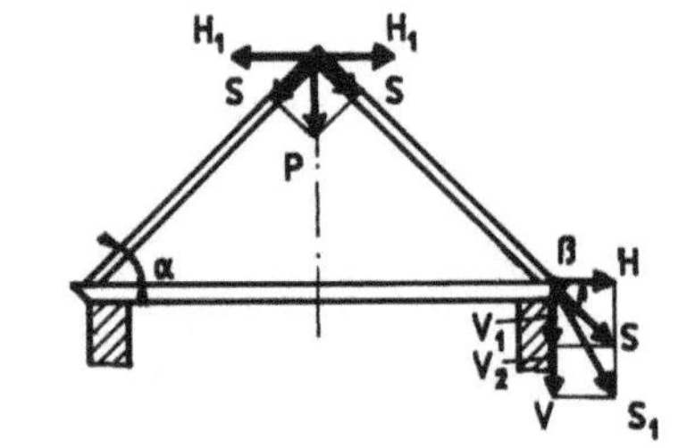	$Q = V$ (LOTRECHTE BELASTUNG EINES SPARRENS) $H = \dfrac{V}{2} \cdot \cot \alpha \qquad V_1 = \dfrac{V}{2}$ $S_1 = V \cdot \sqrt{\dfrac{\cot^2 \alpha}{4} + 1} \qquad V_2 = \dfrac{V}{2}$ $\operatorname{tg} \beta = 2 \cdot \operatorname{tg} \alpha$ (BEMESSUNG DES SPARRENS AUF BIEGUNG)
EINFACHES KEHLBALKEN-DACH 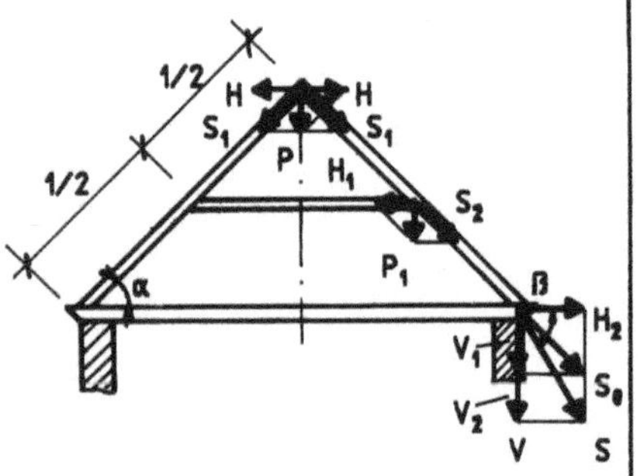	$Q = V$ (LOTRECHTE BELASTUNG EINES SPARRENS $P = \dfrac{3}{8} \cdot V \qquad\qquad H_2 = \dfrac{13}{16} \cdot V \cdot \cot \alpha$ $P_1 = \dfrac{5}{8} \cdot V \qquad\qquad V_1 = \dfrac{13}{16} \cdot V$ $S_1 = \dfrac{P}{\sin \alpha} = \dfrac{3}{16} \cdot V \cdot \dfrac{1}{\sin \alpha} \qquad H = \dfrac{P}{\operatorname{tg} \alpha} = \dfrac{3}{16} \cdot V \cdot \dfrac{1}{\operatorname{tg} \alpha}$ $S_2 = \dfrac{P_1}{\sin \alpha} = \dfrac{5}{8} \cdot V \cdot \dfrac{1}{\sin \alpha} \qquad H_1 = \dfrac{P_1}{\operatorname{tg} \alpha} = \dfrac{5}{8} \cdot V \cdot \dfrac{1}{\operatorname{tg} \alpha}$ $S_0 = S_1 + S_2 \qquad H_2 = \dfrac{V_1}{\operatorname{tg} \alpha} = \dfrac{13}{16} \cdot V \cdot \dfrac{1}{\operatorname{tg} \alpha}$ $S = \sqrt{H_2^2 + V^2} = V \cdot \sqrt{1 + \left(\dfrac{13}{16 \cdot \operatorname{tg} \alpha}\right)^2} \; ; \; \operatorname{tg} \beta = \dfrac{16 \cdot \operatorname{tg} \alpha}{13}$
KEHLBALKENDACH MIT EINFACH STEHENDEM STUHL 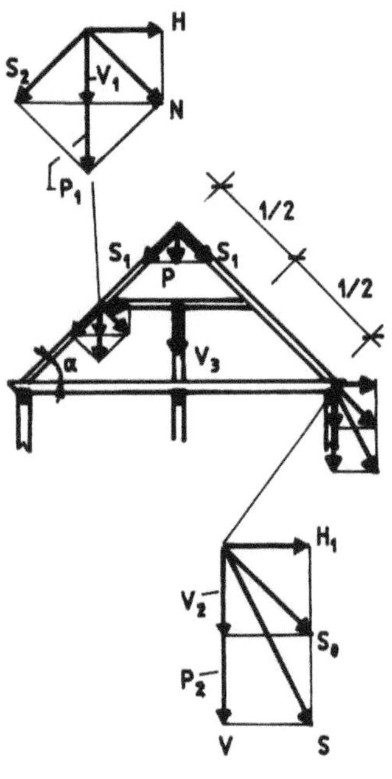	Q (LOTRECHTE BELASTUNG EINES SPARRENS) $P_1 = \dfrac{5}{8} \cdot Q \qquad\qquad V_1 = N \cdot \cos \alpha = \dfrac{5}{8} \cdot Q \cdot \cos^2 \alpha$ $P_2 = \dfrac{3}{16} \cdot Q \qquad\qquad H = N \cdot \sin \alpha = \dfrac{5}{16} \cdot Q \cdot \sin 2\alpha$ $P = \dfrac{3}{8} \cdot Q \qquad\qquad S_0 = S_1 + S_2 = \dfrac{Q \cdot (3 + 10 \cdot \sin^2 \alpha)}{16 \cdot \sin \alpha}$ $S_1 = \dfrac{P}{2 \cdot \sin \alpha} = \dfrac{3 Q}{16 \cdot \sin \alpha}$ $N = P_1 \cdot \cos \alpha = \dfrac{5}{8} \cdot Q \cdot \cos \alpha$ $S_2 = P_1 \cdot \sin \alpha = \dfrac{5}{8} \cdot Q \cdot \sin \alpha$ $H_1 = S_0 \cdot \cos \alpha = \dfrac{3}{16} \cdot Q \cdot \cot \alpha + \dfrac{5}{16} \cdot Q \cdot \sin 2\alpha$ $V_2 = S_0 \cdot \sin \alpha = \dfrac{3}{16} \cdot Q + \dfrac{5}{8} \cdot Q \cdot \sin^2 \alpha$ $V = V_2 + P_2 = \dfrac{Q}{8} \cdot (3 + 5 \cdot \sin \alpha)$ $n\ldots$ ANZAHL DER GEBINDE $\qquad V_3 = 2n \cdot V_1 = \dfrac{5 n \cdot Q \cdot \cos^2 \alpha}{4}$ $S = \sqrt{V^2 + H_1^2} = \dfrac{Q}{16} \sqrt{4 \cdot (3 + 5 \sin \alpha)^2 + \cot^2 \alpha \cdot (3 + 10 \sin^2 \alpha)^2}$

Abb. 7.1: Vorherrschende Typen von Dachtragwerken der Gründerzeit

BEZEICHNUNG / SKIZZE	BEMESSUNGSHINWEISE (BAUZEIT) (N. DIESENER) (HORIZONTALKRÄFTE – WINDDRUCK – WURDEN NICHT BERÜCKSICHTIGT !)
KEHLBALKENDACH MIT DOPPELT STEHENDEM STUHL	Q ... LOTRECHTE BELASTUNG EINES SPARRENS $P_1 = \frac{5}{8} \cdot Q \qquad H = N.\sin \alpha = \frac{5}{16} \cdot Q.\sin 2\alpha$ $P = \frac{3}{8} \cdot Q \qquad V_1 = N.\cos \alpha = \frac{5}{8} \cdot Q.\cos^2 \alpha$ $P_2 = \frac{3}{16} \cdot Q \qquad S_0 = S_1 + S_2 = \frac{Q.(3+10.\sin^2 \alpha)}{16 . \sin \alpha}$ $S_1 = \frac{P}{2.\sin \alpha} = \frac{3.Q}{16.\sin \alpha} \qquad H_1 = S_0 .\cos \alpha = \frac{Q}{16}.\cot \alpha.(3+10\sin^2 \alpha)$ $N = P_1 .\cos \alpha = \frac{5}{8} \cdot Q.\cos \alpha \qquad V_2 = S_0 .\sin \alpha = \frac{Q}{16}.(3+10\sin^2 \alpha)$ $S_2 = P_1 .\sin \alpha = \frac{5}{8} \cdot Q.\sin \alpha \qquad V = V_2 + P_2 = \frac{Q}{8}.(3+5\sin^2 \alpha)$ n... ANZAHL DER GEBINDE $\qquad V_3 = n . V_1 = n . \frac{5}{8} . Q.\cos^2 \alpha$ $$S =\sqrt{V^2 + H_1^2} = \frac{Q}{16} . \sqrt{4 . (3+5\sin^2 \alpha) + \cot^2 \alpha.(3+10\sin^2 \alpha)}$$
DACH MIT FIRSTPFETTE (FORSTRÄHM)	Q ... LOTRECHTE BELASTUNG EINES SPARRENS $P = Q \qquad V_1 = N.\cos \alpha = \frac{Q}{2}.\cos \alpha$ $P_1 = \frac{Q}{2} \qquad V = P_1 + V_2 = \frac{Q}{2} + S_1 .\sin \alpha$ $S_1 = \frac{Q}{2} . \sin \alpha \qquad H_1 = S_1 . \cos \alpha$ $N = \frac{Q}{2} . \cos \alpha \qquad V_2 = S_1 . \sin \alpha$
DACH MIT DREIFACH STEHENDEM STUHL	Q ... LOTRECHTE BELASTUNG AUF DAS HALBE DACH JE SPARREN $P = \frac{3}{8}.Q \qquad V_2 = N_1 .\cos \alpha = \frac{5}{8}.Q.\cos^2 \alpha$ $P_1 = \frac{5}{8} . Q \qquad P_2 = \frac{3}{16} . Q \qquad H_1 = N_1 .\sin \alpha = \frac{5}{16}.Q.\sin 2\alpha$ $S_1 = \frac{P}{2}.\sin \alpha = \frac{3}{16}.Q.\sin \alpha \qquad S_3 = S_1 + S_2 = \frac{3}{16}.Q.\sin \alpha + \frac{5}{8}.Q.\sin \alpha =$ $N = \frac{P}{2}.\cos \alpha = \frac{3}{16}.Q.\cos \alpha \qquad = \frac{13}{16}.Q.\sin \alpha$ $V_1 = N.\cos \alpha = \frac{3}{16}.Q.\cos^2 \alpha \qquad S_0 = S_1 + S_2 = \frac{13}{16}.Q.\sin \alpha$ $S_2 = P_1 .\sin \alpha = \frac{5}{8}.Q.\sin \alpha \qquad V_3 = S_3 .\sin \alpha = \frac{13}{16}.Q.\sin^2 \alpha$ $N_1 = P_1 .\cos \alpha = \frac{5}{8}.Q.\cos \alpha \qquad H_2 = S_3 . \cos \alpha = \frac{13}{16}.Q.\sin 2\alpha$ $V_4 = S_3 .\sin \beta = \frac{13}{16}.Q.\sin \alpha.\sin \beta$ $H_3 = S_3 .\cos \beta = \frac{13}{16}.Q.\sin \alpha.\cos \beta \qquad S = \sqrt{V^2 + H_3^2}$ $V = V_3 + P_2 + V_4 = \frac{Q}{16} . (3 + 13.\sin \alpha(\sin \alpha + \sin \beta))$

Abb. 7.1 (Fortsetzung)

BEZEICHNUNG / SKIZZE	BEMESSUNGSHINWEISE (BAUZEIT) (N. DIESENER) (HORIZONTALKRÄFTE – WINDDRUCK – WURDEN NICHT BERÜCKSICHTIGT !)
DACH MIT LIEGENDEM STUHL	Q… LOTRECHTE BELASTUNG EINES SPARRENS
MANSARDEDÄCHER	Q … LOTRECHTE BELASTUNG EINES SPARRENS bc Q_1… LOTRECHTE BELASTUNG EINES SPARRENS ab

DACH MIT LIEGENDEM STUHL

Q… LOTRECHTE BELASTUNG EINES SPARRENS

$$P_0 = P_2 = \frac{3}{16}.Q \qquad H_1 = S_3.\cos\beta = \frac{5}{8}.Q.\cos^2\alpha.\cot\beta$$

$$P_1 = \frac{5}{8}.Q \qquad V_1 = S_3.\sin\beta = \frac{5}{8}.Q.\cos^2\alpha$$

$$P = \frac{3}{8}.Q \qquad S_4 = S_1 + S_2 = \frac{Q}{16.\sin\alpha}.(3+10Q.\sin^2\alpha)$$

$$S_1 = \frac{P_0}{\sin\alpha} = \frac{3.Q}{16.\sin\alpha} \qquad H_2 = S_4.\cos\alpha = \frac{Q}{16}.\cot\alpha.(3+10Q.\sin^2\alpha)$$

$$S_2 = P_1.\sin\alpha = \frac{5}{8}.Q.\sin\alpha \qquad V_2 = S_4.\sin\alpha = \frac{Q}{16}.(3+10Q.\sin^2\alpha)$$

$$N = P_1.\cos\alpha.\frac{5}{8}.Q.\cos\alpha \qquad V = V_2 + P_2 = \frac{Q}{8}.(3+5Q.\sin^2\alpha)$$

$$H = \frac{5.Q.\cos\alpha.\cos(\beta-\alpha)}{8.\sin\beta}$$

$$S_3 = \frac{N.\sin(90-\alpha)}{\sin\beta} = \frac{5.Q.\cos^2\alpha}{8.\sin\beta}$$

$$S = \sqrt{V^2 + H_2^2} \qquad \gamma(S) = \operatorname{arctg}\frac{V}{H_2}$$

MANSARDEDÄCHER

Q … LOTRECHTE BELASTUNG EINES SPARRENS bc
Q_1 … LOTRECHTE BELASTUNG EINES SPARRENS ab

$$S_1 = \frac{Q}{2.\sin\alpha} \qquad\qquad H_1.\overline{bf} = V.\overline{af}$$

$$H_1 = S_1.\cos\alpha = \frac{Q}{2}.\cot\alpha \qquad H_1 = V.\cot\beta$$

$$V_1 = S_1.\sin\alpha = \frac{Q}{2}$$

$$V_0 = \frac{Q}{2} \; ;$$

$$V_2 = V_0 + V_1 = Q$$

$$V = Q + \frac{Q_1}{2}$$

$$S_2 = \frac{V}{\sin\beta}$$

$$H_2 = V.\cot\beta = S_2.\cos\beta$$

$$H_3 = S_2.\cos\beta = H_2$$

$$V_3 = S_2.\sin\beta = V$$

$$V_{ges} = V_3 + \frac{Q_1}{2} = Q + Q_1$$

Abb. 7.1 (Fortsetzung)

ZU VERBINDENDE BALKEN		GEEIGNETSTE HOLZVERBINDUNG	VERBINDUNGS-MITTEL
MIT			
SPARREN	SPARREN	SCHERZAPFEN	HOLZNAGEL
SPARREN	PFETTE	AUFKLAUUNG	KLAMMER ODER SCHIFTNAGEL
SÄULE	PFETTE	ZAPFEN	KLAMMER
SÄULE	STREBE	VERSATZ	KLAMMER
SÄULE	RIEGEL	VERSATZ	KLAMMER
SÄULE	BUNDTRAM	STUMPFER STOSS	HÄNGEEISEN
STREBE	BUNDTRAM	VERSATZ	KLAMMER
ZANGE	SPARREN		
ZANGE	STREBE	} ÜBERBLATTUNG	BOLZEN
ZANGE	SÄULE		
BUG	PFETTE	ZAPFEN	KLAMMER
BUG	RIEGEL	ZAPFEN	KLAMMER
BUG	SÄULE	JAGZAPFEN	KLAMMER
WECHSEL	SPARREN	ZAPFEN	HOLZNAGEL

Tab. 7.1: Anschlüsse zu den Konstruktionen gemäß Abb. 7.1

7.1.2. EISERNE DACHTRAGWERKE

Eiserne Dachtragwerke wurden in größerem Umfang primär bei Industriebauten bzw. zur Überdeckung größerer Spannweiten bei Repräsentationsbauten und Veranstaltungsstätten verwendet.

Entscheidend für die Verbreitung der eisernen Dachstühle war das 1840 von Camille Polonceau vorgestellte Tragsystem, das später nach diesem benannt werden sollte. Der "Polonceau-Binder" wurde in dieser ersten Veröffentlichung noch als aus Holz- und Eisenelementen zusammengesetztes Tragwerk beschrieben.

Von derartigen Holzeisendachstühlen wurde aber wegen der aus dem Schwinden der Holzteile resultierenden Schäden und der hohen Kosten für die jeweils speziell angefertigten (gegossenen) Anschlüsse der Holzbalken bald abgegegangen und je nach Einsatz entweder ein Holz- oder ein Eisentragwerk ausgeführt.
(Eine derartige Konstruktion - Spannweiten 10m - wurde 1864 bei der Errichtung der Zentralmarkthalle in Wien eingesetzt. Die Bemessung der Binderkonstruktionen erfolgte nach statischer Berechnung durch Josef Langer; das Objekt wurde erst 1972 abgebrochen.)

Die Zusammenfassung der in der Gründerzeit üblichen eisernen Dachstühle ist in Abb. 7.2 nach den wesentlichsten Konstruktionstypen unterteilt.

Im Gegensatz zu hölzernen Konstruktionen wurden eiserne Dachstühle infolge der höheren Materialkosten und des dadurch bedingten Zwanges wirtschaftlicher Bemessung fast ausschließlich aufgrund statischer Berechnungen dimensioniert. Dabei griff man (vgl. Kapitel 1) auf graphostatische Verfahren zurück.

BEZEICHNUNG , SKIZZEN	SPANNWEITEN
DREIECK – DACH STEILE – FLACHE DÄCHER H … HÄNGESÄULE	$l = 4 – 6\ m$
DEUTSCHER DACHSTUHL STEILE – FLACHE DÄCHER	$l = 6 – 10\ m$
POLONCEAU – DACHSTÜHLE STEILE – FLACHE DÄCHER Z … ZUGSTANGE STEILE – FLACHE DÄCHER	$l = 10 – 15\ m$ $l = 15 – 20\ m$ $l = 20 – 30\ m$

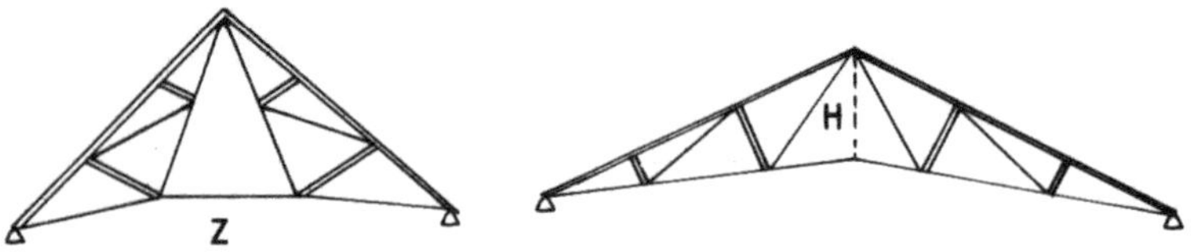

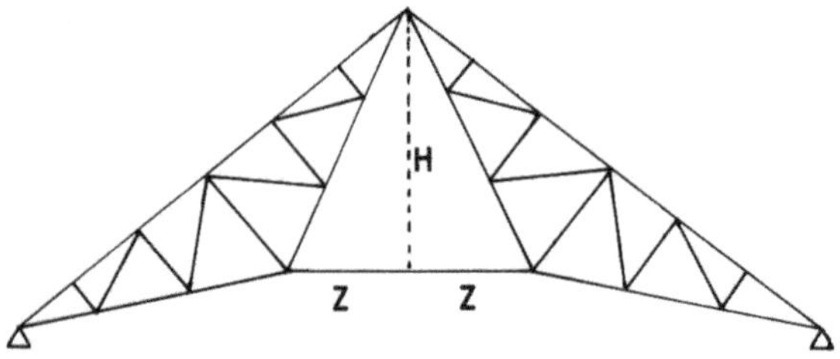

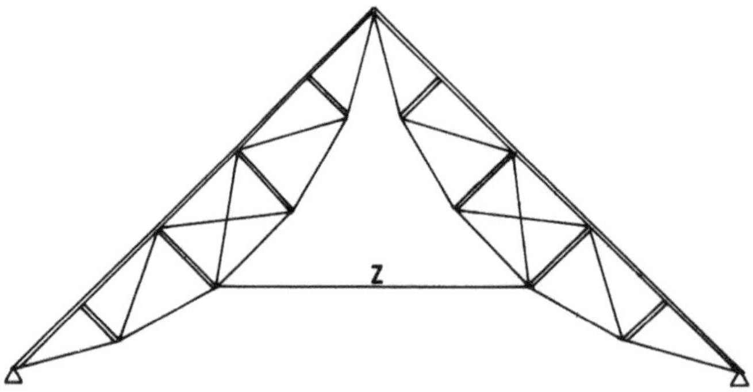

Abb. 7.2: Eiserne Dachstühle

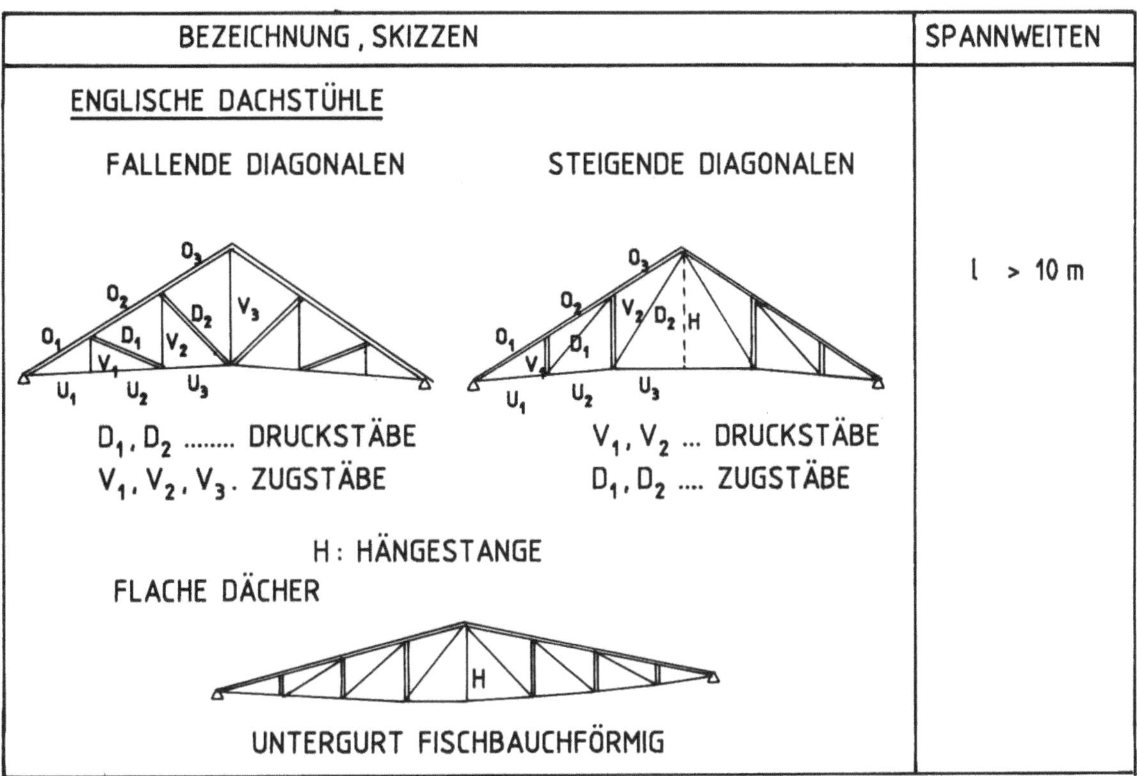

Abb. 7.2 (Fortsetzung)

Als Verbindungsmittel waren bei eisernen Konstruktionen Nietanschlüsse üblich, in geringerem Ausmaß auch Schraubverbindungen. Angaben zur seinerzeitigen Bemessung dieser Verbindungen sind, soweit sie für die Nachbemessung von Interesse sein könnten, in Abb. 7.4 erfaßt, typische Knotendetails in Abb. 7.5.

Hinsichtlich der konstruktiven Ausbildung der Belichtungselemente (Verglasung bei Sheddächern, aufgesetzte Laternen u.v.m.) ist die weiterführende Literatur heranzuziehen.

Um die Jahrhundertwende kamen zur Überdeckung einfacher Industriebauten (gewerbliche Anlagen in gemischten Baugebieten, z.B. im Hof von Wohnblöcken) in zunehmendem Maß Wellblechdächer zum Einsatz, die aufgrund der Bogentragwirkung die Verwendung von Binderkonstruktionen überflüssig machten.

Konstruktionstyp, Detailanschlüsse und Hinweise zur seinerzeitigen Bemessung dieser Konstruktionen enthält Abb. 7.6.

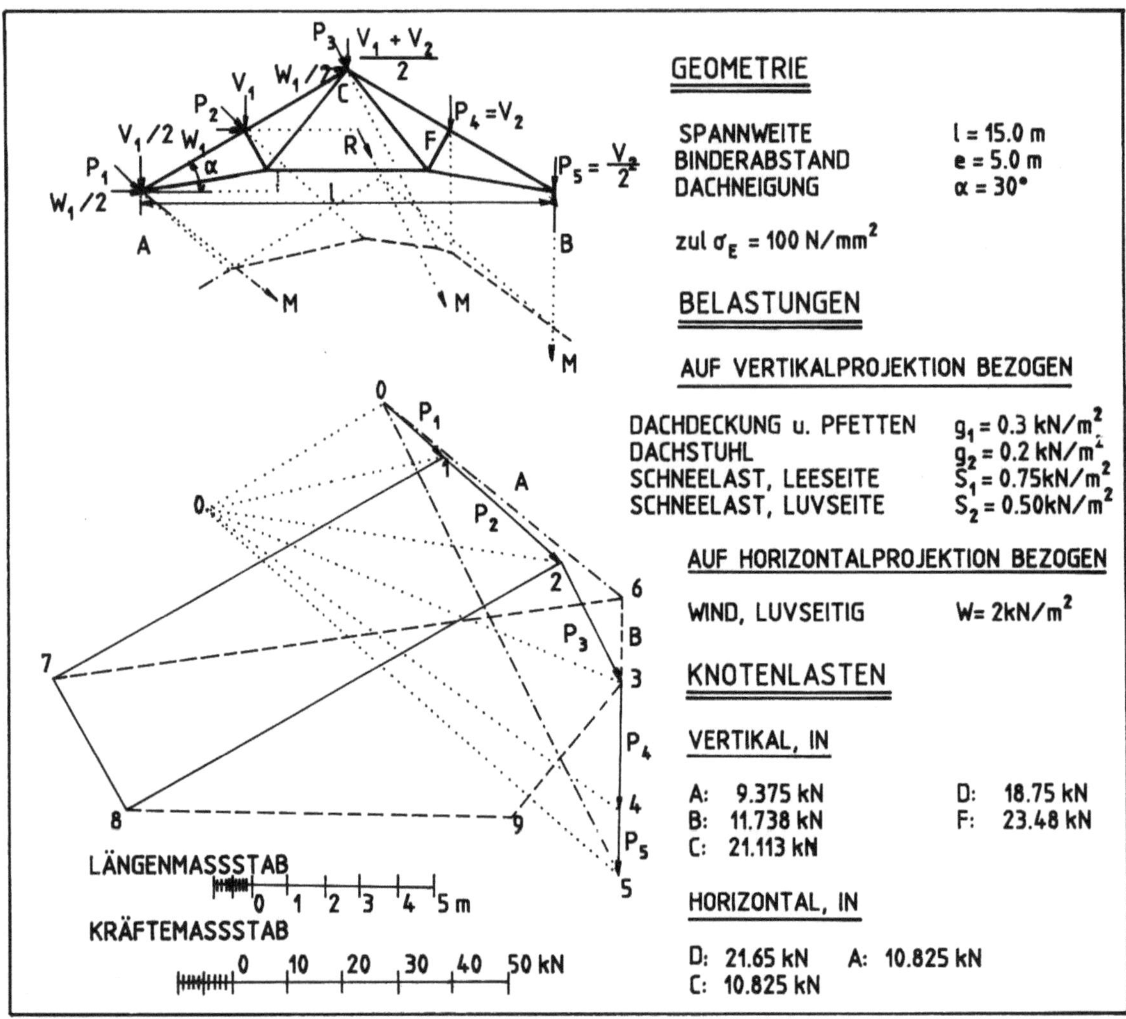

Abb. 7.3: Beispiel für die Aufstellung eines "Cremona-Planes" für einen einfachen Polonceau-Binder

NIETVERBINDUNGEN

NIETKÖPFE

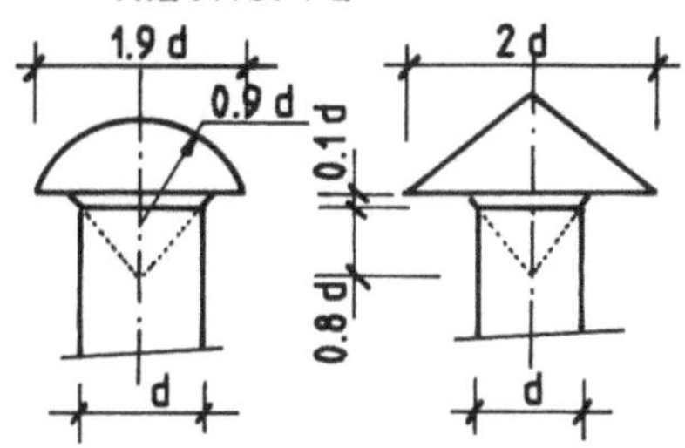

Versenkter Nietkopf

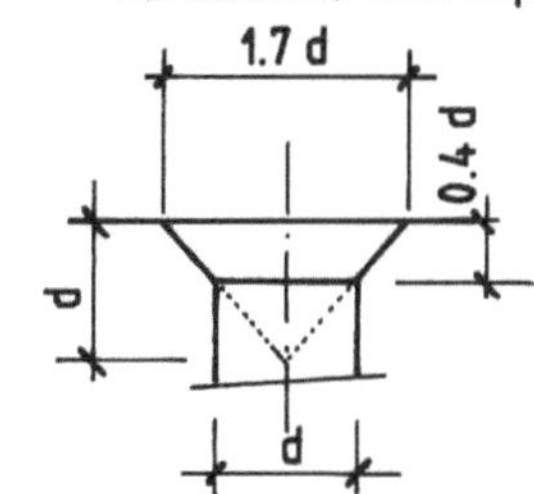

ZULÄSSIGE SPANNUNGEN
(ÖIAV 1902)

BLECH: ZUG $\text{zul}\,\sigma_Z = 100\ \text{N/mm}^2$

        ABSCHER. $\text{zul}\,\tau = 80\ \text{N/mm}^2$

        LAIBUNGSDRUCK

        $\text{zul}\,\sigma_L = 120\ \text{N/mm}^2$

NIET : ZUG $\text{zul}\,\sigma_Z = 100\ \text{N/mm}^2$

      ABSCHER. $\text{zul}\,\tau' = 100\ \text{N/mm}^2$

EINSCHNITTIGE VERNIETUNG

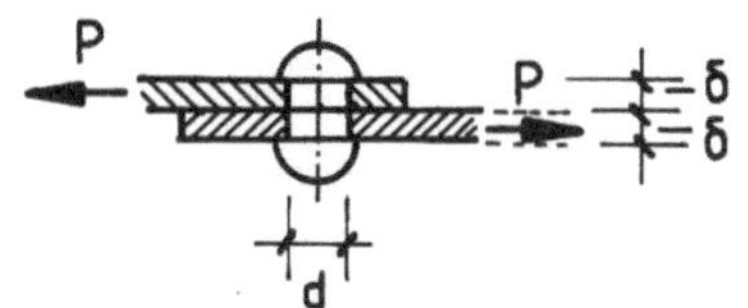

$$P = n \cdot \frac{d^2}{4} \cdot \pi \cdot \text{zul}\,\tau'$$

$$P = n \cdot d \cdot \delta \cdot \text{zul}\,\sigma_L \quad \left(\text{FALLS}\ \delta \leq \frac{\pi}{4} \cdot \frac{\text{zul}\,\tau'}{\text{zul}\,\sigma_Z} \cdot d \right)$$

$n \dots$ NIETANZAHL

ZWEISCHNITTIGE VERNIETUNG

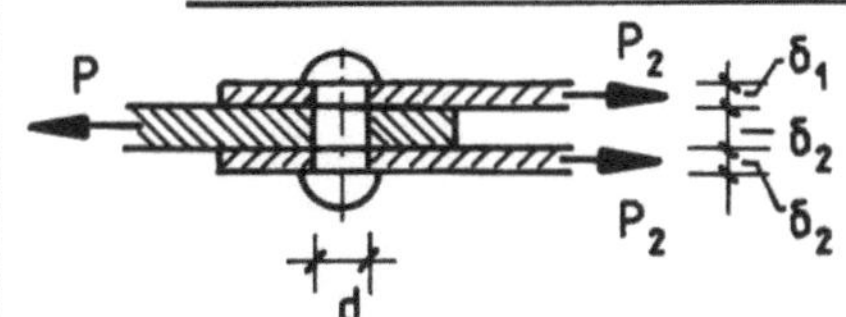

$$P = 2n \cdot \frac{d^2}{4} \cdot \pi \cdot \text{zul}\,\tau'$$

$$P = n \cdot d \cdot \delta \cdot \text{zul}\,\sigma_L \quad ; \quad \delta = \delta_2 = 2 \cdot \delta_1$$

SCHRAUBVERBINDUNGEN   (WHITWORTH – SCHRAUBEN – UM 1900)

BOLZEN DURCHMESSER d_2	AUSSENDURCHMESSER GEWINDE d		GEWINDEGÄNGE AUF LÄNGE d	INNENDURCH- MESSER d_1	SCHLÜSSEL- WEITE D
mm	ENGL.–ZOLL	mm	–	mm	mm
8	1/4	6.4	5	4.8	14
12	7/16	11.1	6.125	8.8	21
14	1/2	12.7	6	10.0	23
20	3/4	19.0	7.5	15.8	32
30	11/8	28.6	8.125	23.9	45
39	11/2	38.1	9	32.7	58
⋮					
103	4	101.6	12	90.7	147

ZULÄSSIGE SPANNUNGEN (UM 1900)

ZUG $\text{zul}\,\sigma_Z = 60\ \text{N/mm}^2$

ABSCHERUNG $\text{zul}\,\tau = 100\ \text{N/mm}^2$

LAIBUNGSDRUCK $\text{zul}\,\sigma_L = 114\ \text{N/mm}^2$

BEMESSUNG WIE BEI NIETEN

(BEI ZUG AUF $A_S = \frac{d_1^2}{4} \cdot \pi$)

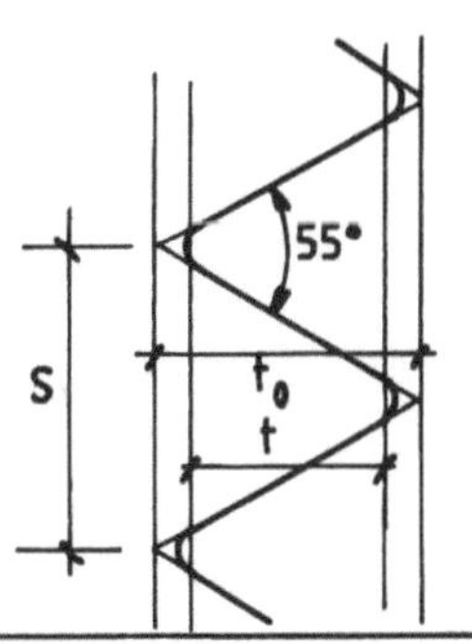

Abb. 7.4: Niet-, Schraub- und Bolzenverbindungen/Bemessung um 1900

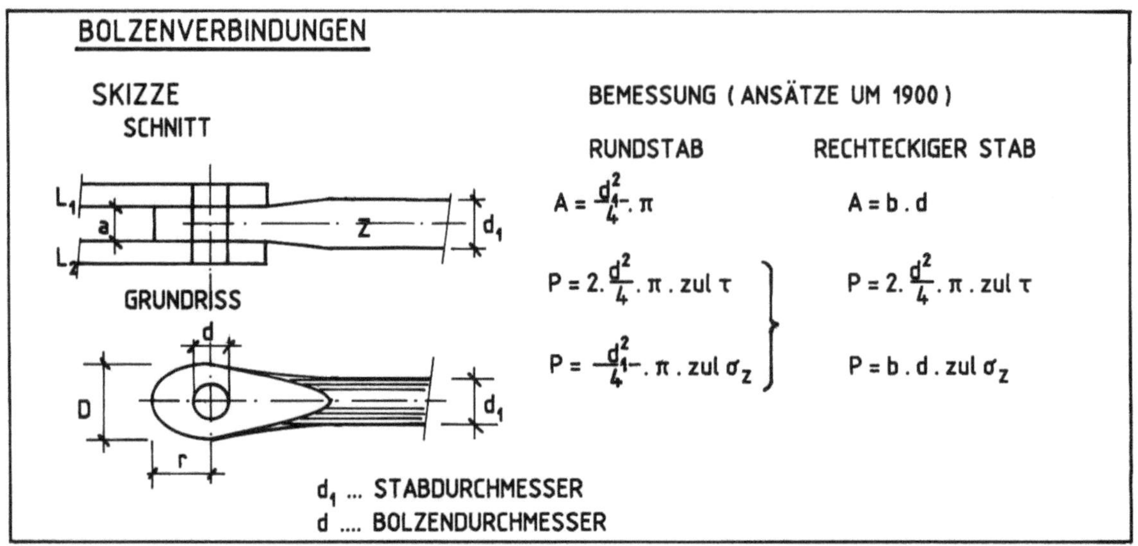

$$A = \frac{d^2}{4} \cdot \pi \qquad\qquad A = b \cdot d$$

$$P = 2 \cdot \frac{d^2}{4} \cdot \pi \cdot \text{zul } \tau \qquad P = 2 \cdot \frac{d^2}{4} \cdot \pi \cdot \text{zul } \tau$$

$$P = \frac{d_1^2}{4} \cdot \pi \cdot \text{zul } \sigma_z \qquad P = b \cdot d \cdot \text{zul } \sigma_z$$

Abb. 7.4 (Fortsetzung)

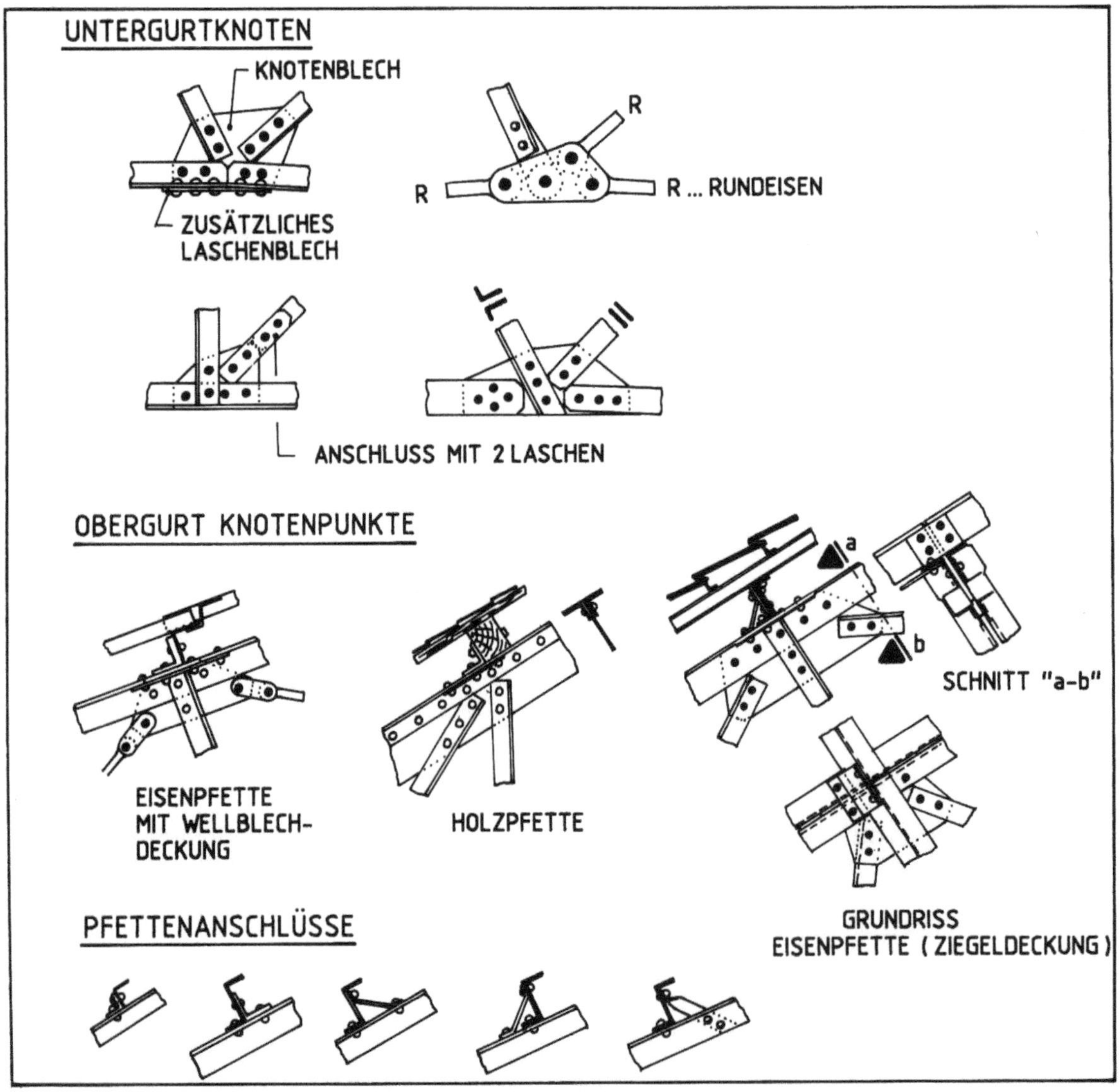

Abb. 7.5: Knotendetails eiserner Dachkonstruktionen

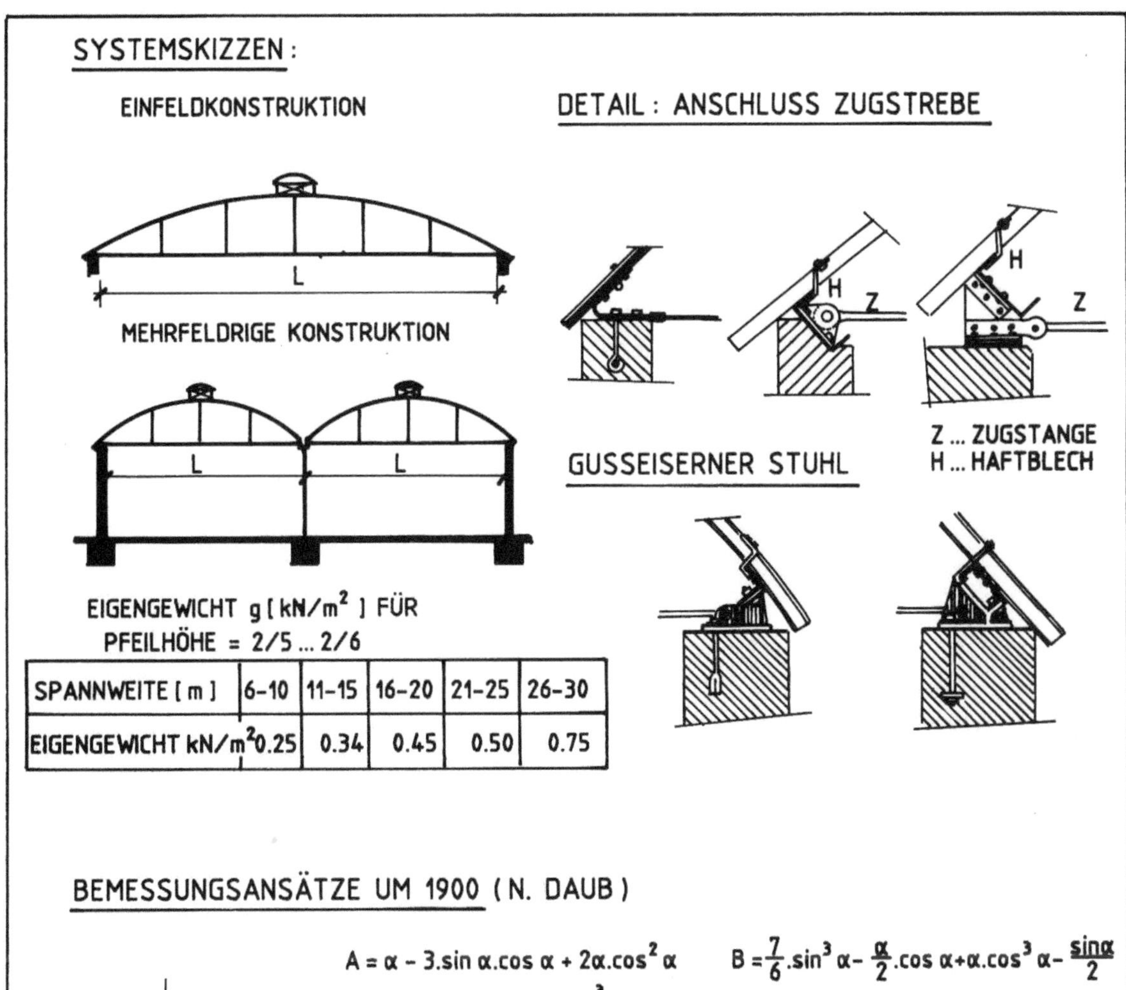

SPANNWEITE [m]	6-10	11-15	16-20	21-25	26-30
EIGENGEWICHT kN/m²	0.25	0.34	0.45	0.50	0.75

BEMESSUNGSANSÄTZE UM 1900 (N. DAUB)

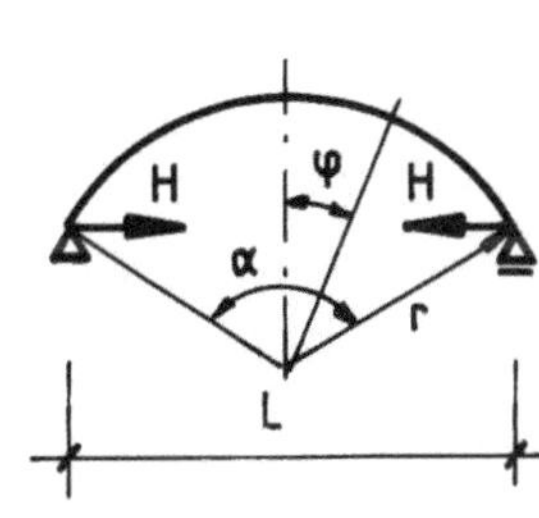

$$A = \alpha - 3.\sin\alpha.\cos\alpha + 2\alpha.\cos^2\alpha$$

$$B = \frac{7}{6}.\sin^3\alpha - \frac{\alpha}{2}.\cos\alpha + \alpha.\cos^3\alpha - \frac{\sin\alpha}{2}$$

$$C = \alpha.\sin\alpha + \cos\alpha + \frac{\cos^3\alpha}{3} - \frac{4}{3}$$

$$C_1 = \alpha - 3.\sin\alpha.\cos\alpha + 2\alpha.\cos^2\alpha$$

$$D = \frac{9}{4}.\sin^2\alpha - 2 + 2.\cos\alpha + \frac{\alpha^2}{4} + \alpha^2.\cos^2\alpha - \frac{5}{2}\alpha.\sin\alpha.\cos\alpha$$

$$D_1 = \frac{9}{4}.\sin^2\alpha - 2 + 2.\cos\alpha - \alpha^2.(\cos^2\alpha + \frac{3}{4}) + \frac{5}{2}.\alpha.\sin\alpha.\cos\alpha -$$
$$-3.\sin^2\alpha.\cos^2\alpha + \frac{\alpha}{2}.\sin^2\alpha.\cos^2\alpha$$

A_{bl} ... QUERSCHNITTSFLÄCHE WELLBLECH PRO m

J .... TRÄGHEITSMOMENT WELLBLECH PRO m

A_z .... QUERSCHNITTSFLÄCHE ZUGSTANGE

[q , W .... AUF 1 m BEZOGEN]

Abb. 7.6: Wellblechdächer

BELASTUNG	H — GENAU	H — NÄHERUNG	max M	φ (maxM)
q	$\dfrac{(B.\frac{r^2}{J} - \frac{2.\sin^3\alpha}{A_{bi}}).r^2.q}{\frac{1}{A_z} + A.\frac{r^3}{J} + (\alpha + \sin\alpha.\cos\alpha).\frac{r}{A_{bi}}}$	$\dfrac{B.r.q}{A}$	$-[\frac{1}{2}.(\frac{B}{A})^2 - \frac{B}{A}.\cos\alpha + \frac{\cos^2\alpha}{2}].r^2.q$	$\arccos(\frac{B}{A})$
q_1 ; v_1 , v_2	$\dfrac{B.r^4.q_1}{2.(\frac{l.J}{A_z} + A.r^3)}$	$\dfrac{B.r.q_1}{2.A}$	1) $[\frac{A}{2B}.(\sin^2\alpha - 2\sin^2\varphi + \sin\alpha.\sin\varphi) - \cos\varphi + \cos\alpha].r.H$ 2) $-[\cos\varphi-\cos\alpha - \frac{A}{2B}.(\sin^2\alpha - \sin\alpha.\cos\varphi].r.H$	1) $\sin\alpha - 4\sin\varphi + 2\frac{B}{A}\tan\varphi = 0$ 2) $\tan\varphi = \frac{A}{2B}.\sin\alpha$
w	$\dfrac{\frac{D.r^2}{J} + \frac{C}{J}}{\frac{1}{A_{bi}} + \frac{1}{A_z} + A.\frac{r^3}{J}} . \frac{r^2}{2} . W$	$\dfrac{D.r.W}{2.A}$	1) $\frac{1}{4}.(\sin\alpha - \alpha.\cos\alpha - \sin\varphi + 2.\varphi.\cos\varphi - \alpha.\cotg\alpha.\sin\varphi).r^2.w - (\cos\varphi-\cos\alpha).r.H$ 2) $\frac{1}{4}.(1-\alpha.\cotg\alpha).(\sin\alpha - \sin\varphi).r^2.w - (\cos\varphi - \cos\alpha).r.H$	1) $\cos\varphi.(1 - \alpha.\cotg\alpha)- 2.\sin\varphi.(\varphi- \frac{D}{A}) = 0$ 2) $\tan\varphi = (1 - \alpha.\cot\alpha).\frac{A}{2D}$
w	$\dfrac{\frac{D_1.r^2}{J} - \frac{C_1}{A_{bi}}}{\frac{1}{A_{bi}} + \frac{1}{A_z} + A.\frac{r^3}{J}} . \frac{r^2}{2} . W$	$\dfrac{D_1.r.W}{2.A}$	1) $\frac{1}{4}.[\sin\alpha + \alpha.\cos\alpha - \sin\varphi.(1-\alpha.\cotg\alpha) + (\cos\varphi-\cos\alpha).(\sin2\alpha-2\frac{D_1}{A})-2\alpha\cos\varphi].r^2.w$ 2) $\frac{1}{4}.[2\sin^3\alpha-\sin\alpha + \alpha.\cos\alpha - \sin\varphi.(1 + \alpha.\cotg\alpha)-2(\alpha - \varphi).\cos\varphi + \sin2\alpha.\cos\varphi-(\cos\varphi - \cos\alpha).\frac{D_1}{2A}].r^2.w$	1) $\tan\varphi = \dfrac{1 - \alpha.\cotg\alpha}{2\alpha - \sin2\alpha + \frac{2D_1}{A}}$ 2) $\tan\varphi = \dfrac{1 - \alpha.\cotg\alpha}{\sin2\alpha - 2.(\alpha + \frac{D_1}{A}) + 2\alpha}$
			1) BELASTETE BOGENHÄLFTE　　2) UNBELASTETE BOGENHÄLFTE	

Abb. 7.6 (Fortsetzung)

7.2. NACHBEMESSUNG VON DACHKONSTRUKTIONEN

Bezüglich der Nachbemessung von Dachtragwerken muß (vgl. Punkt 7.1.) nach hölzernen und eisernen Konstruktionen unterschieden werden. Dies hängt nicht nur mit den teilweise unterschiedlichen Konstruktionstypen, sondern vor allem auch mit der Tatsache zusammen, daß bei hölzernen Dachtragwerken in der Regel eine Überlagerung mehrerer Tragsysteme erkennbar ist; dies erhöhte zwar die Sicherheit der Konstruktionen, erschwert jedoch die statische Nachbehandlung bei komplizierten Strukturen.

7.2.1. HÖLZERNE DACHKONSTRUKTIONEN

Bei der Untersuchung hölzerner Dachkonstruktionen sind vorwiegend die Holzverbindungen hinsichtlich der statischen Wirkung (starrer oder gelenkiger Anschluß) zu beurteilen. Zapfenverbindung, Versatz und Überblattung können im allgemeinen als gelenkig angesehen werden.- Eine Übersicht über einige bei den behandelten Dachkonstruktionen verwendeten Verbindungsmittel ist in Abb. 7.7 zusammengestellt; die für die Nachbemessung anwendbaren Formeln wurden so weit wie möglich angeführt.

In den meisten Fällen gehen die Dachstühle auf statisch unbestimmte Konstruktionen zurück. Bei der Ermittlung der Verformungen ist der Einfluß der Normalkräfte nicht zu vernachlässigen. Dabei ist die Veränderlichkeit des E-Moduls im Bereich von Versatzanschlüssen zu berücksichtigen (siehe Abb. 7.8).

Zu beachtende Einflüsse sind der Schlupf (Abb. 7.9) der Holzverbindungen sowie Längenänderungen aufgrund von Schwindverformungen.

Die Nachrechnung von Holzdachtragwerken, die nicht oder nur unwesentlich von den auch heute gebräuchlichen Konstruktionsformen abweichen, ist anhand eines der zahlreichen Tabellenbücher möglich; für ausgefallenere Konstruktionen kommt in den meisten Fällen ein Stabwerkprogramm in Betracht.

In bezug auf die Belastungen (Windkräfte, Schneelasten, Nutzlasten speziell bei Dachausbauten) gelten die in den aktuellen Belastungsnormen vorgegebenen Werte. In diesem Zusammenhang ist besonders auf die bei Ersatz der Dachsteine durch eine leichte Eindeckung auftretenden Sogkräfte und deren Ableitung in die Tragstruktur des Gebäudes hinzuweisen. In vielen Fällen ist eine zusätzliche Verankerung der Mauerbank notwendig.

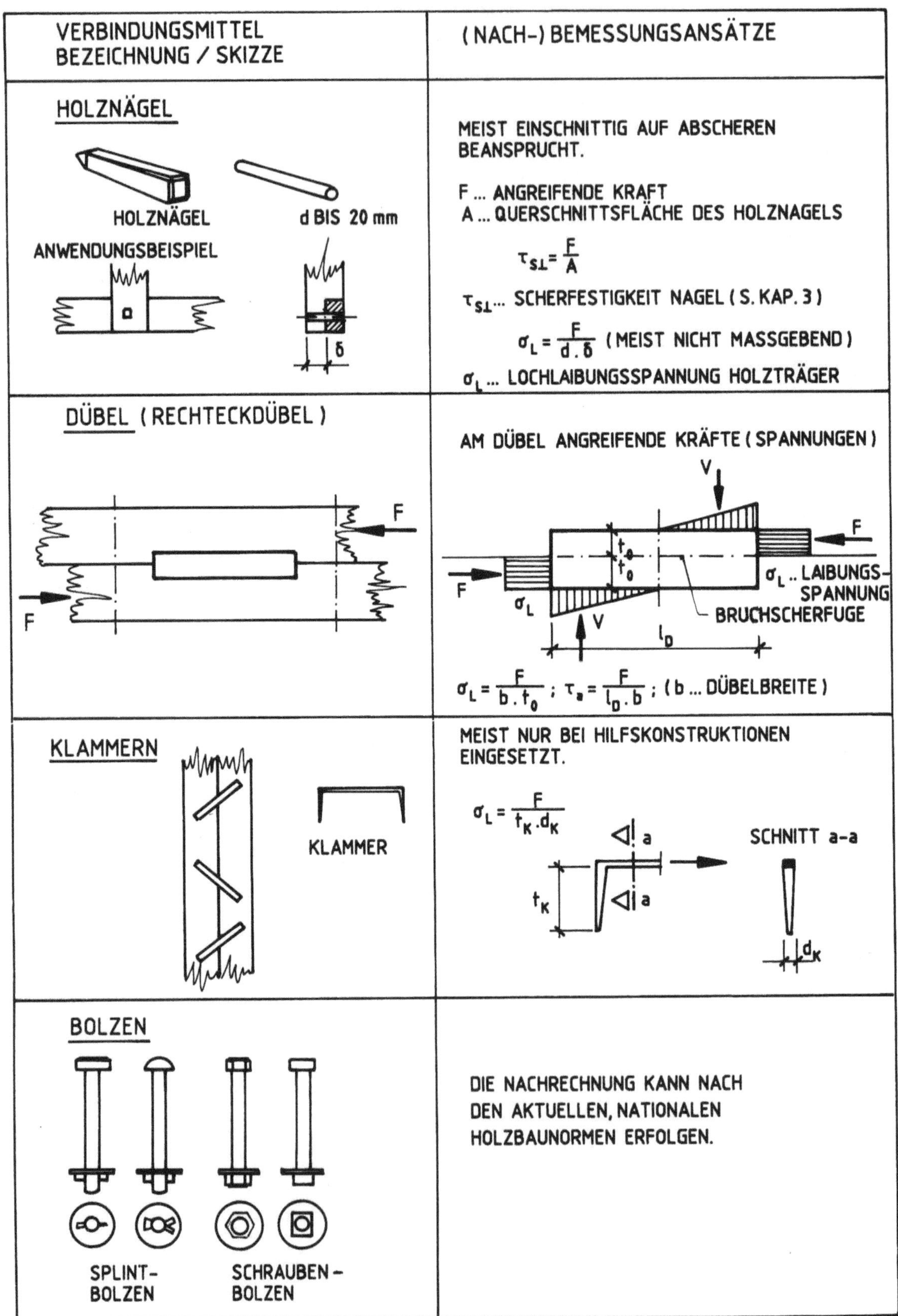

Formeln:

$$\tau_{s\perp} = \frac{F}{A}$$

$$\sigma_L = \frac{F}{d \cdot \delta}$$

$$\sigma_L = \frac{F}{b \cdot t_0} \; ; \; \tau_a = \frac{F}{l_D \cdot b} \; ; \; (b \ldots \text{DÜBELBREITE})$$

$$\sigma_L = \frac{F}{t_K \cdot d_K}$$

Abb. 7.7: Verbindungsmittel und Anschlußdetails bei Holzdachstühlen der Gründerzeit

VERBINDUNGSMITTEL BEZEICHNUNG / SKIZZE	(NACH-) BEMESSUNGSANSÄTZE
HÄNGEEISEN	BEMESSUNG : BOLZEN SIEHE OBEN EISENTEILE NACH KAP. 3.
HOLZVERBINDUNGEN	
ZAPFEN GEWÖHNLICHE, GERADE H ... HOLZNAGEL	MEIST BEI EINLEITUNG EINER DRUCKKRAFT ZUR SICHERUNG. $\sigma_\perp = \dfrac{P}{b \cdot h}$; WENN SCHWINDVERFORMUNG $\sigma_\perp = \dfrac{3}{2} \cdot \dfrac{P}{b \cdot h}$;
SCHRÄGZAPFEN	$\sigma_\perp = \dfrac{3 \cdot P \cdot \cos\beta}{b \cdot t}$ $\tau_a = \dfrac{P \cdot \cos\beta \cdot \sin\beta}{b \cdot h}$
JAGDZAPFEN	ZULÄSSIGE DRUCKSPANNUNG BEI SCHRÄGER KRAFTRICHTUNG : (DIN, ÖNORM) zul σ_D (φ) = zul $\sigma_{D\,\|\|}$ − (zul $\sigma_{D\,\|\|}$ − zul $\sigma_{D\perp}$) · sin φ SONST ANALOG SCHRÄGZAPFEN

Abb. 7.7 (Fortsetzung)

VERBINDUNGSMITTEL BEZEICHNUNG / SKIZZE	(NACH-) BEMESSUNGSANSÄTZE
SCHERZAPFEN 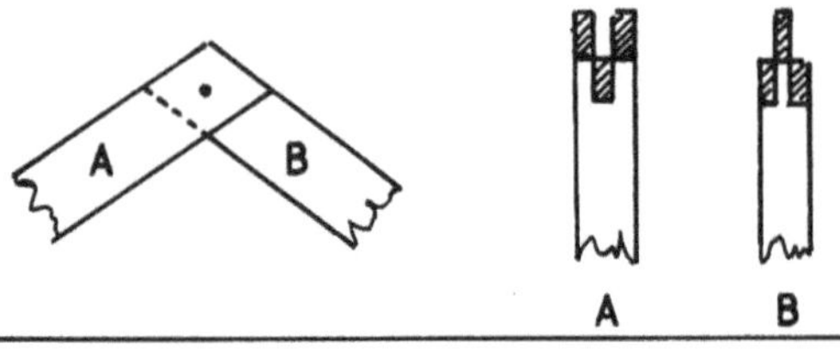 A B	BEMESSUNG AUF ABSCHEREN.
AUFKLAUUNG 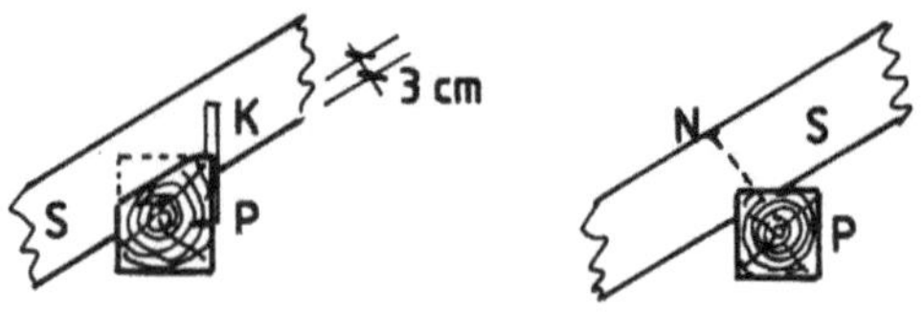 3 cm S ... SPARREN P ... PFETTE K ... VERDREHTE KLAMMER N ... NAGEL	MEIST ÜBERWIEGENDER KRAFTANTEIL NORMAL AUF PFETTE DA NORMALKRAFT DER SPARREN AM FUSSPUNKT ABGELEITET  SONST: SCHRÄGE DRUCKSPANNUNG SIEHE JAGDZAPFEN VERBINDUNGSMITTEL ... NAGEL, KLAMMER
ÜBERBLATTUNG (SCHWALBENSCHWANZFÖRMIG 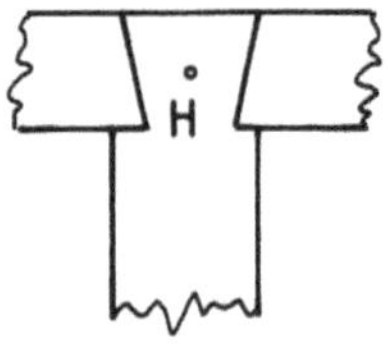) H ... HOLZNAGEL	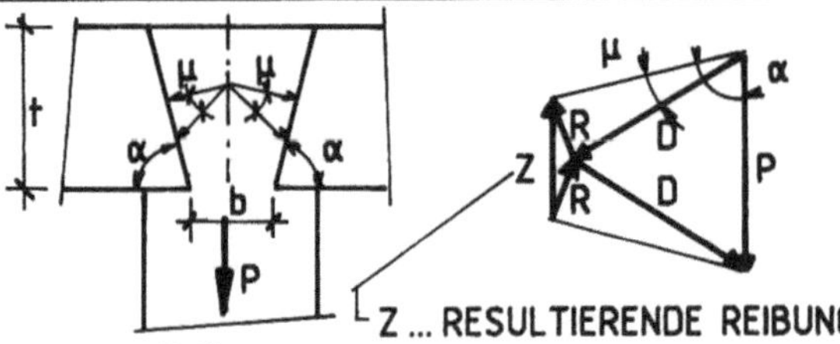 Z ... RESULTIERENDE REIBUNG $$D = \frac{P/2}{\cos(\alpha-\mu)} \;;\; R = D.\sin\mu \;;\; Z = 2.R.\sin\alpha$$ FLANKENSPANNUNG $\sigma_{D,\psi} = \dfrac{D}{t.L/\sin\alpha}$ ZUGSPANNUNG IN WURZEL $\sigma_{Z\parallel} = \dfrac{P}{t.b}$ MIT D ... DRUCKKRAFT AUF FLANKEN DES SCHWALBENSCHWANZES t ... EINSCHNITTIEFE (BLATTSTÄRKE) R ... REIBUNGSKRAFT LÄNGS DER FLANKEN
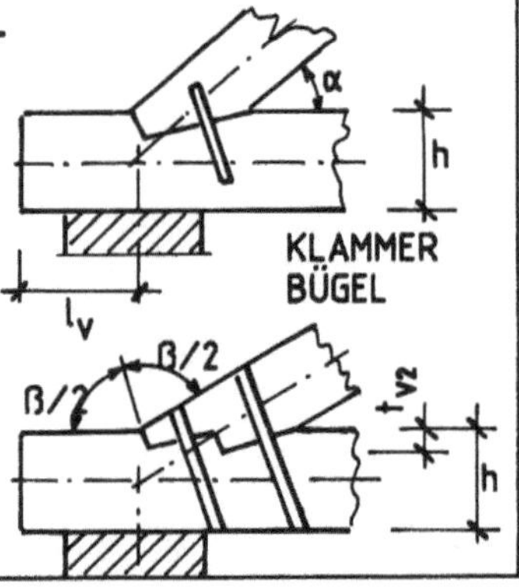 **VERSAT** KLAMMER BÜGEL	ZULÄSSIGE SPANNUNGEN SIEHE JAGDZAPFEN, KAP. 3.

Abb. 7.7 (Fortsetzung)

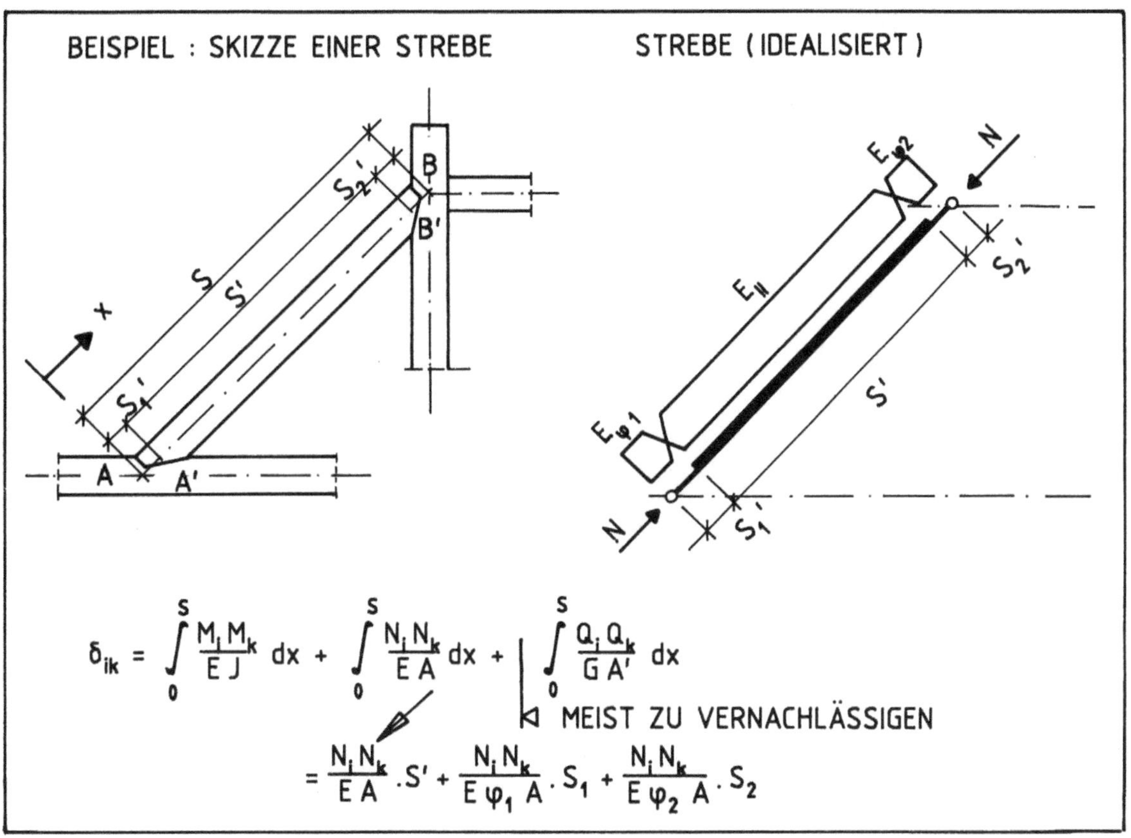

$$\delta_{ik} = \int_0^S \frac{M_i M_k}{E J}\, dx + \int_0^S \frac{N_i N_k}{E A}\, dx + \int_0^S \frac{Q_i Q_k}{G A'}\, dx$$

$$= \frac{N_i N_k}{E A} \cdot S' + \frac{N_i N_k}{E \varphi_1 A} \cdot S_1 + \frac{N_i N_k}{E \varphi_2 A} \cdot S_2$$

Abb. 7.8: Berücksichtigung unterschiedlicher E-Moduli (nach Troche, Deinhard)

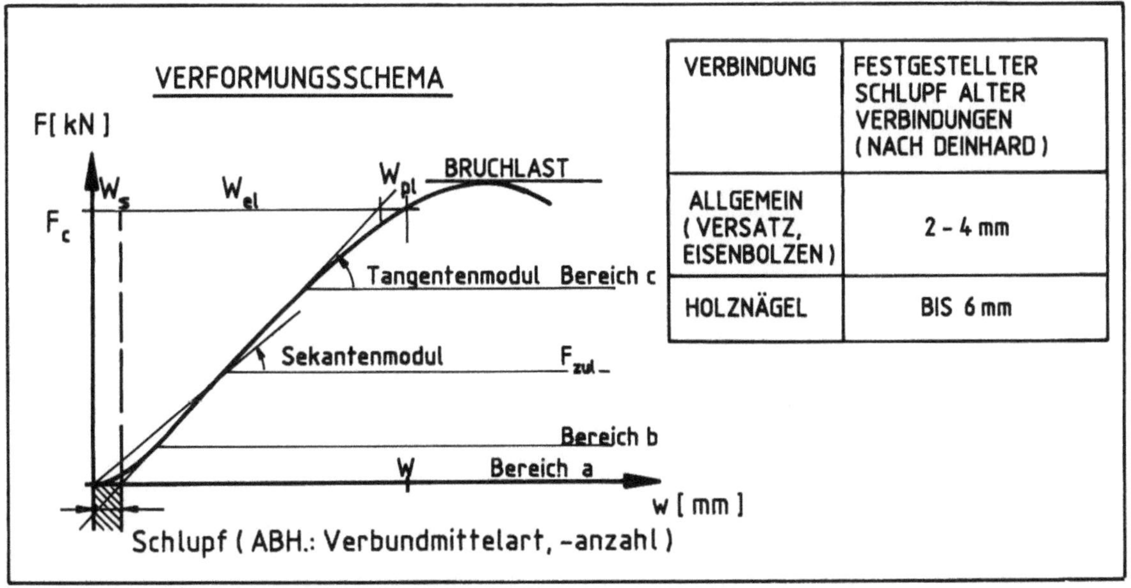

VERBINDUNG	FESTGESTELLTER SCHLUPF ALTER VERBINDUNGEN (NACH DEINHARD)
ALLGEMEIN (VERSATZ, EISENBOLZEN)	2 – 4 mm
HOLZNÄGEL	BIS 6 mm

Abb. 7.9: Schlupf von Holzverbindungen

7.2.2. EISERNE DACHKONSTRUKTIONEN

Die Nachbemessung eiserner Dachkonstruktionen kann unter Zugrundelegung der zur Bauzeit ausgewiesenen Materialkennwerte mit den heute zur Bemessung von Nietverbindungen verlangten Nachweisen erfolgen. Bei Unsicherheit bezüglich der Materialfestigkeit sind entsprechende Untersuchungen durchzuführen.

Einen wesentlichen Punkt bei der Erhaltung eiserner Dachkonstruktionen im Zuge des geplanten Ausbaues von Dachräumen stellen die Brandschutzanforderungen dar. Je nach geforderter Brandschutzklasse können schäumende Anstriche oder Verkleidungen mit Brandschutzplatten erforderlich sein. Im zweiten Fall geht allerdings der typische Charakter der eisernen Tragwerke verloren.

7.3. SCHÄDEN AN DACHKONSTRUKTIONEN

7.3.1. HÖLZERNE DACHTRAGWERKE

Schäden an hölzernen Dachtragwerken werden meist durch in den Dachraum eingedrungenes Niederschlagswasser verursacht. Die Schadensbilder gleichen den bei hölzernen Deckenkonstruktionen (Pilz- und Insektenbefall).

7.3.2. EISERNE DACHTRAGWERKE

An eisernen Dachtragwerken können bei nicht entsprechend instandgehaltenen Konstruktionen Korrosionserscheinungen in Abhängigkeit von der durchschnittlichen Feuchtigkeit und Aggressivität der umgebenden Raumluft beobachtet werden. Die Feststellung des Ausmaßes der Schädigung hat im Einzelfall der Fachmann vorzunehmen.

7.4. PRÜFMETHODEN

7.4.1. HÖLZERNE DACHTRAGWERKE

Zur Untersuchung hölzerner Dachtragwerke können von den in Kapitel 5 für Holzdecken genannten Prüfmethoden diejenigen übernommen werden, die an offenliegenden Konstruktionen durchgeführt werden. Dabei stehen vor allem Eindringprüfungen zur indirekten Feststellung der Materialfestigkeit und die Entnahme von Prüfstücken für Laboruntersuchungen im Vordergrund (Verfahrensbeschreibungen - siehe Kapitel 5).

7.4.2. EISERNE DACHKONSTRUKTIONEN

Untersuchungen an eisernen Dachkonstruktionen sollten neben der eindeutigen Feststellung der mechanischen Eigenschaften (zumindest durch richtige Einordnung der verwendeten Bauteile in die in Kapitel 3 erwähnten Eisensorten) und der quantitativen Beurteilung von Korrosionsschäden eine eingehende Untersuchung der Verbindungsmittel einschließen.
Der Anschluß von Sekundärkonstruktionen (Unterstützung der Dachhaut, Tragkonstruktion verglaster Flächen) ist ebenfalls auf Korrosionserscheinungen zu untersuchen.

7.5. SANIERUNGSMETHODEN

7.5.1. HÖLZERNE DACHKONSTRUKTIONEN

Bei der Sanierung hölzerner Dachkonstruktionen muß zwischen der Instandsetzung nach aufgetretenen Schäden (nach Schädlingsbefall) und der Verstärkung von Tragelementen unterschieden werden.

Die Methoden der Instandsetzung reichen von der Schädlingsbekämpfung mit physikalischen und chemischen Methoden (siehe Kapitel 5) über die Ergänzung nicht mehr tragfähiger Querschnittsteile bis zum Ersatz einzelner Tragelemente. Hinsichtlich der Ergänzung kleinerer Querschnitte kann ähnlich der Vorgangsweise bei Decken auf polymerchemische Verfahren zurückgegriffen werden. Bei der Notwendigkeit der Verstärkung von Tragelementen sind die Möglichkeiten laut Abb. 7.10 zu empfehlen.

7.5.2. EISERNE DACHTRAGWERKE

Die Instandsetzung oberflächlich korrodierter Eisenelemente kann mit Hilfe der aus dem Stahlbau bekannten Verfahren erfolgen.

In vielen Fällen ergibt sich im Zuge von Adaptierungsmaßnahmen aufgrund des Einbaues gedämmter Hüllkonstruktion und der Anordnung isolierverglaster Elemente die Notwendigkeit, einzelne Tragelemente zu verstärken. Bei der rechnerischen Untersuchung sind die unterschiedlichen mechanischen Eigenschaften von Ergänzungsquerschnitten zu berücksichtigen (Verbindungsmittel - siehe Kapitel 5).

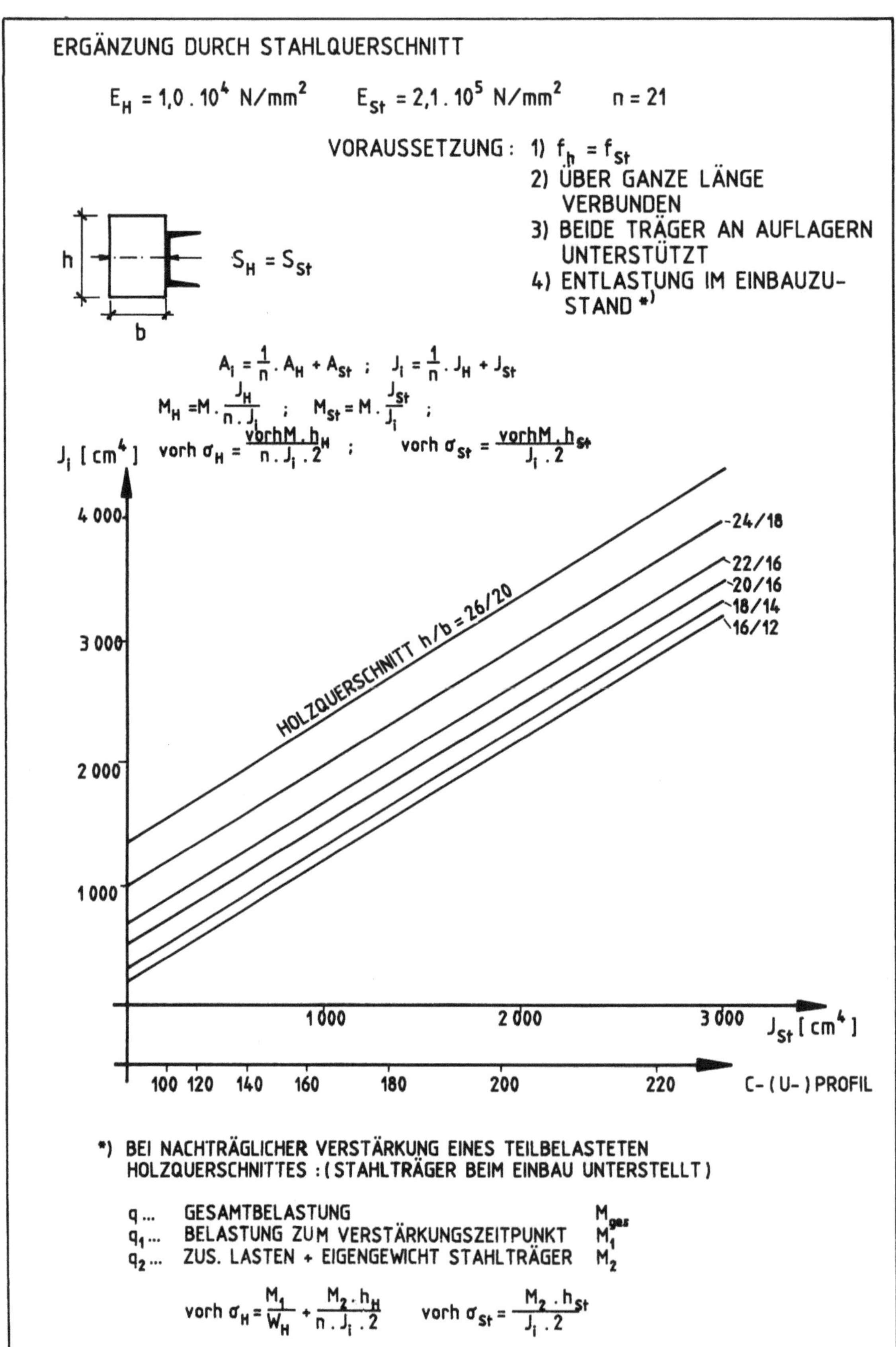

Abb. 7.10: Möglichkeiten zur Verstärkung hölzerner Tragelemente

8. TREPPENKONSTRUKTIONEN (STIEGENKONSTRUKTIONEN)

Treppenkonstruktionen (in Süddeutschland und Österreich als "Stiegen" bezeichnet) wurden zu Beginn der Gründerzeit aus Holz oder Naturstein ausgeführt. Durch die Bauordnung von 1859 (vgl. Kapitel 1) waren in Wien für Hauptstiegen Natursteinstufen zwingend vorgeschrieben, während sich in den deutschen Städten gegen Ende des vorigen Jahrhunderts aufgrund von Schadensfällen der Standpunkt durchsetzte, daß die Sicherheit des vertikalen Fluchtweges im Brandfall mehr von der Brandwiderstandsdauer der verwendeten Konstruktionen als von der Nichtbrennbarkeit der verwendeten Materialien abhängt. Zeitweise verlangten einschlägige Bauordnungen bei Verwendung hölzerner oder eiserner Konstruktionen auch die Anordnung eines zweiten Treppenhauses; hinsichtlich einer detaillierten Untersuchung der jeweiligen Vorschriften ist die weiterführende Literatur (z.B. Daiber) heranzuziehen.

8.1. BAUSYSTEME - ÜBERSICHT

Die Übersicht über Bausysteme von Treppenkonstruktionen wurde nach der primären Tragkonstruktion gegliedert.

Die konstruktive Gestaltung der Treppenkonstruktionen ist im Zusammenhang mit den Grundrißlösungen der Treppenhäuser zu beurteilen. Typische, während der Gründerzeit vorherrschende Bauformen sind aus Abb. 8.1 ersichtlich; nicht berücksichtigt wurden die teilweise kunstvoll gestalteten, mehrläufigen Prachttreppen der Repräsentationsbauten.

Die Austeilung der gekrümmten Treppenläufe sowie die Wahl des Steigungsverhältnisses werden nicht näher behandelt, da sich der vorliegende Abriß auf Beurteilung und Sanierung bestehender Konstruktionen (mit bekannter Geometrie) beschränkt; Angaben zu den Entwurfsvorgaben der Bauzeit sind der zeitgenössischen Literatur zu entnehmen.

8.1.1. BAUSYSTEME HÖLZERNER TREPPENKONSTRUKTIONEN

Konstruktionssysteme hölzerner Treppen sind in Abb. 8.2 für die in Gründerzeitbauten typischen Ausbildungen angeführt.

Die Dimensionierung der einzelnen Elemente erfolgte in den meisten Fällen nach Zimmermannsregeln. Hinsichtlich der hölzernen Konstruktionen ist festzuhalten, daß die verwendeten Bauformen auf standardisierten Typen beruhten, daher im Gegensatz zu eisernen Treppen kaum Änderungen während der Gründerzeit unterworfen waren.

8.1.2. MASSIVE TREPPENKONSTRUKTIONEN

Bei massiven Treppenkonstruktionen ist eine weitere Unterteilung nach der Tragwirkung in fünf Untergruppen vorzunehmen (Abb. 8.3). Neben Natursteintreppen sind Beton- und Eisenbetonkonstruktionen erfaßt, die jedoch erst nach der Jahrhundertwende zum Einsatz kamen.

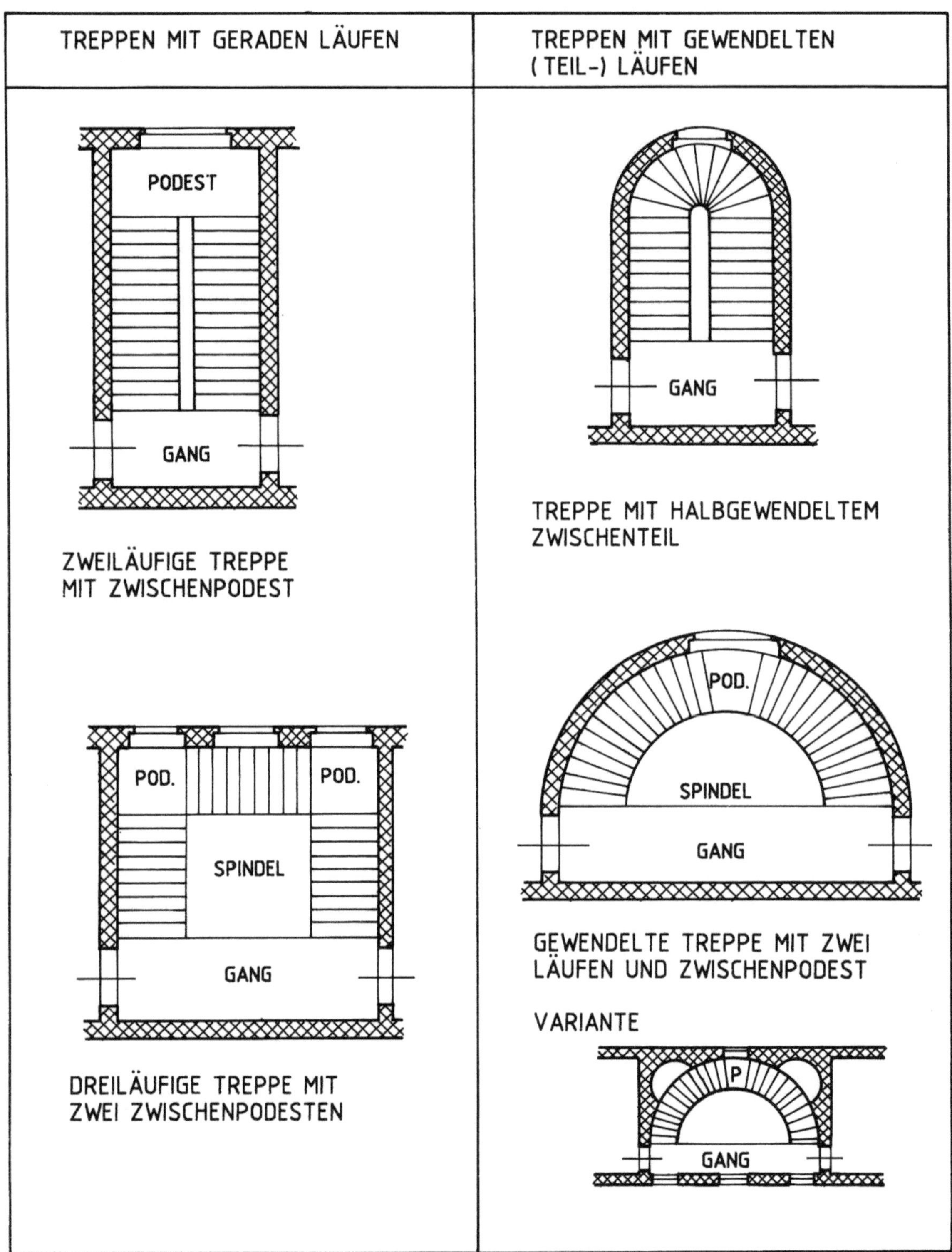

Abb. 8.1: Treppenhäuser der Gründerzeit / Bauformen

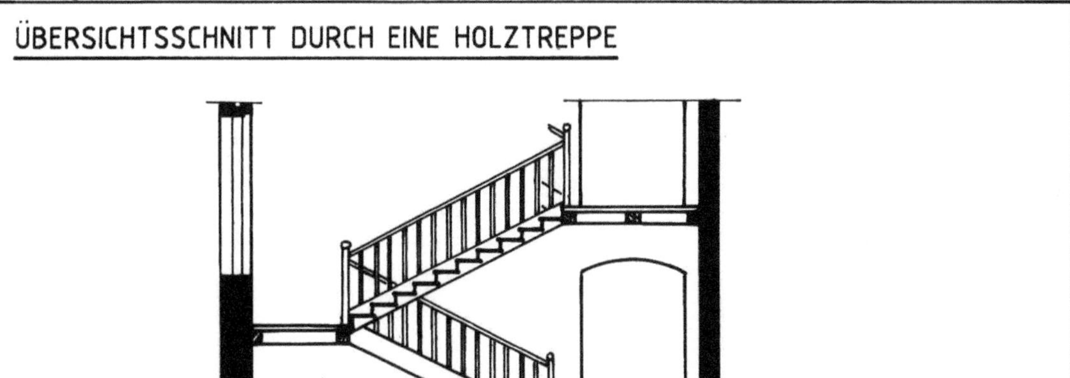

HÄUFIGSTE TYPEN :

EINGESCHOBENE TREPPE

TRITTSTUFEN (UND SETZSTUFEN) WERDEN IN NACH HINTEN UND
UNTEN OFFENE NUTEN DER WANGEN EINGESCHOBEN.

DETAIL :

SCHNITT NORMAL ZUR STUFE   QUERSCHNITT

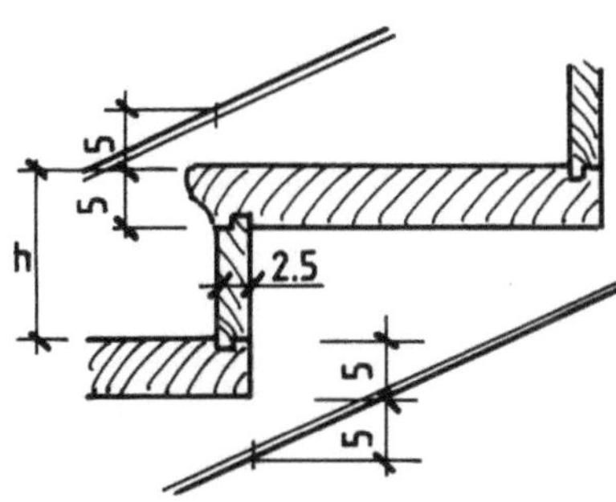

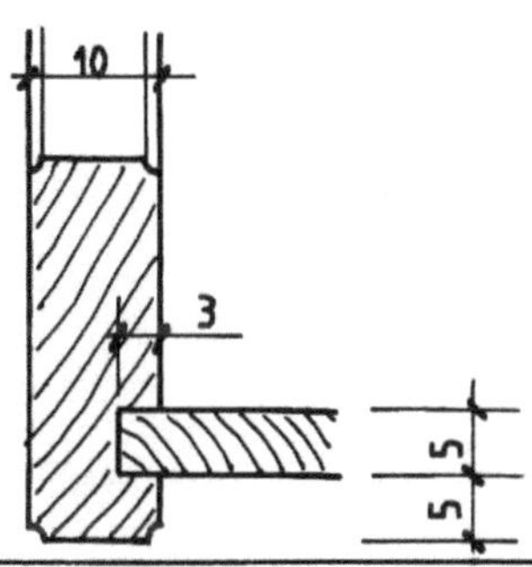

AUFGESATTELTE TREPPEN

TRITTSTUFEN RAGEN ÜBER WANGENAUSSENSEITE VOR

DETAIL :

SCHNITT NORMAL ZUR STUFE

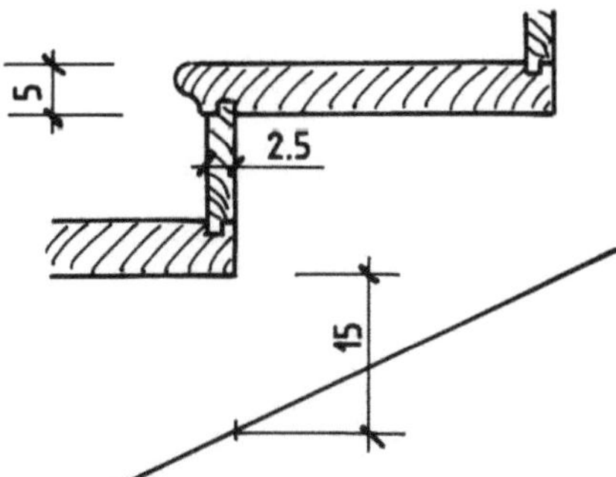

Abb. 8.2: Hölzerne Treppenkonstruktionen der Gründerzeit

BEZEICHNUNG/ KONSTRUKTIONSPRINZIP	DETAILS, BESONDERHEITEN
<u>WANDUNTERSTÜTZTE TREPPEN</u> 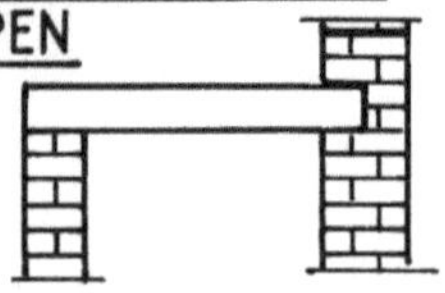	<u>STUFENFORMEN:</u> FREITREPPEN, KELLERGESCHOSS: BLOCKSTUFEN SCHNITT: 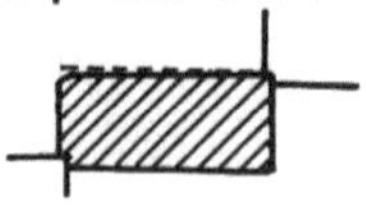 SONST KEILSTUFEN → KEILSTUFEN
<u>KRAGSTUFEN - TREPPEN</u> 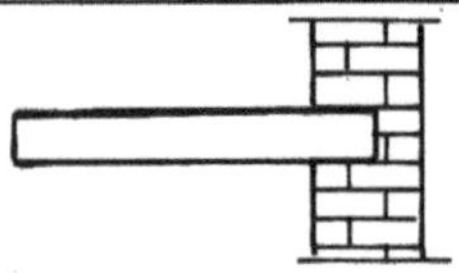 AUFLAGERTIEFE SIEHE TAB. 8.1. VERSUCHE: ABB. 8.5. BIS 8.7.	STUFEN: NATURSTEIN - KEILSTUFEN SCHNITT: 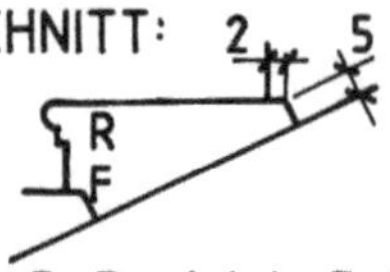 2 , 5 PROFILVARIANTEN 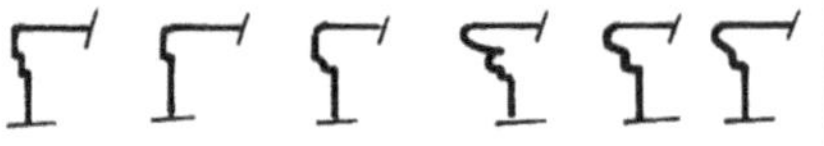 R= Rundstab, F= Falz. EISENBETON - KEILSTUFEN (AB ~ 1905) SCHNITT: 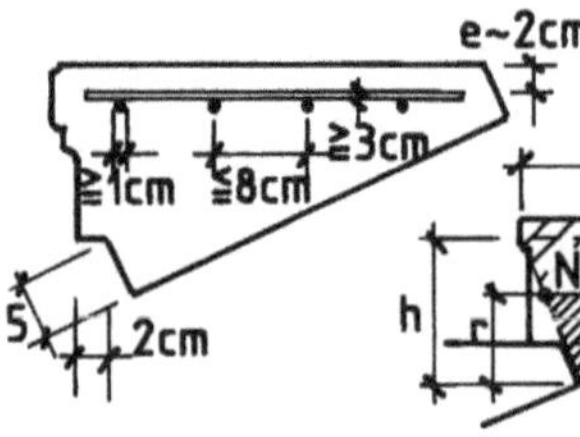 BERECHNUNGSANSATZ (UM 1909 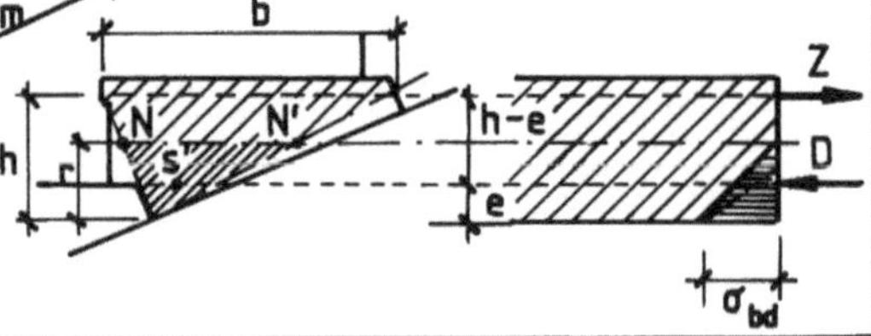) $e \sim 2cm$ PROFIL LÄNGENSCHNITT
<u>GEWÖLBEUNTERSTÜTZTE TREPPEN</u> a) KAPPENGEWÖLBE ZWISCHEN WANGEN (TRÄGERN) GESPANNT 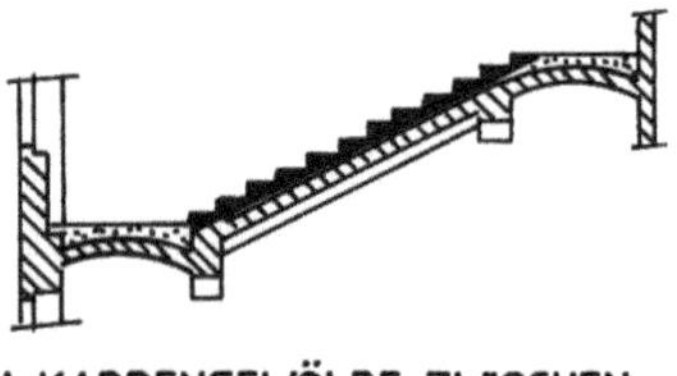 b) KAPPENGEWÖLBE ZWISCHEN PODESTTRÄGERN 	DETAIL BEI WANGENAUSBILDUNG AUS TRAVERSEN PODESTANSATZ 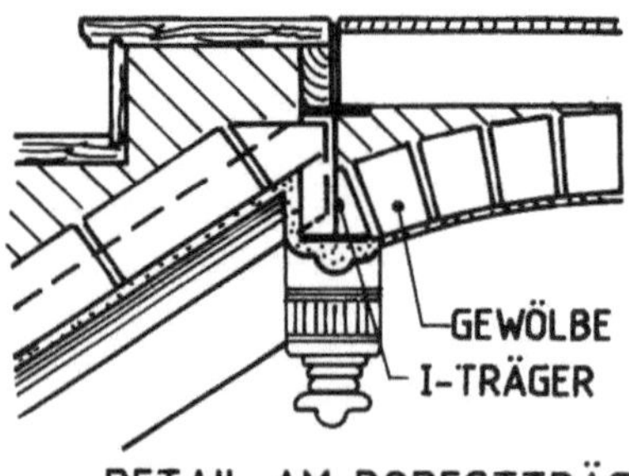 QUERSCHNITT  GEWÖLBE I-TRÄGER I-TRÄGER STUCK DETAIL AM PODESTTRÄGER ZUGBAND KAPPENGEWÖLBE I-PODESTTRÄGER 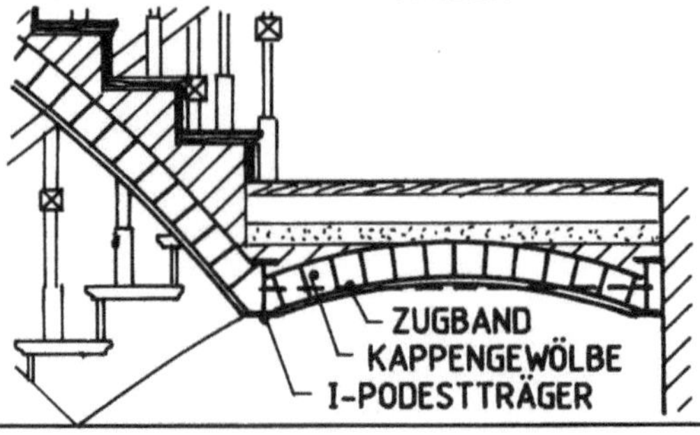

Abb. 8.3: Massive Treppenkonstruktionen der Gründerzeit

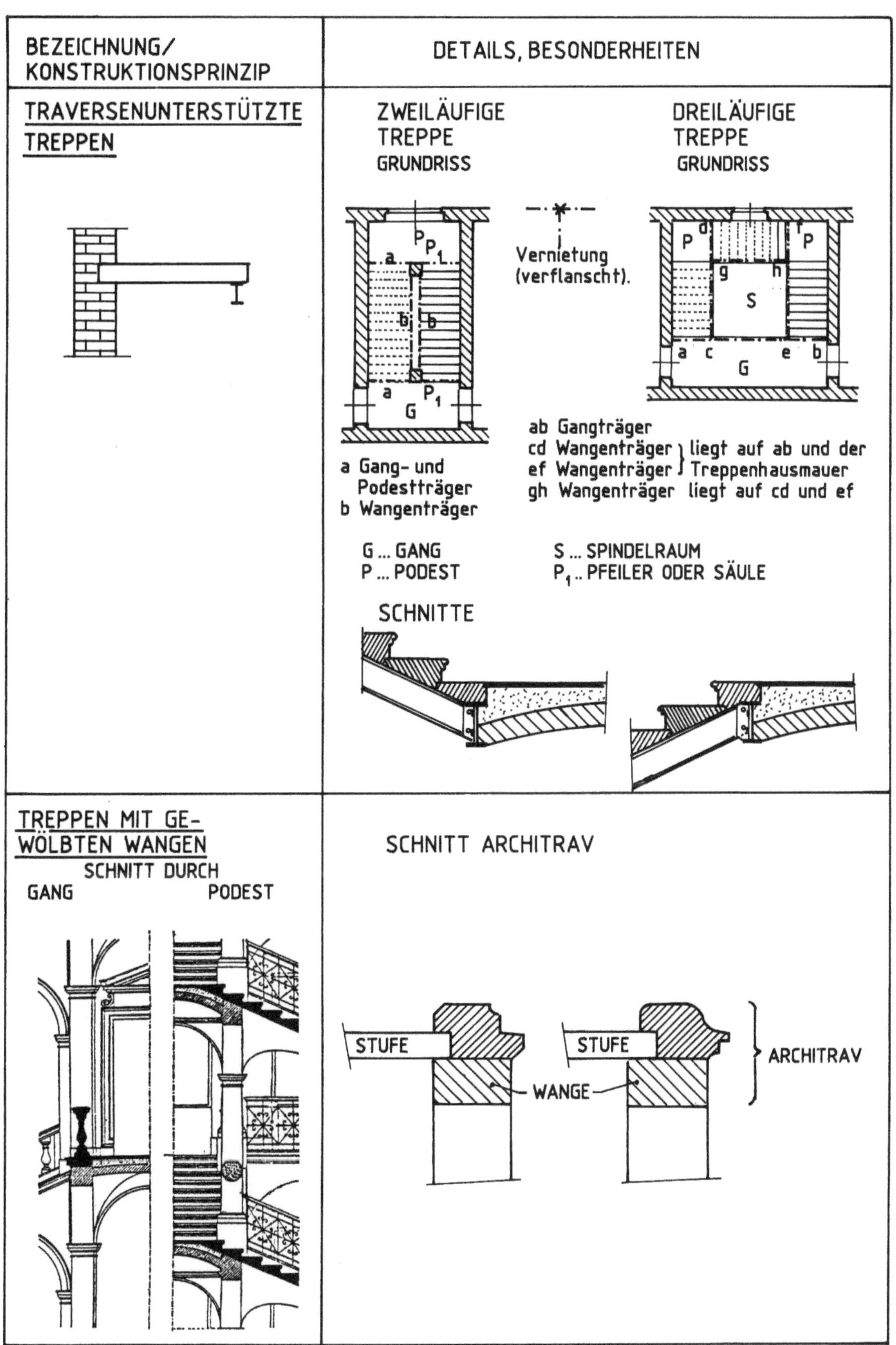

Abb. 8.3 (Fortsetzung)

8.1.3. EISERNE TREPPENKONSTRUKTIONEN

Eiserne Treppenkonstruktionen wurden während der Gründerzeit vor allem in Industriebauten und Veranstaltungsräumen eingesetzt, innerhalb von Wohnbauten meist nur in Geschäftsräumen massiven oder hölzernen Konstruktionen vorgezogen.
Eine Mischform, bei der massive Stufen einseitig auf Eisenträgern aufgelagert wurden, ist in dieser Zusammenstellung den massiven Treppen zugeordnet.

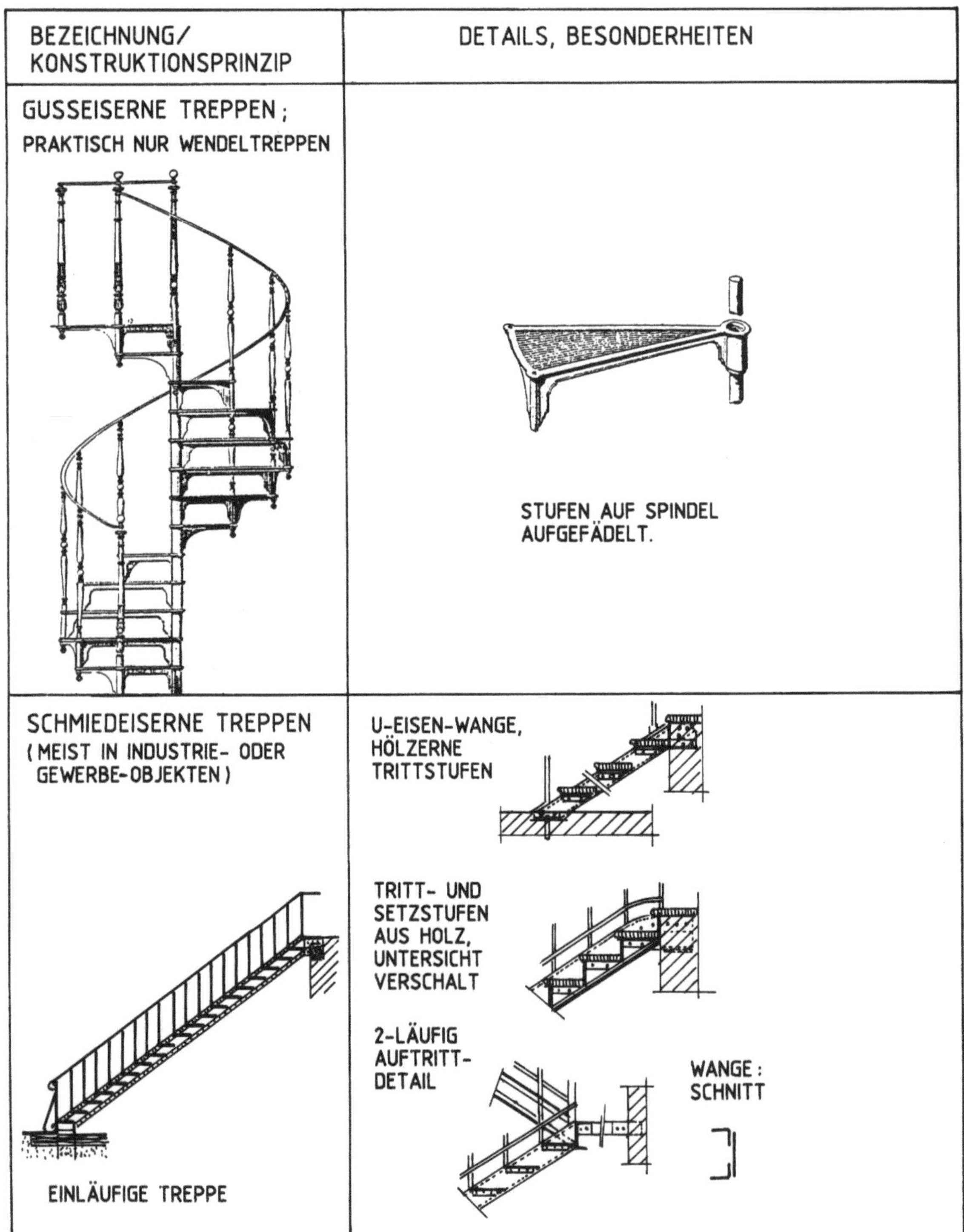

Abb. 8.4: Eiserne Treppenkonstruktionen der Gründerzeit

Ebenfalls meist als Eisenkonstruktionen ausgebildete, in vielen Fällen kunstvoll verzierte Wendeltreppen wurden vor allem in Geschäftsräumen verwendet. Da derartige Konstruktionen aber im Wohnbau von untergeordneter Bedeutung waren, wird von einer näheren Auseinandersetzung mit diesem Bereich abgesehen.

8.2. BEMESSUNGSANSÄTZE ZUR BAUZEIT

Hinsichtlich der Bemessungsansätze zur Bauzeit muß zwischen den Bausystemen gemäß Punkt 8.1. unterschieden werden.

Hölzerne Treppenkonstruktionen wurden im allgemeinen nach Handwerksregeln hergestellt. Bei Bemessung einzelner Tragelemente dimensionierte man Wangenträger und Stufen nach den gültigen Bemessungsregeln (vgl. Kapitel 1, 2 und 3).

Eiserne Treppenkonstruktionen wurden einer statischen Bemessung unterworfen (Berechnungsgrundlagen - siehe allgemeine Kapitel).

Die Dimensionierung massiver Stiegenkonstruktionen war gegen Ende des 19. Jahrhunderts durch Vorgaben der Baubehörden geregelt. Als Beispiel hiefür sind die 1896 vom Magistrat der Stadt Wien getroffenen Anordnungen in Tab. 8.1 aufgelistet.

MAXIMALE SPANNWEITEN DER STUFEN.					
	STUFEN				P
	EINSEITIG EINGESPANNT		BEIDERSEITS EINGESPANNT		
GEBÄUDE	STEINART[1]				
	Kaiserstein	Karststein	Kaiserstein	Karststein	(kN/m^2)
WOHNHAUS ÖFFENTL. GEBÄUDE	1.50 m	1.65 m	2.25 m	2.45 m	4.0
INDUSTRIEBAU	1.30 m	1.45 m	2.00 m	2.15 m	6.4

[1] SOGENANNTER "REKAWINKLER STEIN" SOWIE UNBEWEHRTER BETON DURFTE NUR FÜR BEIDERSEITS EINGEMAUERTE STUFEN MIT EINER MAXIMALSPANNWEITE VON 1.50 m VERWENDET WERDEN.

EINGRIFF IM MAUERWERK BEI EINSEITIG EINGESPANNTEN STUFEN

FREIE LÄNGE	EINGRIFF
DER STUFE	
1.00 ...1.25m	20 cm
1.25 ...1.50m	25 cm
1.50 ...2.00m	30...35 cm

Tab. 8.1: Dimensionierung massiver Treppensysteme/Anordnungen des Magistrats der Stadt Wien

Den - nicht nur wegen der Schadensfälle in den letzten Jahren - interessantesten Konstruktionstyp stellen Stiegenläufe aus auskragenden Stufen dar.
Da sich in diesem Fall nicht ein einfaches statisches System, sondern eine Überlagerung des durch den Kragbalken der Einzelstufe gegebenen Systems und der durch die Verbindung der Stufen bewirkten Verspannung in Ebene des Treppenlaufes ergab, wurden unterschiedliche Bemessungsvorschläge in der Literatur genannt (Zusammenfassung von zwei oder drei Einzelstufen als homogener Kragbalken).

Um Aufschluß über das tatsächliche Tragverhalten derartiger Systeme zu erhalten, führte der Österreichische Ingenieur- und Architekten-Verein die im folgenden beschriebenen Versuche durch, deren Ergebnisse die Grundlage für die Vorschriften laut Tab. 8.1. lieferten.

8.2.1. UNTERSUCHUNGEN AN AUSKRAGENDEN TREPPENKONSTRUKTIONEN (STIEGENSTUFEN-AUSSCHUSS)

Aufgrund eines 1893 eingebrachten Antrages wurde im Rahmen des Österreichischen Ingenieur- und Architekten-Vereines im folgenden Jahr der "Stiegenstufen-Ausschuß" gegründet, der im Jahr 1895 Bruchversuche an entsprechenden Konstruktionen aus Naturstein und Stampfbeton ausführte.

Außer einer statischen Beanspruchung wurden Fallproben durchgeführt (Abb. 8.5).

Aus der Versuchsauswertung von 1896 (Brik) resultierten die in Abb. 8.6 skizzierten statischen Schlußfolgerungen.

Um die Auswirkung der Belastung einzelner Stufen zu untersuchen, war 1897 eine weitere Versuchsreihe angesetzt, deren Ergebnisse im "II. Bericht des Stiegenstufen-Ausschusses" 1898 (Brik) ihren Niederschlag fanden. Dabei wurde primär die Torsionsbelastung der Stufen einer detaillierten Untersuchung zugeführt; Ergebnisse und Schlußfolgerungen gehen aus Abb. 8.7 hervor.

Das festgestellte Bruchverhalten gibt trotz der geringen Versuchszahl und der Beschränkung auf wenige Steinsorten wichtige Anhaltspunkte für die Nachbemessung derartiger Konstruktionen.

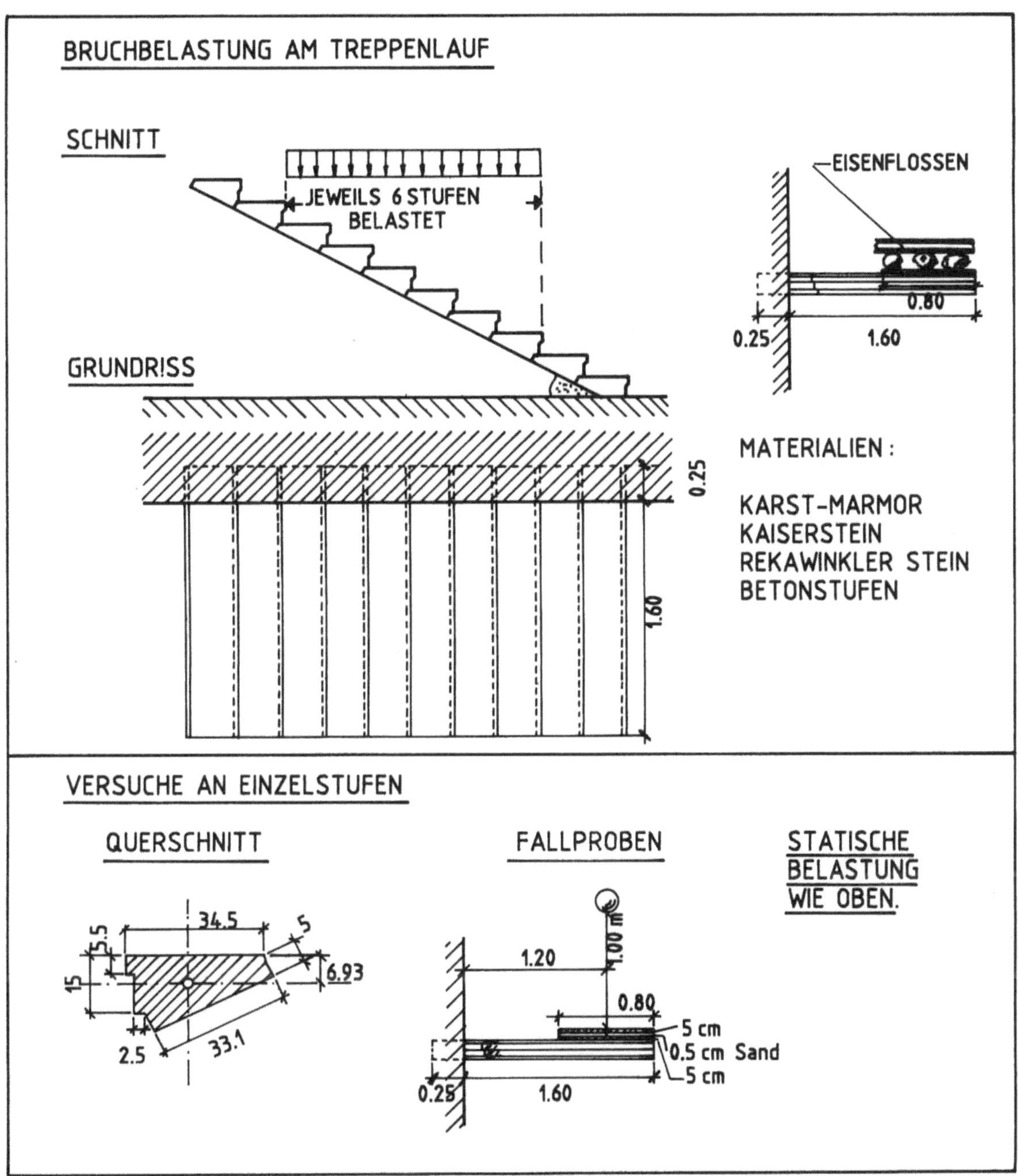

Abb. 8.5: Versuchsanordnung (Stiegenstufen-Ausschuß)

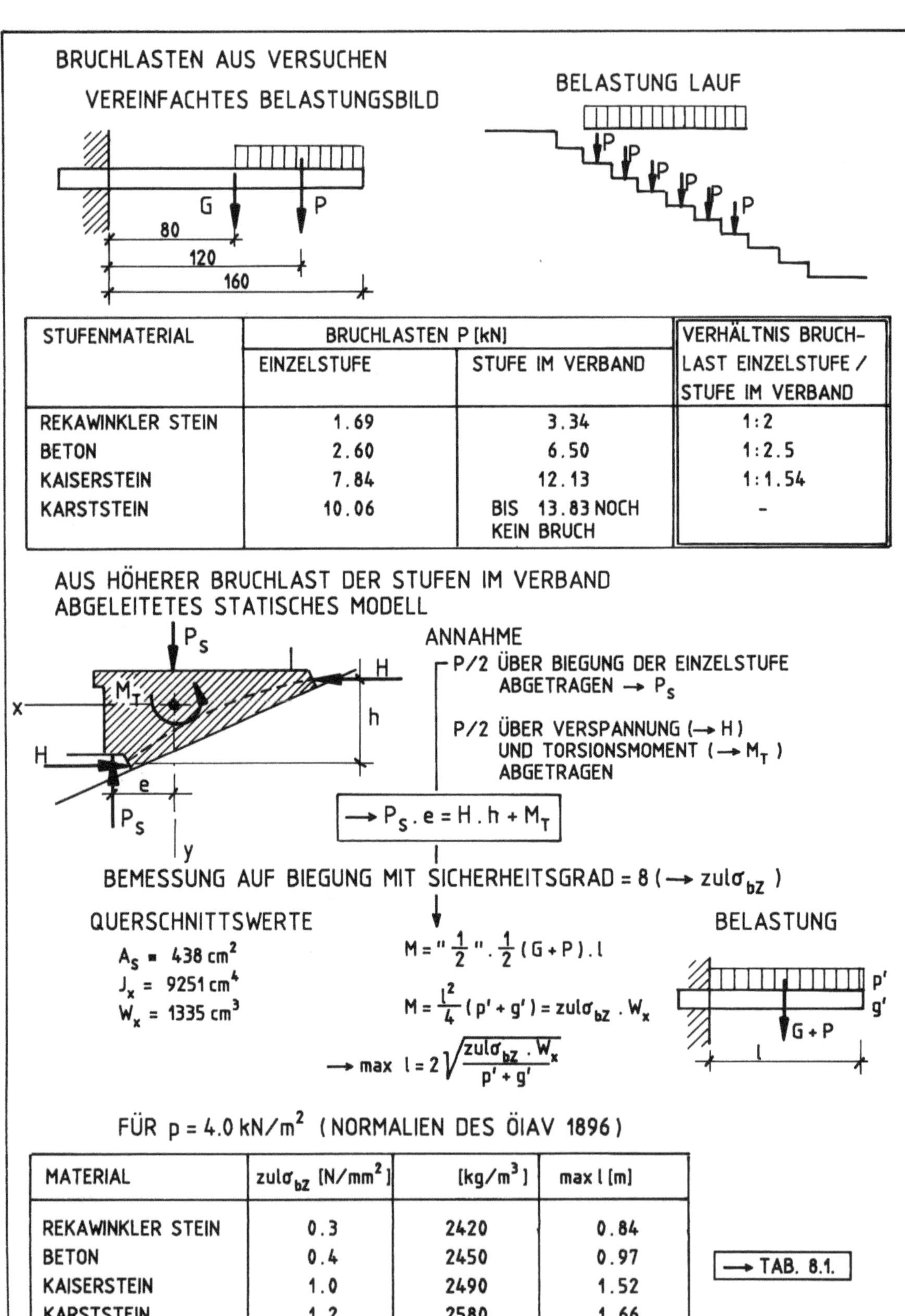

STUFENMATERIAL	BRUCHLASTEN P [kN]		VERHÄLTNIS BRUCH-LAST EINZELSTUFE / STUFE IM VERBAND
	EINZELSTUFE	STUFE IM VERBAND	
REKAWINKLER STEIN	1.69	3.34	1:2
BETON	2.60	6.50	1:2.5
KAISERSTEIN	7.84	12.13	1:1.54
KARSTSTEIN	10.06	BIS 13.83 NOCH KEIN BRUCH	–

MATERIAL	zulσ_{bZ} [N/mm²]	[kg/m³]	max l [m]
REKAWINKLER STEIN	0.3	2420	0.84
BETON	0.4	2450	0.97
KAISERSTEIN	1.0	2490	1.52
KARSTSTEIN	1.2	2580	1.66

Abb. 8.6: I. Bericht des Stiegenstufen-Ausschusses/Zusammenfassung

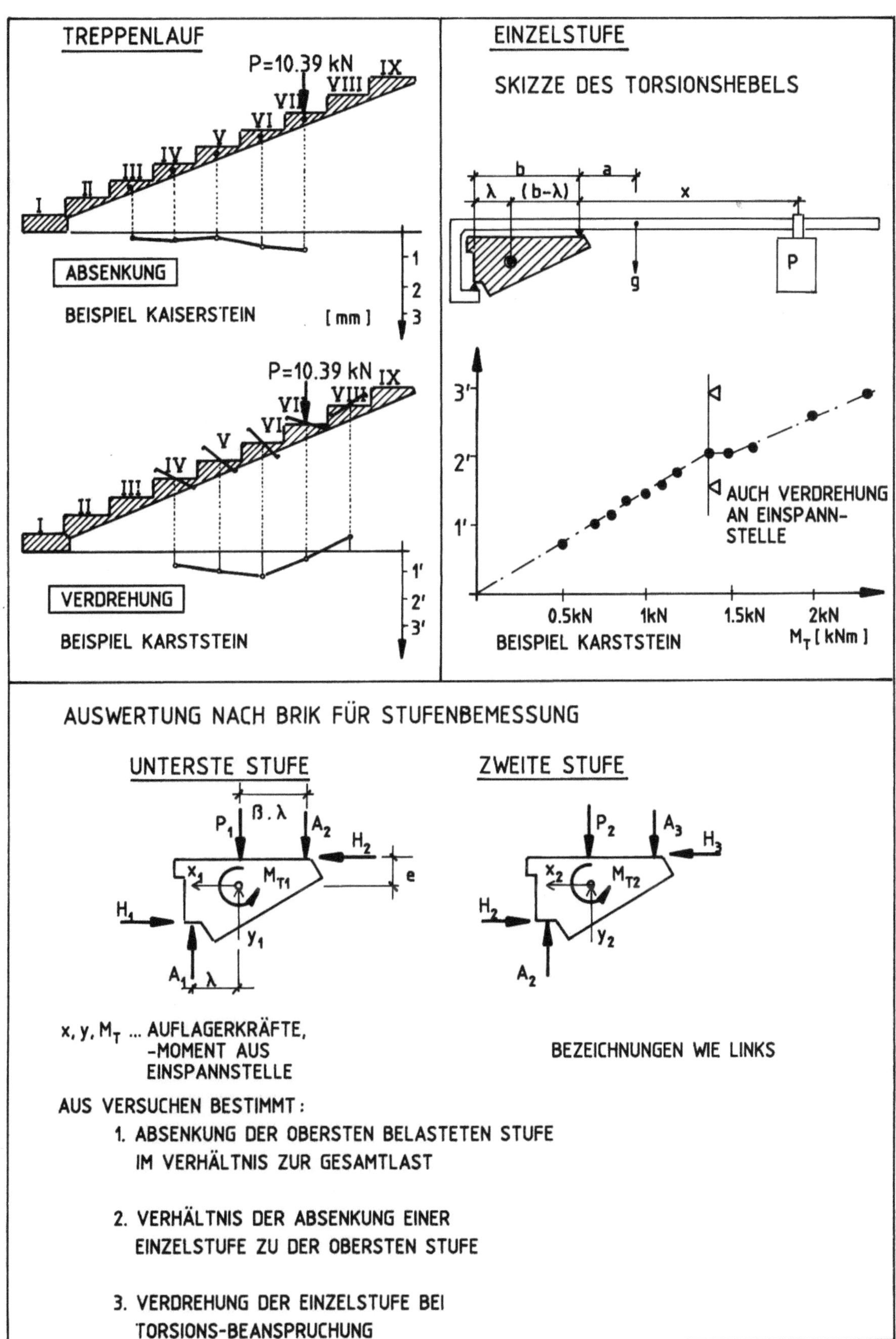

Abb. 8.7: Auswertung der zweiten Versuchsreihe/II. Bericht des Stiegenstufen-Ausschusses aus dem Jahr 1898

8.3. SCHÄDEN AN TREPPENKONSTRUKTIONEN

8.3.1. SCHÄDEN AN HÖLZERNEN TREPPENKONSTRUKTIONEN

Die Schäden an hölzernen Treppenkonstruktionen betreffen vorwiegend die schon in
Verbindung mit Deckenkonstruktionen (Kapitel 5) und hölzernen Dachstühlen (Kapitel 8)
verzeichneten feuchtigkeitsbedingten Abbauerscheinungen und Abnützungen der Trittstufen
(Beschreibung der Wirkung holzzerstörender Pilze und Insekten - siehe zitierte Kapitel).
Die Abnützung von Trittstufen kann durch Querschnittsschwächung bei vernachlässigter
Instandhaltung bis zum Versagen einzelner Stufen führen.

8.3.2. SCHÄDEN AN MASSIVEN TREPPENKONSTRUKTIONEN

Schäden an massiven Treppenkonstruktionen beziehen sich hauptsächlich auf Einzelstufen aus
Naturstein. Da die größte Gefahr bei auskragenden Stufen aus Naturstein besteht, beschrän-
ken sich die folgenden Angaben auf diesen Fall.

Der Bruch von Kragstufen an der Stelle der größten Biegebeanspruchung (nahe der
Einspannstelle) wird durch Spannungskonzentration an - im Material vorhandenen -
Inhomogenitäten verursacht. Die Form der Bruchfläche hängt von der Gesteinsart (Zähigkeit
des Materials) und der Bruchgeschwindigkeit ab. Feinkörnige Gesteinsarten (Sandstein)
weisen durchwegs glatte Formen des dem langsamen Bruch entsprechenden Teiles auf; der
plötzliche Bruch des Restquerschnittes zeigt meist zackige Formen.
Das eigentliche Versagen basiert entweder auf statischer Überlastung oder dynamischer
Beanspruchung eines Treppenlaufes (herabfallendes Gewicht).

Eine weitere Schadensursache, die das Versagen von Natursteinkonstruktionen hervorruft,
resultiert aus Verformungen des Treppenhausmauerwerks. Durch bereichsweise Setzungen
kann es sowohl zu Absenkungen als auch Verdrehungen einzelner oder mehrerer Kragstufen
kommen. Die dadurch bewirkte Lösung der gegenseitigen Verspannung bedingt die Ausbildung einzelner Kragbalken ohne Lastverteilung in Laufrichtung. Bei Belastung kann der
Bruch bei weit geringeren als für das intakte Tragwerk anzusetzenden Belastungen eintreten.
An eisernen Treppenkonstruktionen waren in Einzelfällen oberflächliche Korrosionserscheinungen bei Anordnung in feuchten Räumen (Kellergeschosse) zu beobachten.

8.4. UNTERSUCHUNG VON TREPPENKONSTRUKTIONEN

Da die Methoden der Untersuchung hölzerner und eiserner Tragelemente in den vorigen
Kapiteln erläutert wurden, stehen im folgenden Möglichkeiten der Untersuchung von
Natursteinkonstruktionen (vor allem auskragender Stufen) im Vordergrund.

Neben der Feststellung der mechanischen Materialeigenschaften anhand (an statisch unbe-
denklichen Stellen) entnommener Bohrkerne (zerstörende Prüfung) besteht die Möglichkeit,
mit Hilfe von Verfahren auf Grundlage mechanischer Schwingungen sowohl Aufschluß über
die mechanischen Materialeigenschaften als auch über mögliche Inhomogenitäten (Bruch-
ansätze) zu gewinnnen. Bei den Verfahren handelt es sich um Schlagprüfung, Reso-
nanzfrequenzmethode, Schwingungsanalyse und Anwendung der Ultraschallprüfung (genaue
Beschreibung der Verfahren - siehe weiterführende Literatur).
Der Untersuchungsablauf sollte entsprechend Abb. 8.8 erfolgen; das angeführte Verfahren der
Farbeindringung zur Sichtbarmachung von Rissen bedarf aufgrund der einfachen Durchführung und Bewertung keiner näheren Beschreibung.

<table>
<tr><th>UNTERSUCHUNGS-SCHRITT</th><th>VERFAHREN</th><th>UMFANG</th></tr>
<tr><td rowspan="2">BESTANDS-AUFNAHME</td><td>AUSWERTUNG DER UNTERLAGEN</td><td>GESAMTKONSTR.</td></tr>
<tr><td>AUFMASSE (ÜBERPRÜFUNG DER PLANDAR-STELLUNGEN)
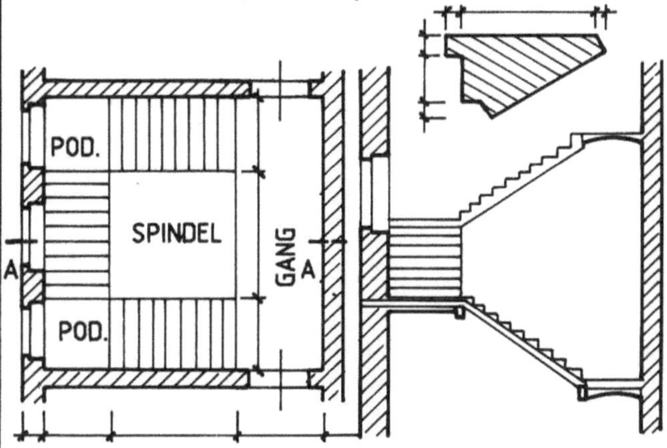</td><td>GESAMTKONSTR.
EINZELSTUFEN</td></tr>
<tr><td rowspan="3">AUGENSCHEIN</td><td>VISUELLE UNTERSUCHUNGEN
VERFORMUNGEN (ABSENKEN EINZELNER STUFEN),</td><td>GESAMTKONSTR.
EINZELSTUFEN</td></tr>
<tr><td>FUGENÖFFNUNG,</td><td>EINZELSTUFEN</td></tr>
<tr><td>RISSFESTSTELLUNG, (EINDRINGVERFAHREN)
RISSWEITEBESTIMMUNG (LUPE)</td><td>EINZELSTUFEN</td></tr>
<tr><td rowspan="2">ZERSTÖRUNGS-FREIE VERFAHREN</td><td>SCHWINGUNGSMESSUNG
STOSSBELASTUNG EINZELNER STUFEN
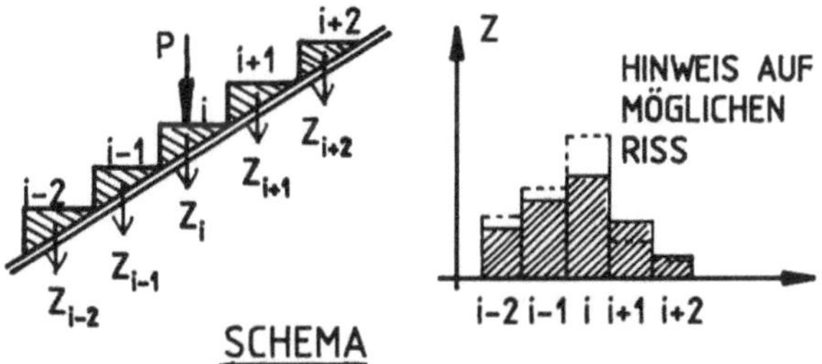
SCHEMA</td><td>EINZELSTUFE</td></tr>
<tr><td>ULTRASCHALLMESSUNG (WINKELPRÜFUNG)
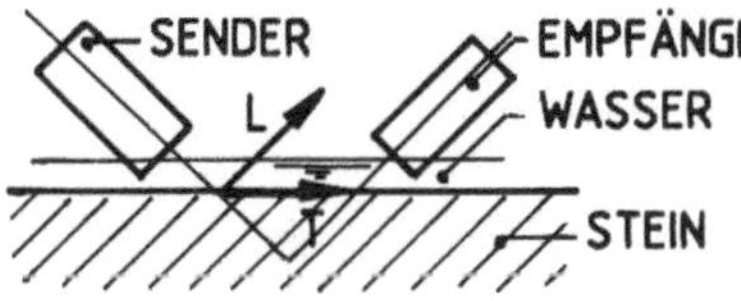
FESTSTELLUNG VON LAUFZEIT, AMPLITUDEN-ÄNDERUNG
T ... OBERFLÄCHENPARALLELE TRANSVERSALWELLE
L ... REFLEKTIERTE LONGITUDINALWELLE</td><td>EINZELSTUFE</td></tr>
<tr><td>(TEILWEISE) ZERSTÖRENDE VERFAHREN</td><td>ENTNAHME VON KLEINBOHRKERNEN ZUR FESTSTELLUNG DER STEIN - MATERIAL-KENNWERTE</td><td>AUSGEWÄHLTE EINZELSTUFEN</td></tr>
</table>

Abb. 8.8: Untersuchung von Natursteinstiegen/Ablaufschema (nach Stehno)

8.5. NACHBEMESSUNG VON TREPPENKONSTRUKTIONEN

Was die Nachbemessung von Treppenkonstruktionen bzw. hölzernen und eisernen Tragwerken anbelangt, sind die betreffenden Materialkennwerte in Kapitel 3 enthalten; die statischen Berechnungsmodelle lassen sich aufgrund der meist eindeutigen Lastabtragung ohne besondere Probleme finden.

Mit größeren Schwierigkeiten konfrontiert die Untersuchung auskragender Natursteintreppen. Hier kann zwar auf die Feststellungen in Abschnitt 8.2.1. zurückgegriffen werden, doch ist in vielen Fällen davon auszugehen, daß die Mörtelfuge zwischen aufeinander abgestützten Stufen durch Korrosionserscheinungen (Reinigung mit aggressiven Mitteln) die Haftzugfestigkeit weitgehend verloren hat; daher sind die in Abb. 8.9 festgehaltenen Ansätze relevant.

8.6. SANIERUNG UND VERSTÄRKUNG VON TREPPENKONSTRUKTIONEN

In bezug auf Sanierung und Verstärkung von Treppenkonstruktionen muß gleichfalls nach dem Material des primären Tragsystems unterschieden werden.

8.6.1. HÖLZERNE TREPPENKONSTRUKTIONEN

Bei hölzernen Treppenkonstruktionen ist nach den für Dachstuhlkonstruktionen aufgelisteten Verfahren vorzugehen. Erweist sich die Verstärkung von Wangenträgern als notwendig, stellt die Anbringung von Stahlträgern in vielen Fällen die einfachste und - bei entsprechender Anordnung - auch optisch günstigste Lösung dar.
Vielfach wird - als begleitende Maßnahme zumindest - die Auswechslung abgenutzter Trittstufen unumgänglich sein.

8.6.2. MASSIVE TREPPENKONSTRUKTIONEN

Die Sanierungsmethoden bei massiven Treppensystemen betreffen meist schadhafte Einzelstufen. Einschlägige Methoden zeigt Abb. 8.10; zu betonen ist die Notwendigkeit der Sicherung des Treppenlaufes während der Sanierungsmaßnahmen.

8.6.3. EISERNE TREPPENKONSTRUKTIONEN

Die Sanierung eiserner Treppenkonstruktionen kann (vom Korrosisonschutz bis zur Querschnittsergänzung mit geeigneten Profilen) nach den aus dem Stahlbau bekannten Methoden erfolgen.

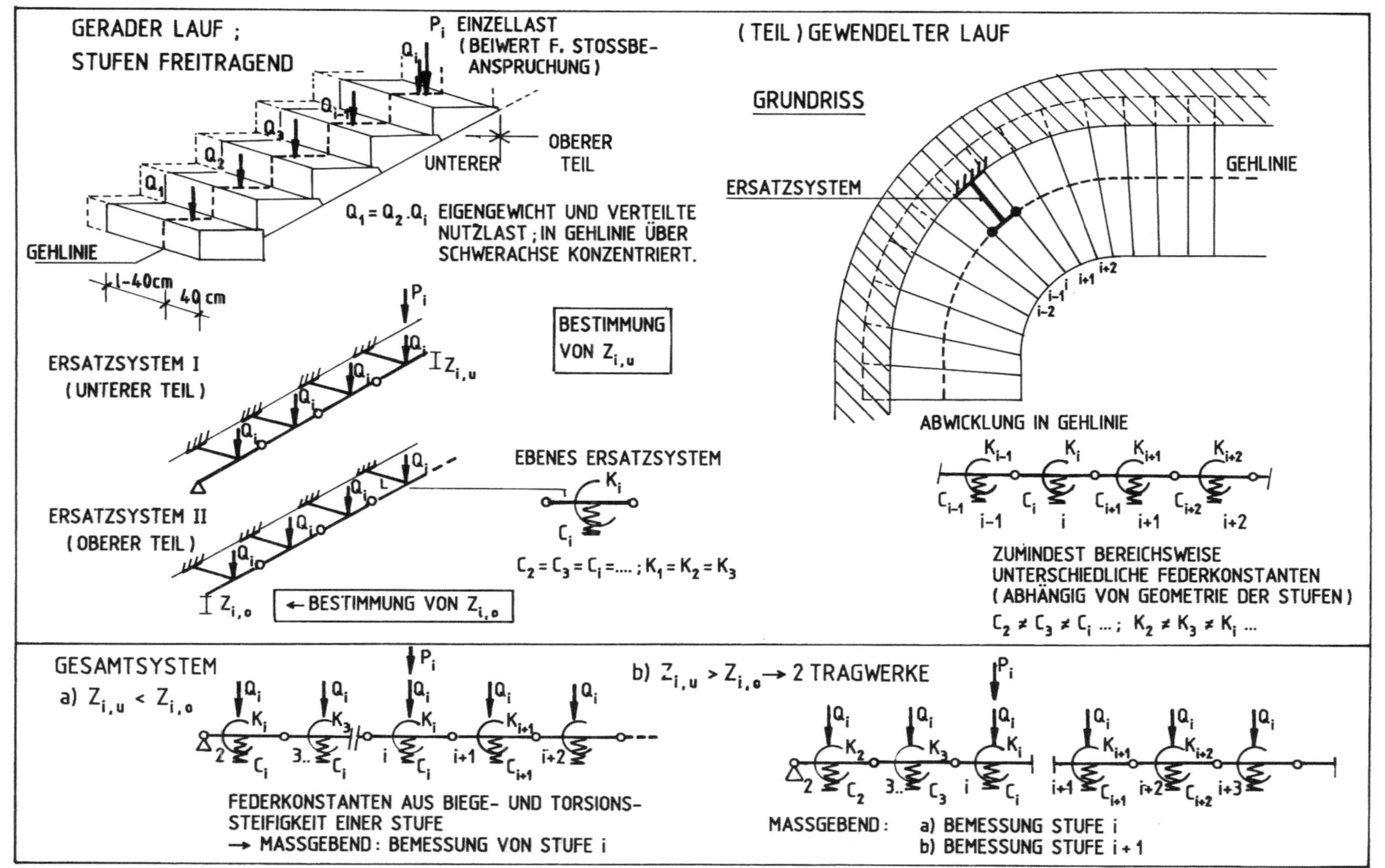

Abb. 8.9: Ansätze bei der Nachbemessung auskragender Treppenkonstruktionen

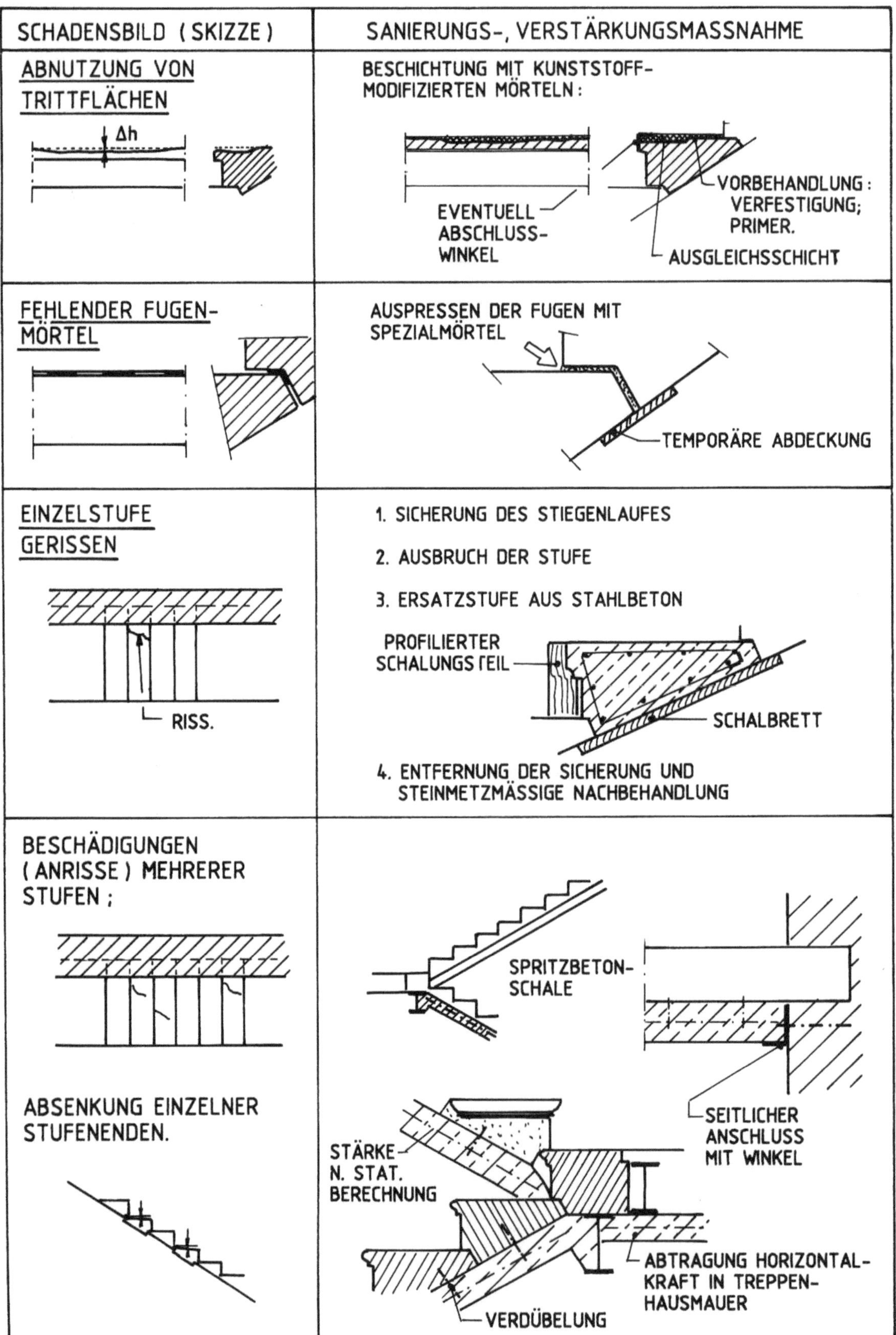

Abb. 8.10: Massive Treppensysteme/Sanierungsmethoden

9. BAUPHYSIKALISCHE PROBLEMSTELLUNGEN

9.1. BAUPHYSIK UND ALTBAUSANIERUNG

In der vorliegenden Zusammenfassung werden nur diejenigen Bereiche der Bauphysik angeschnitten, die bei der Durchführung von Sanierungsaufgaben häufig Probleme verursachen oder in Wechselwirkung mit konstruktiven Maßnahmen zu sehen sind. Aufgrund der Themeneinschränkung wurde eine von den Schadensfällen bzw. Mängeln ausgehende Behandlung des Problemkreises gewählt. Die bauphysikalisch relevanten Kennwerte alter Bauteile und Baustoffe sowie die Angaben zu häufig vorkommenden Bauteilaufbauten sind in eigenen Teilabschnitten enthalten.

Hinsichtlich der Grundlagen bauphysikalischer Berechnungen muß auf die Fachliteratur verwiesen werden; die folgenden Ausführungen setzen die Kenntnis der in den Fachnormen verwendeten Begriffe und Formeln voraus.

Bei der Behandlung häufiger bauphysikalischer Problemstellungen muß zwischen Schäden bzw. Mängeln an bestehenden Konstruktionen und Verbesserungen im Rahmen größerer Sanierungsmaßnahmen unterschieden werden.

Grundlegende Aspekte:

9.1.1. WÄRMEDÄMMUNG - WINTERLICHER WÄRMESCHUTZ

Aufgrund der großen Wandstärken ergeben sich trotz der hohen Wärmeleitfähigkeit des in der Mehrzahl der Fälle verwendeten Vollziegelmauerwerks für die Außenwände der unteren Geschosse durchwegs als ausreichend zu qualifizierende Wärmedämmeigenschaften.

In den oberen Geschossen wird vielfach, bedingt durch die geringeren Wandstärken, die Anbringung einer zusätzlichen Wärmedämmschicht sinnvoll scheinen. Obwohl aus bauphysikalischer Sicht dabei der Außendämmung der Vorzug zu geben ist, wählt man meist zur Erhaltung der Fassadengestaltung eine innen angeordnete Dämmschicht.

Den in Abb. 9.1 skizzierten Problemen in bezug auf die Wasserdampfdiffusion ist durch geeignete Materialwahl und entsprechenden Schichtaufbau zu begegnen.

Angaben zu wärmetechnischen Kennwerten der Baustoffe und Bauteile finden sich in Abschnitt 9.2., die bei zusammengesetzten Bauteilen zu beachtenden Fragen in Abschnitt 9.3.

Bei Deckensystemen im Gebäudeinneren sind im Zusammenhang mit dem winterlichen Wärmeschutz vor allem die oberste Geschoßdecke (zum unbeheizten Dachraum) und Deckenkonstruktionen über unbeheizten Bereichen, hauptsächlich über Durchfahrten, zu betrachten.

9.1.2. SOMMERLICHER WÄRMESCHUTZ

Aspekte des sommerlichen Wärmeschutzes betreffen primär das Speichervermögen der raumumschließenden Bauteile in Verbindung mit der in den Raum gelangenden Sonneneinstrahlung (abhängig von Fenstergröße und -orientierung sowie Verglasung und Sonnenschutz) und der Raumgröße. Da sich Normungsvorhaben zu diesem Problemkreis derzeit noch im Diskussionsstadium befinden, wurden die entsprechenden Daten in Abschnitt 9.2. auf die Auflistung von Temperaturamplitudendämpfung und zugehöriger Phasenverschiebung beschränkt; die beiden Kennwerte sind nach Abb. 9.2 definiert.

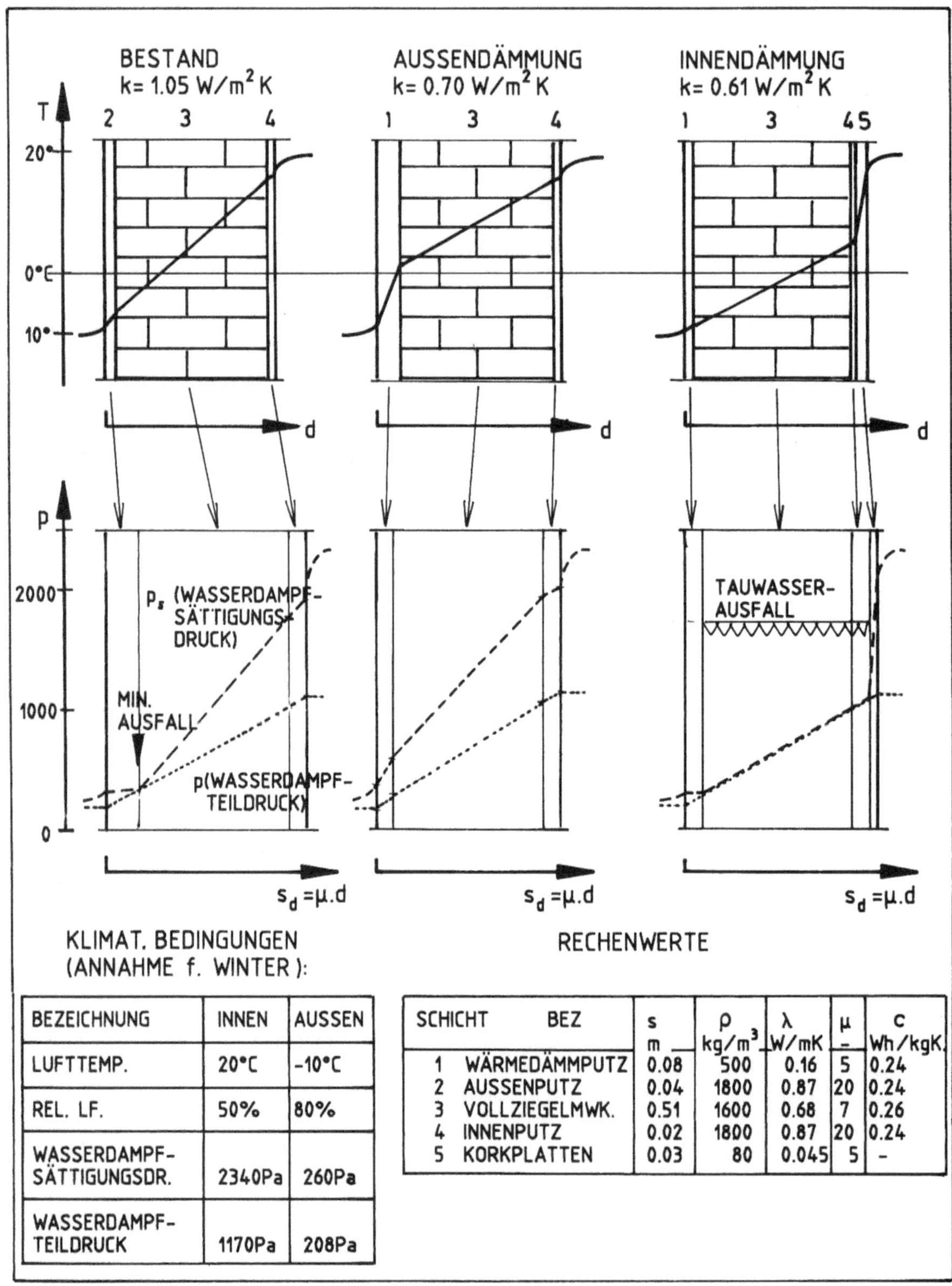

KLIMAT. BEDINGUNGEN (ANNAHME f. WINTER):

BEZEICHNUNG	INNEN	AUSSEN
LUFTTEMP.	20°C	-10°C
REL. LF.	50%	80%
WASSERDAMPF-SÄTTIGUNGSDR.	2340Pa	260Pa
WASSERDAMPF-TEILDRUCK	1170Pa	208Pa

RECHENWERTE

SCHICHT	BEZ	s m	ρ kg/m³	λ W/mK	μ -	c Wh/kgK.
1	WÄRMEDÄMMPUTZ	0.08	500	0.16	5	0.24
2	AUSSENPUTZ	0.04	1800	0.87	20	0.24
3	VOLLZIEGELMWK.	0.51	1600	0.68	7	0.26
4	INNENPUTZ	0.02	1800	0.87	20	0.24
5	KORKPLATTEN	0.03	80	0.045	5	-

Abb. 9.1: Innen- und Außendämmung/Gegenüberstellung

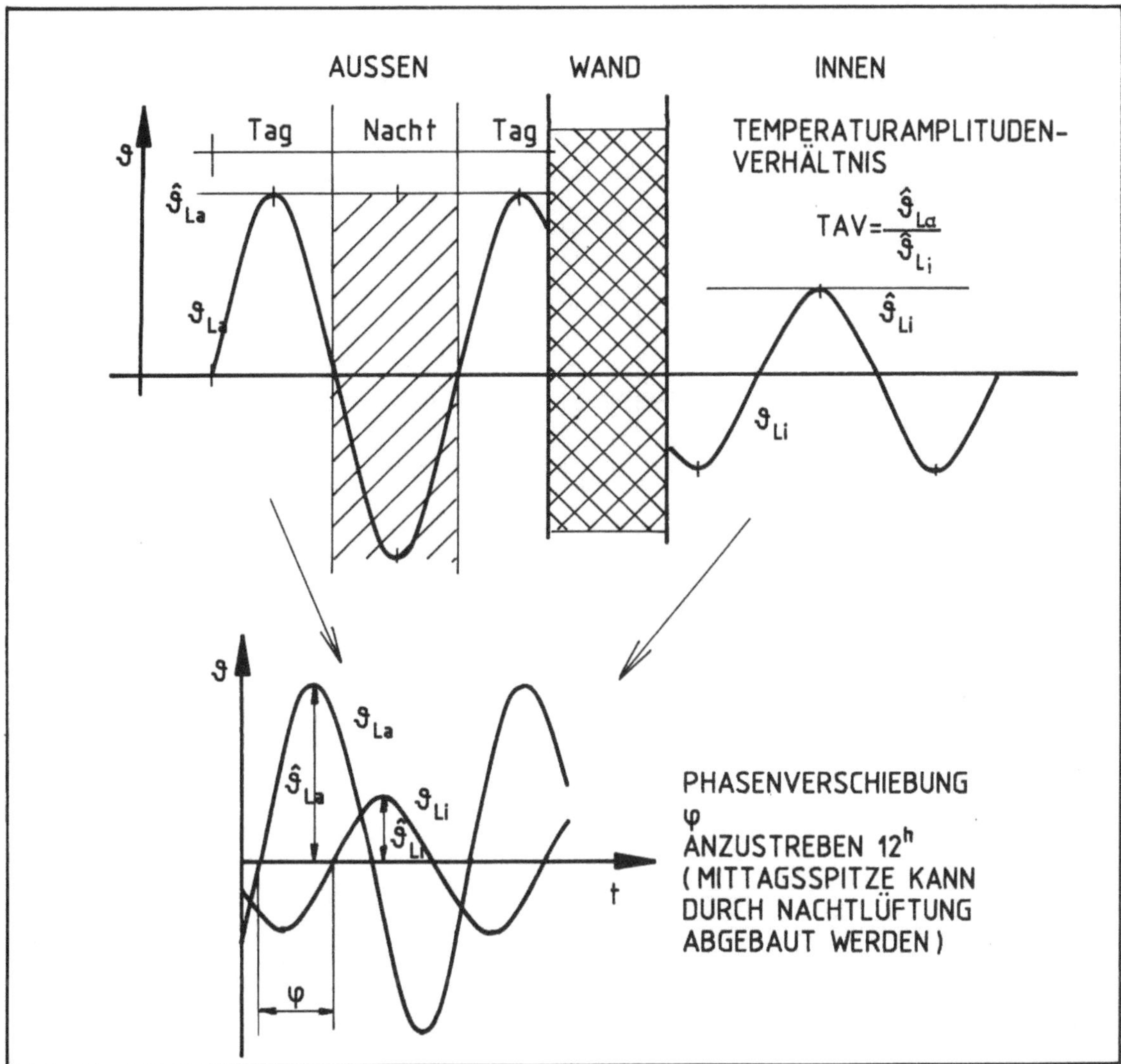

Abb. 9.2: Kennwerte des sommerlichen Wärmeschutzes

9.1.3. SCHALLSCHUTZ

Dem Schallschutz wird mit zunehmendem Verkehrslärm in den städtischen Altbaugebieten
immer größere Beachtung geschenkt. Auch im Zusammenhang mit diesem Problemkreis zeigt
sich, daß die Fensterkonstruktionen maßgebenden Einfluß auf das Verhalten der gesamten
Außenwandflächen haben. Die Werte für massive Bauteile sind in Abschnitt 9.2. angeführt,
Angaben zur Auswirkung unterschiedlicher Fensterkonstruktionen in Abschnitt 9.3.
Im Inneren des Gebäudes wird aufgrund des relativ hohen Flächengewichtes der Trennbauteile das an die Luftschalldämmung gestellte Anforderungsniveau in den meisten Fällen
erreicht. Probleme können in Verbindung mit der Trittschalldämmung von Deckenkonstruktionen entstehen.

9.2. BAUPHYSIKALISCHE KENNWERTE

Hinsichtlich bauphysikalischer Kennwerte wurde zwischen Baustoffkennwerten und Kennwerten spezieller Konstruktionsaufbauten unterschieden. Als Grundlage wurden sowohl alte
Angaben physikalischer Baustoffeigenschaften als auch neuere Meßwerte (die allerdings in
geringem Umfang vorliegen) ausgewertet.

9.2.1. BAUSTOFFKENNWERTE

Tab. 9.1 berücksichtigt ausschließlich der Gründerzeit zuzuordnende Baustoffe, da die Kennwerte heute verwendeter Materialien in den aktuellen Normen angeführt sind. Bezüglich des Aufbaues wurde eine Gliederung gemäß DIN 4108, Teil 4 gewählt. Die genannten Kennwerte sind entsprechend den aktuellen Fachnormen definiert.

BAUSTOFF	ROHDICHTE	RECHENWERT WÄRMELEIT-FÄHIGKEIT	RICHTWERT WASSERDAMPF-DIFFUSIONS-WIDERSTANDSZAHL	SPEZIFISCHE WÄRME
	ρ	λ_R	μ	c
--	kg/m^3	W/mK	-	Wh/kgK
1. PUTZE, MÖRTELSCHICHTEN ETC.				
KALKMÖRTEL, MÖRTEL AUS HYDRAULISCHEM KALK.	1650–1800	0.87	15–35	0.24–0.30
ZEMENTMÖRTEL		0.87		
ROMANZEMENT-MÖRTEL		1.4		
KALKZEMENT-MÖRTEL		~1.0		
		0.87		
KALKGIPSMÖRTEL GIPSMÖRTEL	1600	0.7	10	0.23
GIPSPUTZ (KEIN ZUSCHLAG)	1200	0.35	10	0.23
2. GROSSFORMATIGE BAUTEILE				
BETON	2400	2.1	70–150	0.31
3. BAUPLATTEN				
4. MAUERWERK				
VOLLZIEGELMWK.	1600	0.68	5–10	0.26
KALKSAND-STEINMWK.	1200	0.56	5–10	
	1400	0.70	5–10	0.24
	1600	0.79	15–25	
	1800	1.0	15–25	
KLINKERMWK.	1800–1900	1.05	15–25	0.26
NATURSTEIN MAUERWERK AUS KRIST. GESTEIN	2500 3000	3–4	--	~0.24
AUS KALKSTEIN SANDSTEIN	2400 2600	2–3	--	0.24

Tab. 9.1: Bauphysikalische Kennwerte von Baustoffen der Gründerzeit

BAUSTOFF	ROHDICHTE	RECHENWERT WÄRMELEIT-FÄHIGKEIT	RICHTWERT WASSERDAMPF-DIFFUSIONS-WIDERSTANDSZAHL	SPEZIFISCHE WÄRME
	ρ	λ_R	μ	c
--	kg/m³	W/mK	-	Wh/kgK
5. WÄRMEDÄMMSTOFFE				
KORKPLATTEN	120 160 200	0.041 0.044 0.046	5-10	0.47-0.56
PFLANZL. FASERDÄMM-STOFFE (SEEGRAS, KOKOS,...)	30-200	~0.05	1	~0.7
STEINKOHLEN-SCHLACKE	800-900	0.185	1	--
6. HOLZ u. HOLZWERKSTOFFE				
FICHTE, KIEFER TANNE	600	0.13-0.14	40	0.76
EICHE	800	0.21	40	0.66
7. BELÄGE, ABDICHTSTOFFE				
BITUMEN	1100	0.17	--	--
8. SONSTIGE GEBRÄUCHLICHE STOFFE				
GLAS	~2500	0.8	--	0.23
FLIESEN	~20001	1.0	--	--
STAHL	7800	6.0	--	0.131

Tab. 9.1 (Fortsetzung)

9.2.2. KENNWERTE AUSGEWÄHLTER BAUTEILE

Die Kennwerte ausgewählter Wandbauteile macht Tab. 9.2 deutlich; die Auswahl wurde auf einige repräsentative Aufbauten beschränkt. Angaben zu Geschoßdecken wurden wegen der großen Anzahl unterschiedlicher Bausysteme und Aufbauten (Beschüttungsart und -höhe) ausgeklammert. Die Kennwerte der Wärmedämmung lassen sich aufgrund des jeweiligen Aufbaues aber einfach ermitteln. Daten zur Luft- und Körperschalldämmung von Holzbalkendecken finden sich zum Teil in den betreffenden Fachnormen (bzw. Normentwürfen). Eine Verbesserung der Trittschalldämmung von Holzbalkendecken kann durch Aufbringung eines schwimmenden Estrichs oder einer, in ähnlicher Weise von der Tragkonstruktion getrennten Fußbodenunterkonstruktion erreicht werden.
Die Behandlung dieses umfangreichen Gebietes muß jedoch aus Platzgründen der Fachliteratur vorbehalten bleiben.

WANDAUFBAU	k-WERT $W/m^2 K$	INSTAT. TAV., φ (ABB. 9.2) $-$, h	BEW. SCHALL-DÄMMASS[*] R'_w dB [*] n.Gewichts formel	DIFFUSIONSSCHAU-BILD (KLIMAWERTE FÜR AUSSENWÄNDE NACH ABB 9.1)
BESTAND:				
INNENWÄNDE				
12cm VOLLZIEGEL VERPUTZT	2.13	3.94/7.1	~5 3	
14cm VOLLZIEGEL VERPUTZT	1.92	5.53/8.4	~5 7	
AUSSENWÄNDE 1... INNENPUTZ d= 2 cm 2... MAUERWERK				
d=25cm	1.66	9.81/11.3	62	
30	1.48	15.32/13	63	
51	1.02	100.3/20.2	>65	
60	0.9	224.6/23.2	>65	
77	0.73	1030/29	>65	
90	0.64	3300/33.5	>65	
3... AUSSENPUTZ d= 4cm (i. M.) 50 cm NATURSTEIN	2.30	24.2/30.6	>65	

Tab. 9.2: Bauphysikalische Kennwerte massiver Wandbauteile

Mögliche Verbesserungen der Wärmedämmung durch nachträglich angeordnete Dämmschichten sind in Abb. 9.3 dargestellt.

Zu nachträglich gedämmten Wandelementen ist hinsichtlich der Luftschalldämmung festzuhalten, daß sich in Abhängigkeit von der dynamischen Steifigkeit der Dämmschicht in einigen Frequenzbereichen Einbrüche (aufgrund des sich einstellenden Feder-Masse-Systems) zeigen können. Die Beurteilung dieses Effektes hängt unmittelbar von den dynamischen Eigenschaften der verwendeten Dämmelemente ab.

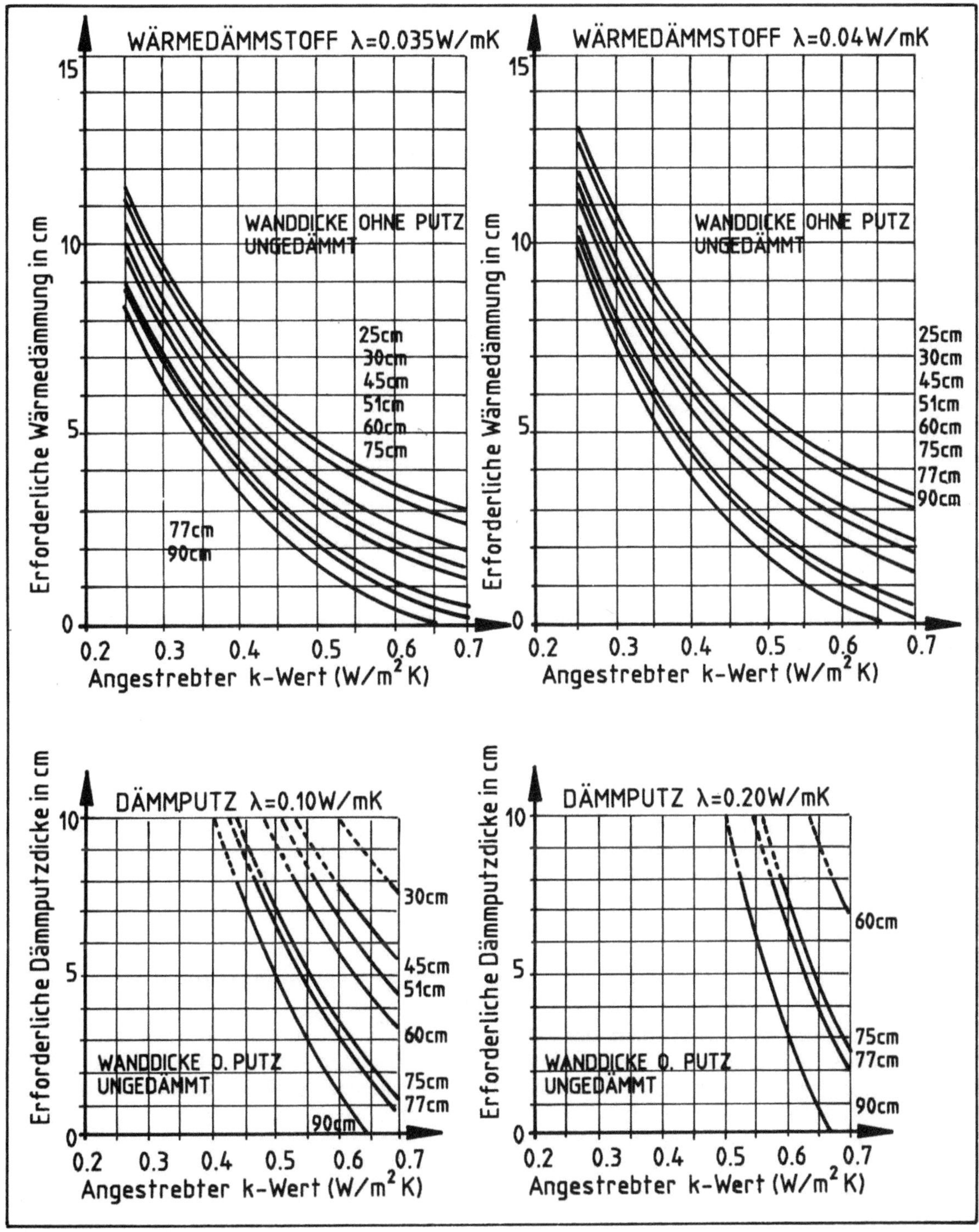

Abb. 9.3: Verbesserung der Wärmedämmung durch zusätzlich angeordnete Dämmschichten

9.3. ZUSAMMENGESETZTE BAUTEILE - KRITISCHE DETAILPUNKTE

9.3.1. WÄRMEDÄMMUNG ZUSAMMENGESETZTER BAUTEILE

Im Zusammenhang mit der Wärmedämmung von Außenwänden wird, da die massiven Ziegelmauern in der Regel (zumindest in den unteren Geschossen) eine ausreichende Wärmedämmung aufweisen, in vielen Fällen der Einfluß der Fensterkonstruktionen entscheidender Beurteilungsfaktor. Geht man von entsprechend abgedichteten Konstruktionen aus, weisen die in den betrachteten Wohnbauten durchwegs verwendeten Kastenfenster die k-Werte laut Abb. 9.4 auf. Dabei wurden einem abgedichteten, sonst unbehandelten Fenster entsprechend verbesserte Konstruktionen gegenübergestellt.

Die Werte für neue Konstruktionen sind den aktuellen Prüfzeugnissen der Anbieter zu entnehmen, bleiben in der Aufstellung daher unberücksichtigt.

Im Zusammenwirken mit den massiven Wandteilen ergeben sich für ausgewählte Wandaufbauten die Zusammenhänge gemäß Abb. 9.5. Die gewählten Flächenverhältnisse liegen innerhalb der bei zahlreichen Gebäudeanalysen festgestellten Bandbreite.

9.3.2. WÄRMETECHNISCHE BEURTEILUNG VON DETAILPUNKTEN (MEHRDIMENSIONALE TEMPERATURFELDER)

Obwohl auf die Grundlagen mehrdimensionaler Betrachtungen der Temperaturverteilung nicht eingegangen werden kann, ist zu betonen, daß bei baulichen Veränderungen derartige Fragen behandelt werden müssen, um bereichsweise Abkühlungen der inneren Bauteiloberflächen unter den für das Innenklima maßgebenden Taupunkt zu vermeiden. Unter den für Wohnräume üblichen innenklimatischen Bedingungen (Innenlufttemperatur 20°C, relative Luftfeuchtigkeit 50%; damit Taupunkttemperatur 9,3°C) reicht eine Temperatur der Innenoberfläche von 10°C zur Verhinderung von Oberflächentauwasser aus.

Als Beispiel dazu ist in Abb. 9.6 die sich bei einem Fenstertausch in bezug auf die gewählte Einbauebene ergebende Temperaturverteilung in der Fensterlaibung veranschaulicht. Es zeigt sich, daß bei ungünstiger Anordnung zumindest zeitweise Oberflächentauwasser auftreten kann.

9.3.3. LUFTSCHALLDÄMMUNG ZUSAMMENGESETZTER BAUTEILE

Auch im Hinblick auf das Problem des Schallschutzes von Außenbauteilen muß auf die meist dominierende Wirkung der Fensterkonstruktionen verwiesen werden. Geht man von der Voraussetzung einer entsprechenden Abdichtung der Fenster (sowohl an den Fugen Glas-Flügel und Flügel-Stock als auch in der Bauanschlußfuge) aus, ergeben sich bei den vorhandenen und verbesserten Konstruktionen die Kennwerte gemäß Abb. 9.7. Die für neue Konstruktionen (Fenstertausch) anzusetzenden Werte sind den Prüfzeugnissen der Hersteller zu entnehmen.

Im Zusammenwirken mit den massiven Außenwandelementen liegen bei gleichen Flächenverhältnissen wie in Abb. 9.5 die in Abb. 9.8 dargestellten Werte vor.

(Werte für verschiedene Wandaufbauten (massiv) - siehe Abschnitt 9.2.)

BESTAND /VERBESSERUNG	MASSNAHME (TEXT)	k – WERT W/m²K	GESAMT ENERGIEDURCH- LASSGRAD g [–]
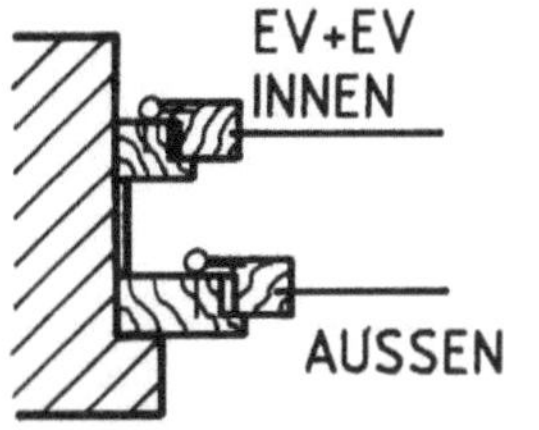 EV+EV INNEN / AUSSEN	BESTAND	2.1 ... 2.3	0.8
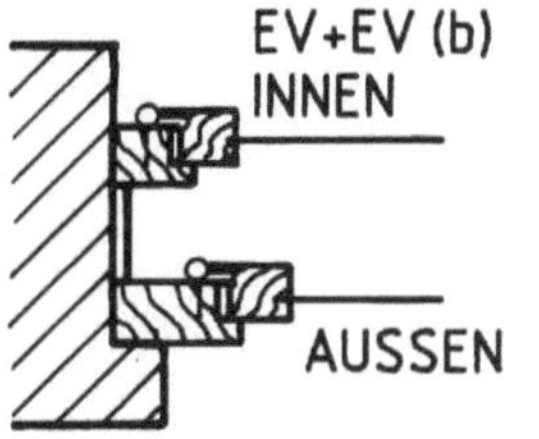 EV+EV (b) INNEN / AUSSEN	INNENSCHEIBE EDELMETALL- BESCHICHTET	~ 1.6	~0.75
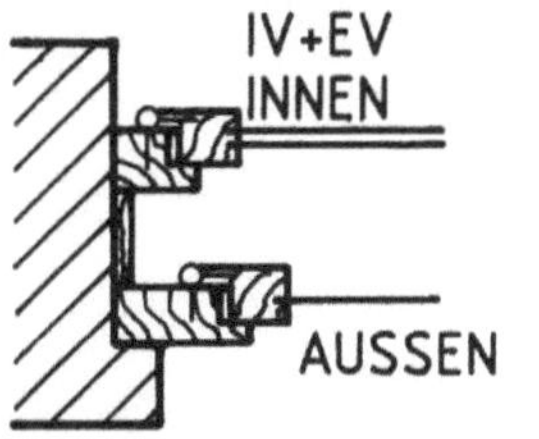 IV+EV INNEN / AUSSEN	INNEN ISOLIERVER- GLAST	1.5 ...1.7	0.7
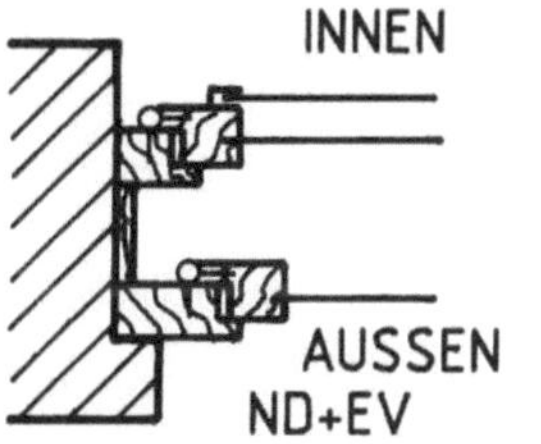 INNEN / AUSSEN ND+EV	ZUSATZ – SCHEIBE INNEN	1.5 ... 1.7	0.7
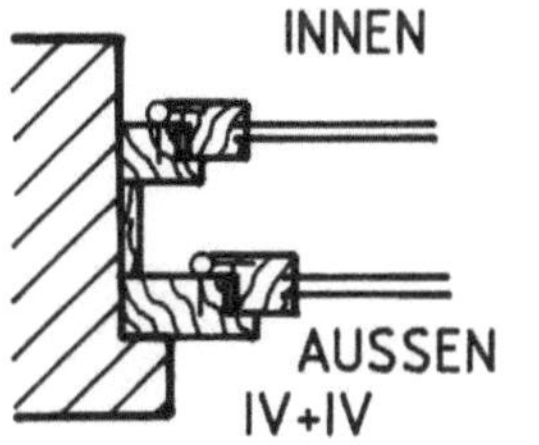 INNEN / AUSSEN IV+IV	INNEN und AUSSEN ISOLIERVER- GLAST	1.2 ... 1.3	0.6

LEGENDE :

EV ..... EINFACHVERGLASUNG
EV(b). EINFACHVERGLASUNG (SCHEIBE EDELMETALLBESCHICHTET)
IV ...... ISOLIERVERGLASUNG
ND ..... NACHTRÄGLICHE ZUSATZSCHEIBE

Abb. 9.4: Kastenfenster (abgedichtet)/ursprünglicher und verbesserter Zustand

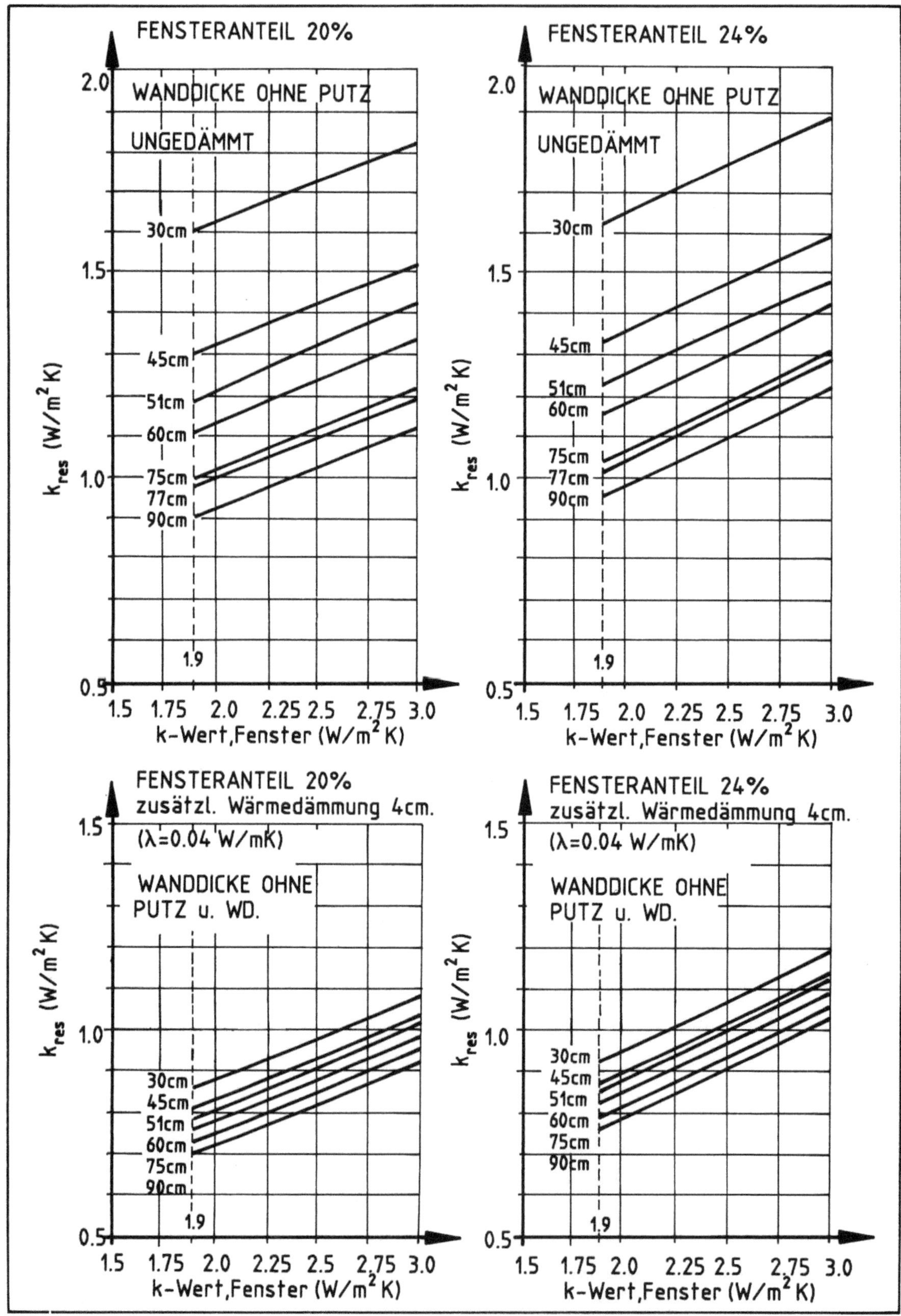

Abb. 9.5: Wärmedämmung von Außenwandelementen mit Fenstern

9.3.4. SCHALLÜBERTRAGUNG IM INNEREN

Bei der Schallübertragung im Gebäudeinneren sind außer der Luftschalldämmung der Trennbauteile und der Körperschalldämmung (vorwiegend bei Geschoßdecken) Probleme der Schallübertragung an Verzweigungspunkten (Wandkreuzungen) zu beachten.

Infolge maßgebender Unterschiede im Flächengewicht aneinanderstoßender Trennbauteile (Geschoßdecken als flankierende Bauteile bei massiven Wände) kann die durch einen Trennbauteil übertragene Schallenergie zum Teil von den Angaben für einen im Meßstand geprüften Konstruktionsaufbau abweichen. Da die Flächengewichte bei Konstruktionselementen im Altbau für ähnliche Konstruktionen innnerhalb weiter Grenzen liegen, wurde von einer Auswertung dieses Zusammenhanges abgesehen. Die Ermittlung des Einflusses flankierender Bauteile auf die Schalldämmung von Trennelementen kann nach den heute allgemein anerkannten Regeln erfolgen.

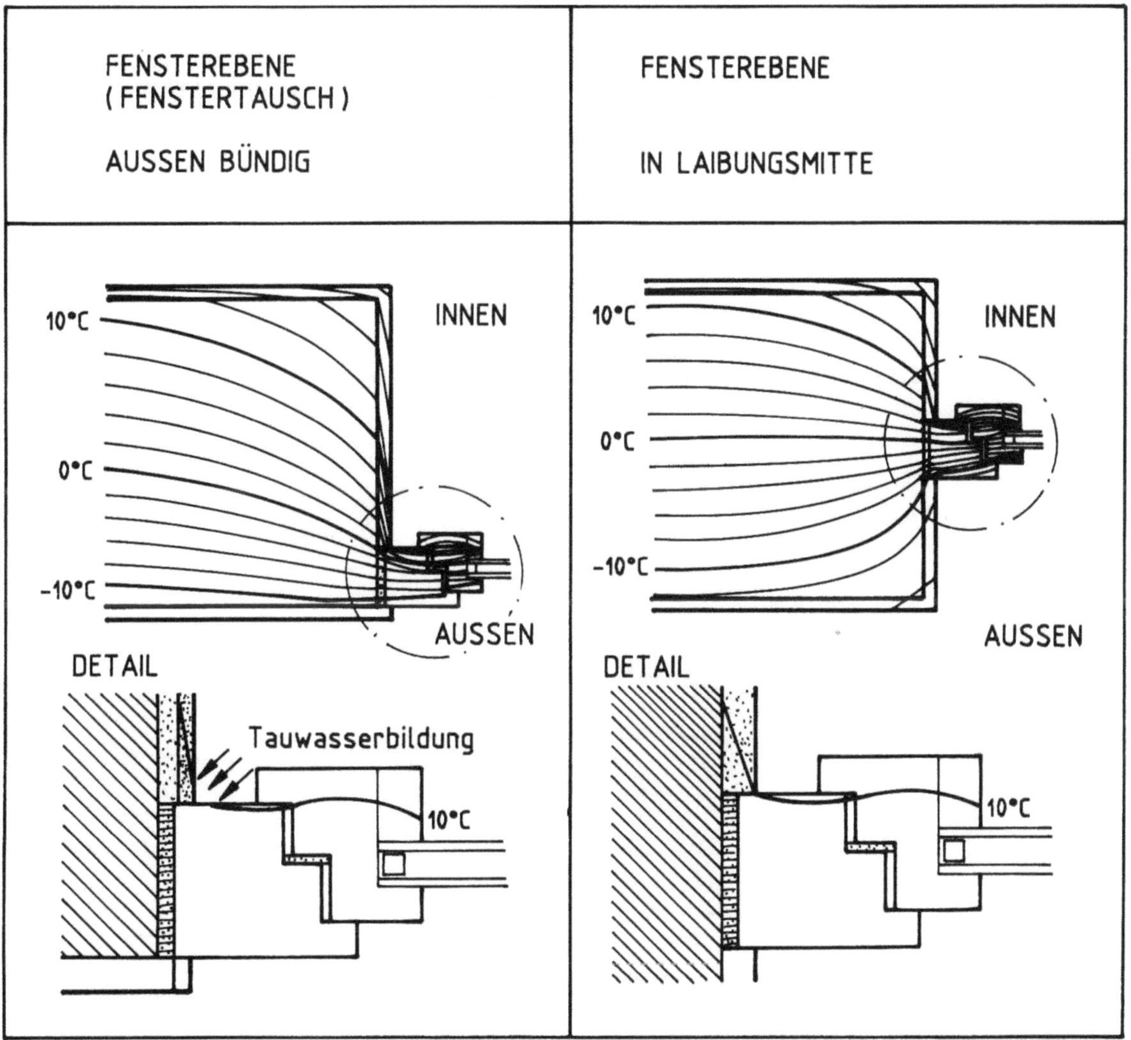

Abb. 9.6: Temperaturverteilung in einer Fensterlaibung, abhängig von der gewählten Einbauebene (nach Einfeldt et al.)

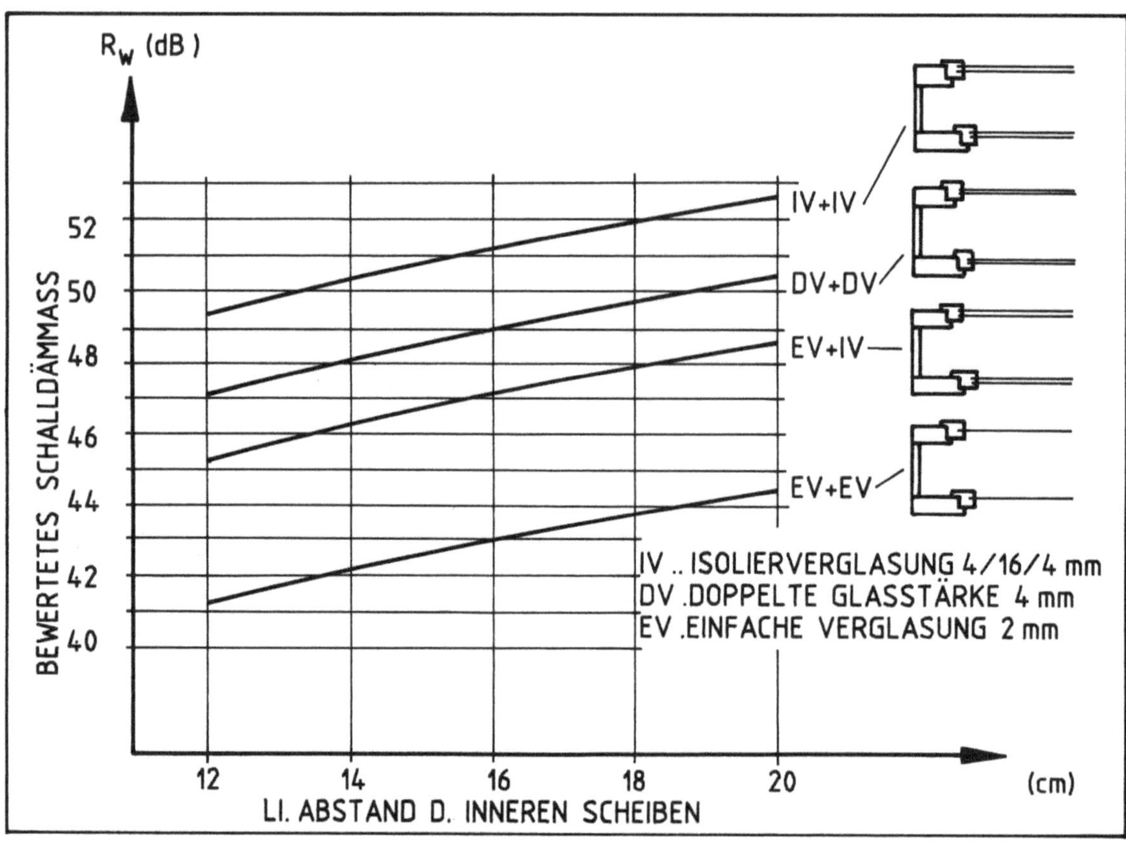

Abb. 9.7: Bewertetes Schalldämmaß von Kastenfenstern (abgedichtet)/ursprünglicher und verbesserter Zustand

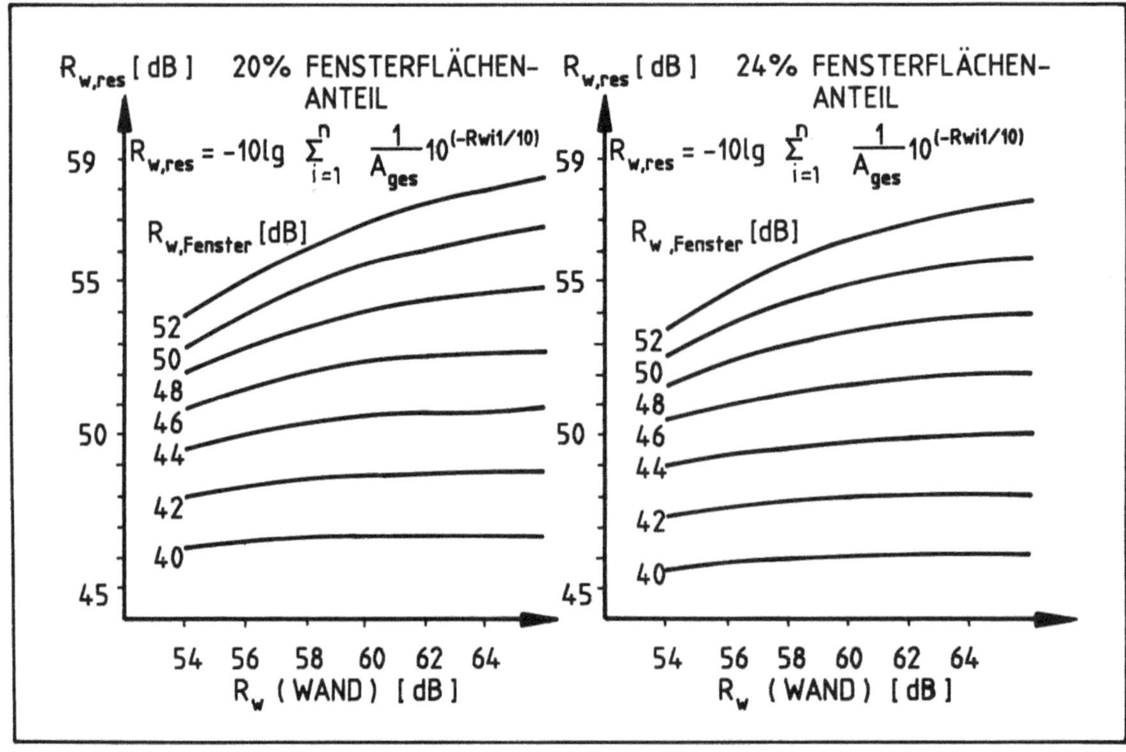

Abb. 9.8: Bewertetes Schalldämmaß zusammengesetzter Außenwandflächen

LITERATUR

ABKÜRZUNGEN *(Institutionen/Periodika)*

ABZ: Allgemeine Bauzeitung (Ch.F.L. Förster), Wien
BB: Bautenschutz - Bausanierung, Köln
BT: Die Bautechnik, Berlin
DBZ: Deutsche Bauzeitschrift, Gütersloh
FGW: Forschungsgesellschaft für Wohnen, Bauen und Planen, Wien
IB: Österreichisches Institut für Bauforschung, Wien
IVBH: Internationale Vereinigung für Brückenbau und Hochbau;ETH Hönggerberg/Zürich
IVBH-R: IABSE Reports - Rapports AIPC - IVBH Reports
ÖBV: Österreichischer Betonverein, Wien
ÖGEB: Österreichische Gesellschaft zur Erhaltung von Bauten, Wien
ÖIAV: Österreichischer Ingenieur- und Architekten-Verein, Wien
ÖIAZ: Österreichische Ingenieur- und Architekten-Zeitschrift bzw. Zeitschrift des ÖIAV, Wien
ÖSTV: Österreichischer Stahlbauverband, Wien
TG: Technikgeschichte
ZuB: Zement und Beton, Wien

1. ALTE LITERATUR (BIS 1945)

Akademischer Verein "Hütte" (Hrsg.): Hütte. Des Ingenieurs Taschenbuch. 17. Aufl.
Berlin: W. Ernst u. Sohn 1899.

Bach, C.: Elastizität und Festigkeit. Berlin: J. Springer 1911.

Basta, J.: Studie über die Elasticität und Festigkeit der doppelt gekrümmten Träger. Statik der
freitragenden Treppen. In: ABZ, 1898.

Becker, M.: Allgemeine Baukunde des Ingenieurs. Stuttgart: Verlagsbuchhandlung
C. Hacken 1853.

Behse, W.H.: Der Maurer. 7. Aufl. Leipzig: B.F. Voigt 1902.

Bernhofer, F.: I-Träger als Rostschließen für Tram- und Dübelböden. In: ÖIAZ, Jg. 45, 1893.

Bierbaumer, A.: Vorschläge für die Beurteilung von Flach- und Pfahlgründungen.
Wien: ÖIAV 1929.

Brandt, E.: Lehrbuch der Eisen-Constructionen mit besonderer Anwendung auf den Hochbau.
Berlin: Ernst u. Korn 1865.

Breymann, G.A. u. Lang, H.: Allgemeine Bau-Constructions-Lehre. Stuttgart: G. Weise 1868.

Breymann, G.A. u. Lang, H.: Bau-Constructions-Lehre. Stuttgart: G. Weise 1881.

Brik, J.E.: Zur Verwerthung der Ergebnisse aus dem Berichte des Stiegenstufen-Ausschusses.
In: ÖIAZ, Nr. 22, 1896.

Brik, J.E.: II. Bericht des Stiegenstufen-Ausschusses. In: ÖIAZ, Nr. 31 u. Nr. 32, 1898.

Brik, J.E.: Die statischen Verhältnisse der freitragenden Stiegenarme bei den Versuchen des Stufen-Ausschusses. In: ÖIAZ, Nr. 33, 1898.

Brunel, M.G.: Versuche über die vermehrte Festigkeit des Mauerwerks, wenn dasselbe durch Einführung anderer als der gewöhnlichen Materialien eine stärkere Verbindung erhält. In: ABZ, 1838.

Culmann, K.: Der Bau der hölzernen Brücken in den Vereinigten Staaten von Nordamerika. In: ABZ, 1851.

Culmann, K.: Der Bau der eisernen Brücken in England und Amerika. In: ABZ, 1852.

Daub, H.: Hochbaukunde. Leipzig u. Wien: F. Deuticke 1905.

Delabar, G.: Die wichtigsten Holzkonstruktionen mit den Zimmer-, Schreiner- und Glaserarbeiten. 8. Heft der Anleitung zum Linearzeichnen. Freiburg im Breisgau: Herder'sche Verlagsbuchhandlung 1896.

Delbrück: Über den Bau der Kamine und Schornsteine. In: ABZ, 1853.

Demski, G.: Bericht des Ausschusses über die Untersuchungen der Schalldichte bei Deckenkonstruktionen. In: ÖIAZ, Jg. 55, 1903.

Diesener, H.: Die Festigkeitslehre und die Statik im Hochbau. 2. Aufl. Halle a.d. Saale: L. Hofstetter 1891.

Dühring, E.: Prinzipien der Mechanik. 1887. Vaduz: Reprint Sändig Verlag.

Durm, J. (Hrsg.): Die Hochbau-Constructionen. Des Handbuchs der Architekten 3. Teil, 2. Bd., 3. H. Darmstadt: A. Burgsträsser 1895.

Emperger: Eine Reihe von Bruchversuchen mit Hochbau-Construktionen. In: ÖIAZ, Nr. 15, 1896.

Ernst, C.: Das Eisen im XIX. Jahrhundert. In: ÖIAZ, Jg. 52, 1900.

Förster, M.: Taschenbuch für Bauingenieure. Berlin: J. Springer 1911.

Förster, M.: Lehrbuch der Baumaterialienkunde. Leipzig: W. Engelmann 1912.

Froelich, H.: Elementare Anleitung zur Anfertigung statischer Berechnungen für die im Hochbau üblichen Constructionen mit eisernen Trägern und Stützen. 2. Aufl. Berlin: Polytechnische Buchhandlung A. Seydel 1897.

Godwin, G.: Ueber die Natur und Eigenschaften des Konkretes (Betons) und seine Anwendung bei der Aufführung von Gebäuden. In: ABZ, 1838.

Gottgetreu, R.: Lehrbuch der Hochbau-Konstruktionen. III. Theil: Eisen-Konstruktionen. Berlin: Ernst u. Korn 1885.

Greil, A.: Bericht des Stiegenstufen-Ausschusses. In: ÖIAZ, Nr. 12, 1896.

Gridl, I.: Tabellen und Vorschriften für die Berechnung von Walzeisen, genieteten Konstruktionen, Gußsäulen etc. Wien: Eigenverlag I. Gridl, k. u. k. Hof-Eisenconstructions-Werkstätte, Schlosserei und Brückenbau-Anstalt 1908.

Gumbart: Beitrag zur Theorie schiefer Gewölbe. In: ABZ, 1851.

Gut, A.: Das Berliner Wohnhaus des 17. und 18. Jahrhunderts. Reprint der Ausgabe von 1917. Berlin: W. Ernst u. Sohn 1984.

Hanisch, A.: Zu den Versuchen mit Stiegenstufen. In: ÖIAZ, Nr. 34, 1896.

Hanisch, A.: Prüfungsergebnisse mit natürlichen Bausteinen. Wien u. Leipzig: F. Deuticke 1912.

Hatzel, E.: Über die Technik in specieller Beziehung auf die Architektur und die Gestaltung der Formen. In: ABZ, 1849.

Heinzerling, F.: Historische Übersicht über die Anwendung des Eisens zu Brückenbauten und deren Ergebnisse für die Wahl ihres Konstruktionssystems und Eisenmaterials. In: ABZ, 1868/1869.

Heinzerling, F.: Historische Übersicht über die technische Entwicklung der Brücken in Stein und Holz und deren Ergebnisse für die Wahl ihres Konstruktionssystems und Baumaterials. In: ABZ, 1871.

Hermanek, J.: Einfluß von Temperaturschwankungen auf Gewölbe. In: ÖIAZ, Nr. 27, 1897.

Heyder: Über Hohlziegel-Mauerwerk. In: ABZ, 1852.

Issel, H.: Der Holzbau. Umfassend: Den Fachwerk-, Block-, Ständer- und Stabbau und deren zeitgemäße Verwendung. Weimar: B.F. Voigt 1900. Hannover: Th. Schäfer 1985. (Reprint.)

Jaray, K. u. Krombholz, L.: Leitfaden des Hochbaues unter Berücksichtigung der Bauschäden. Halle a.d. Saale: W. Knapp 1909.

Junk, D.V.: Wiener Bauratgeber. Wien: Jos. Eberle u. Co., Druckerei u. Verlags AG vorm. R. v. Waldheim 1916.

Jurawski: Bemerkungen über Gitterbalken und volle Blechbalken. In: ABZ, 1861.

Kick, F.: Über den Congress des internationalen Verbandes für Materialprüfung in Stockholm am 23. bis 25. August 1897. In: ÖIAZ, Nr. 7, 1898.

Klasen, L.: Handbuch der Hochbau-Constructionen in Eisen und anderen Metallen. Leipzig: W. Engelmann 1876. Hannover: Th. Schäfer 1981. (Reprint.)

Knapp, W.: Die Eisenkonstruktionen des Hochbaues. Leipzig: C. Scholtze Verlag W. Junghans 1911.

Kobell v.: Beitrag zur Statik der Gewölbe. In: ABZ, 1855.

Koch, J.: Zu den Versuchen mit Stiegenstufen. In: ÖIAZ, Nr. 37, 1896.

Krüger, R.: Handbuch der Baustofflehre. Wien, Pest u. Leipzig: A. Hartleben 1899.

Kuhlmann, F.: Untersuchungen über die Erhaltung der Baumaterialien. In: ABZ, 1863.

Leupold, J.: Schauplatz des Grundes Mechanischer Wissenschaften. (Reprint.) Leipzig: Ch. Zunkel 1724. Hannover: Th. Schäfer 1982. (= Edition "libri rari".)

Leupold, J.: Schauplatz der Brücken und Brücken-Baues. (Reprint.) Leipzig: Ch. Zunkel 1726. Hannover: Th. Schäfer 1982. (= Edition "libri rari.")

*Mayer, R.: Über die Vertheilung des Pfeilerdruckes in den Fundamenten.
In: ÖIAZ, Nr. 50, 1896.*

*Mayer, R.: Über die Bedingungen einer gleichförmigen Druckvertheilung in den Fundamenten.
In: ÖIAZ, Nr. 3, 1897.*

Mayer, R. u. Tetmajer: Diskussionsbeiträge zu "Die Knickfestigkeit in Theorie, Versuch und Praxis". In: ÖIAZ, Nr. 11, 1898.

*Mehrtens, G.C.: Vorlesungen über Ingenieurwissenschaften. 1. Teil: Statik und Festigkeitslehre.
3. Bd., 1. Hälfte: Gewölbe und Stützmauern. Leipzig: W. Engelmann 1912.*

Melan, J.: Versuche mit Plattenbalken. Heft 2 der Mitteilungen über Versuche, ausgeführt vom Eisenbeton-Ausschuß des ÖIAV. Leipzig u. Wien: F. Deuticke 1912.

Menck, O.: Die Bauconstructionslehre. Leipzig: Baumgärtners's Buchhandlung 1871.

*Mörsch, E. (Hrsg.): Der Eisenbetonbau. Seine Theorie und Anwendung. 4. Aufl.
Stuttgart: K. Wittwer 1912.*

Mohr, S.: Der Hochbau. Wien: J. Springer 1936.

*Morin, A.: Die Widerstandsfähigkeit der Baumaterialien. 1. Teil: Ausdehnung.
2. Teil: Rückwirkende Festigkeit. In: ABZ, 1853.*

*Morin, A.: Die Widerstandsfähigkeit der Baumaterialien. 3. Teil: Biegung. 4. Teil: Torsion.
In: ABZ, 1854.*

*Müller, C.H. u. Tempe, A.: Die Grundgleichungen der mathematischen Elastizitätstheorie.
In: Encyclopädie der mathematischen Wissenschaften. 4. Bd.: Mechanik.
Leipzig: B.G. Teubner 1907-1914.*

*Müller-Breslau, H.: Die graphische Statik der Baukonstruktionen. 2 Bände.
Stuttgart: A. Kröner 1905 u. 1922.*

*Navier, L.H.H.: Mechanik der Baukunst (Ingenieur-Mechanik). Übs. v. G. Westphal.
Hannover: Helwig'sche Verlags-Buchhandlung 1879.*

Neumann, F.R.: Die Baugeschichte Wiens in den Jahren 1848-1898. In: ÖIAZ, Nr. 13, 1899.

Opderbecke, A.: Der Maurer. Leipzig: B.F. Voigt 1925.

Ortmann, O.: Zur Theorie der Widerstandsfähigkeit von Baumaterialien. In: ABZ, 1843.

Ortmann, O.: Zur Theorie der Widerstandsfähigkeit von Baumaterialien. In: ABZ, 1855.

Ostendorf, F.: Die Geschichte des Dachwerks. Erläutert an einer großen Anzahl mustergültiger alter Konstruktionen. Leipzig: B.G. Teubner 1908. Hannover: Th. Schäfer 1982. (Reprint.)

Ostenfeld, A.: Zur Berechnung der Monierconstructionen. In: ÖIAZ, Nr. 2, 1898.

*Petkovsek, J.: Die Baugeschichte Wiens in geologisch-bautechnischer Beleuchtung.
Wien: A. Pichlers Witwe u. Sohn 1897.*

Polonceau, C.: Neues Dachkonstrukzionssystem aus Holz und Eisen. Originalarbeit in: Revue Générale de l'Architecture. Übs. in: ABZ, 1840.

Prenninger: Bericht des Gewölbe-Ausschusses des ÖIAV. In: ÖIAZ, Jg. 44, 1892.

Rebhann G.: Graphische Bestimmung des Erddrucks an Futtermauern und deren Widerstandsfähigkeit. In: ABZ, 1851.

Rebhann, G.: Relative Widerstandsfähigkeit eines an beiden Enden festgehaltenen prismatischen Trägers. In: ABZ, 1853.

Rebhann, G.: Notizen über einige Parallel-Versuche mit dem österreichischen Portland-Cemente aus der Fabrik der Herren Kraft u. Saulich zu Perlmoos bei Kufstein in Tirol einerseits, dann mit den englischen Portland-Cementen von Robins u. Comp., von Francis Brothers u. Pott und von White u. Brothers andererseits. In: ABZ, 1862.

Rella, A.: Die Assanierung der Städte in Österreich-Ungarn 1848-1898. In: ÖIAZ, Nr. 17, 1899.

Reynaud, L.: Eiserne Dächer in Paris. In: ABZ, 1851.

Ringhoffer, E.: Lehre vom Hochbau. 2. Aufl. Text u. Atlas. Brünn: Buschak u. Lergang 1878.

Ritter, A.: Elementare Theorie und Berechnung eiserner Dach- und Brückenkonstruktionen. Hannover: C. Rümpler 1870.

Ritter, W.: Anwendungen der graphischen Statik nach Prof. Dr. C. Culmann. Zürich: Meyer u. Zeller 1888.

Roffiaen, F.: Widerstandsfähigkeit von Baumaterialien. In: ABZ, 1859.

Schmid, H.: Die modernen Marmore und Alabaster. Leipzig u. Wien: F. Deuticke 1897.

Schmölke, J.: Handbuch für Hochbautechniker zur Benutzung beim Entwerfen und Veranschlagen von Hochbauten aller Art. 2. Aufl. Holzminden: C.C. Müllersche Buchhandlung 1883.

Schreier, J.: Graphostatische Untersuchung des elastischen Kreisbogengewölbes. Sonderabdruck aus: ÖIAZ, Nr. 6, 1903. Wien: Lehmann u. Wenzel 1903.

Schreier, J.: Zur statischen Untersuchung von flachen Gewölben. Sonderabdruck aus: ÖIAZ, Nr. 1, 1905. Wien: Lehmann u. Wenzel 1905.

Schreier, J.: Graphostatische Untersuchung des flachen Parabelgewölbes. Sonderabdruck aus: ÖIAZ, Nr. 51, 1905. Wien: Lehmann u. Wenzel 1906.

Schustler, J.: Cement- und Betonproben. In: ÖIAZ, Nr. 42, 1899.

Spitzer, J.A.: Berechnung der Monier-Gewölbe. Wissenschaftliche Verwerthung der Versuchsergebnisse bei dem Purkersdorfer Probegewölbe von 23m Lichtweite nach System Monier. In: ÖIAZ, Jg. 48, 1896.

Spitzer, J.A.: Entwicklung des Beton-Eisenbaues vom Beginne bis zur Gegenwart. In: ÖIAZ, Jg. 53, 1901.

Stade, F. (Hrsg.): Die Schule des Bautechnikers. Bd. 13: Holzkonstruktionen. Leipzig: M. Schäfer 1904.

Tetmajer: Die Knickfestigkeit in Theorie, Versuch und Praxis. In: ÖIAZ, 1898.

Thullie, M.: Die neuen österreichischen Vorschriften über Eisenbetonbauten. In: ÖIAZ, Jg. 63, 1911.

Titscher, F. u. Schwalb, O.: Die Baukunde. Selbstverlag F. Titscher 1907.

Trzeschtik, L.: Moderne bautechnische Probleme. In: ABZ, 1892.

Trzeschtik, L.: Über moderne Bauprobleme II. Ingenieuristisches Bauwesen. In: ABZ, 1894.

Volland, G.C.: Die Dachkonstruktionen. 1. Hälfte. Leipzig: J.M. Gebhardt 1897.

Volland, G.C.: Die Dachkonstruktionen. 2. Hälfte. Leipzig: J.M. Gebhardt 1904.

Wanderley: Die Konstruktionen in Stein. 2. Bd. des Handbuches der Baukonstruktionslehre. Fulda u. Leipzig: J.J. Arnd 1895.

Warth, O.: Die Konstruktionen in Holz. 1900. Hannover: Th. Schäfer 1982. (Reprint.)

Warth, O.: Die Konstruktionen in Stein. 7. Aufl. 1903. Hannover: Th. Schäfer 1981. (Reprint.)

Wieghardt, K.: Theorie der Baukonstruktionen. In: Encyclopädie der mathematischen Wissenschaften. 4. Bd.: Mechanik. Leipzig: B.G. Teubner 1907-1914.

Winkler, C.: Theorie der eisernen Gitterträger. In: ABZ, 1859.

Wittmann: Über die Stabilität freitragender Treppen. (Vortrag im Rahmen der Wochen-Versammlung des Münchener Architekten- und Ingenieur-Vereins vom 4.12.1890.) In: DBZ, 01/1891.

Zimmermann, H.: Einige Bemerkungen über die Sicherheitszahl. In: BT, H. 18, 1925. Diskussionsbeitrag dazu (Mayer, R.) und Stellungnahme des Autors in: BT, H. 52, 1925.

Zippe, F.X.M.: Geschichte der Metalle. 1857. Vaduz: Reprint Sändig Verlag.

VERÖFFENTLICHUNGEN OHNE VERFASSERANGABE

Anleitung zur Bestimmung der Stärke gußeiserner Säulen verschiedenen Querschnittes und gußeiserner Träger von doppelter T-Form. In: ABZ, 1859.

Auf Erfahrung gegründete Betrachtungen zur Nutzanwendung bei der Erbauung von metallenen, steinernen und hölzernen Brücken, Trägern, Entlastungsbögen, Dachstühlen, überhaupt von allen Bautheilen, welche bedeutende Lasten zu tragen haben. In: ABZ, 1857.

Ausrüstung der Gewölbe. In: ABZ, 1860.

Bauordnung für die k.k. Reichshaupt- und Residenzstadt Wien. 3. Aufl. Wien: Manz'sche k. u. k. Hof-Verlags- u. Univ.-Buchhandlung 1893.

Bauordnung für die königliche Stadt Brünn und die dazu gehörigen Vorstädte. In: ABZ, Jg. 13, 1848.

Bau-Polizei-Ordnung für den Stadtkreis Berlin. Berlin: E. Wasmuth 1887.

Beitrag zur Konstruktion eiserner Zimmerdecken und Brückenbahnen. In: ABZ, 1856.

Bemerkungen über Kalke, Cemente und Mörtel. In: ABZ, 1862.

Bemerkung über die Form der zum Beton zuzusetzenden Puzzolane. In: ABZ, 1840.

Biographische Notiz. L. Navier. In: ABZ, 1837.

Der Cement von Passy und die mit demselben ausgeführten Bauwerke, besonders Pont aux Doubles zu Paris. In: ABZ, 1852.

Ein Beitrag zur Reform der Gewölbestärken zwischen Walzträgern. In: ÖIAZ, 1897.

Eindeckung mit Eisenblech. In: ABZ, 1837.

Eiserne Deckenverbindungen. In: ABZ, 1860.

Eisenconstruktionen für Brücken, Träger, Dachstühle, Fenster, Thüren usw. In: ABZ, 1864.

Flachziegelgewölbe. In: ÖIAZ, Nr. 10, 1896.

Ueber das Einrammen der Pfähle bei Gründungsarbeiten. In: ABZ, 1849.

Ueber die Mauerziegel. Nach dem Englischen des Turner. In: ABZ, 1839.

Ueber Mauerkonstrukzionen und Fundamentirungen mittels eiserner Traggerippe. In: ABZ, 1840.

Verhandlungen über eiserne Balkendecken in den Versammlungen des königlichen Architektenvereins in London. In: ABZ, 1854.

Verordnung des Ministeriums des Inneren vom 23. September 1859, womit eine Bauordnung für die k.k. Reichshaupt- und Residenzstadt Wien erlassen wird. In: ABZ, 4. Bd., Nr. 21, 1859.

Widerstandsfähigkeit von Stiegenstufen. In: ÖIAZ, Nr. 36, 1896.

Zement und Beton (Berlin), Jg. 6, Nr. 9-18, 1907.

2. NEUE LITERATUR

In der folgenden Aufstellung neuer Literatur sind aktuelle Normen und Normenentwürfe nicht enthalten, um den Rahmen dieser Übersicht nicht zu sprengen. Bei Bezugnahme auf Normvorgaben erfolgt der Hinweis auf die entsprechende nationale oder internationale Norm im Text.

Abdunur, C.: Stress and Deformability in Concrete and Masonry. In: IVBH-R, Vol. 46, IVBH ETH Hönggerberg/Zürich, 1983.

Achterberg, G. u. Bade, K.: Beispielsammlung zur Verbesserung des Wärmeschutzes von Altbauten. Forschungsarbeit im Auftrag des Bundesministers für Raumordnung, Bauwesen und Städtebau, Bonn. Hannover: Institut für Bauforschung 1979.

Achterberg, G.: Erfassungsmethode für den Altbaubestand. Hannover: Institut für Bauforschung 1986.

Achterberg, G.: Rationell modernisieren. Methoden und Maßnahmen aus Erkenntnissen der Praxis. Hannover: Institut für Bauforschung, RG-Bau, 1982.

Ahnert, R. u. Krause, K.: Typische Baukonstruktionen von 1860 bis 1960. Zur Beurteilung der vorhandenen Bausubstanz. Gründungen, Wände, Decken, Dachtragwerke. Berlin: VEB Verlag für Bauwesen 1985.

Albrecht, R.: Bauschäden. Wiesbaden u. Berlin: Bauverlag 1977.

Apel, K.: Handbuch der Altbau-Renovierung. Stuttgart: Deutsche Verlags-Anstalt 1978.

Arendt, C.: Altbau-Erneuerung. Leitfaden zur Erhaltung und Modernisierung alter Häuser. 2. Aufl. Stuttgart: Deutsche Verlags-Anstalt 1981.

Aribert, J.M. u. Rival, J.C.: Essais sur le comportement de connecteurs: Goujons classiques et goujons visses. Rennes: Institut National des Sciences Appliquées 1988. (= Rapport partiel de contrat avec le Ministère de la Recherche et de la Technologie. Nr. CR 152.)

Ashby, M.F. u. Jones, D.R.H.: Ingenieurwerkstoffe. Einführung in Eigenschaften und Anwendung. Berlin, Heidelberg u. New York: Springer-Verlag 1986.

Balkowski, F.D.: Sanierung historischer Bausubstanz. Köln-Braunsfeld: R. Müller 1982.

Bammer, A.: Architektur als Erinnerung. Archäologie und Gründerzeitarchitektur in Wien. Wien: Österreichische Gesellschaft für Archäologie 1977. (= Archäologisch-soziologische Schriften. Bd. 2.)

Banik-Schweitzer, R. u. Meissl, G.: Die Durchsetzung der industriellen Marktproduktion in der Habsburgerresidenz. Forschungen und Beiträge zur Wiener Stadtgeschichte. Bd. 11: Industriestadt Wien. Wien: F. Deuticke 1983.

Bauakademie der DDR, (Hrsg.): Zuverlässigkeitskonzeption für tragende Baukonstruktionen. Methodische Grundsätze. Berlin: Bauinformation der DDR 1988. (= Bauforschung u. Baupraxis. Nr. 227.)

Bauer, F.: Konstruktions- und Bemessungsmethoden im Gewölbebau. Diplomarbeit, ausgeführt am Institut für Hochbau und Industriebau der TU Wien. Wien 1985.

Bavendamm, W.: Der Hausschwamm und andere Bauholzpilze. Verbreitung und Bekämpfung. Stuttgart: G. Fischer 1969.

Beelich, K.H.: Werkstoffpraktikum, kurz und bündig. Grundlagen, Durchführung, Auswertung, Diskussion, Fehlerberatung. Würzburg: Vogel 1971.

Berger, F.: Zur nachträglichen Bestimmung der Tragfähigkeit von zentrisch gedrücktem Ziegelmauerwerk. In: Erhalten historisch bedeutsamer Bauwerke. Sonderforschungsbereich 315. Universität Karlsruhe. Jahrbuch 1986. Berlin: Ernst u. Sohn 1987.

Binda-Maier, L., Rossi, P.P. u. Sacchi Landriani, G.: Diagnostic Analysis of Masonry Buildings. In: IVBH-R, Vol. 46, IVBH ETH Hönggerberg/Zürich, 1983.

Blens, J. u. Schwandt, E.: Rekonstruktion von Deckentragwerken mehrgeschossiger Industriebauten. Berlin: Bauinformation der DDR 1983. (= Bauforschung - Baupraxis. Nr. 28.)

Blumer, H. et al.: Ingenieurholzbau in Forschung und Praxis. K. Möhler gewidmet. Karlsruhe: Bruderverlag 1982.

Bock, E.: Biologisch induzierte Korrosion von Naturstein. Starker Befall mit Nitrifikanten. In: BB, Jg. 10, H. 1, 1987.

*Bosshard, H.H.: Holzkunde. Bd. 1: Mikroskopie und Makroskopie des Holzes.
Basel, Boston u. Stuttgart: Birkhäuser 1982.*

*Bosshard, H.H.: Holzkunde. Bd. 2: Biologie, Physik und Chemie des Holzes.
Basel, Boston u. Stuttgart: Birkhäuser 1984.*

*Bosshard, H.H.: Holzkunde. Bd. 3: Holzbearbeitung und Holzverwertung.
Basel, Boston u. Stuttgart: Birkhäuser 1984.*

*Bourgund, U.: Sicherheitskonzept im Bauwesen. Ermittlung und Beurteilung von Teilsicher-
heitsbeiwerten. Innsbruck: Institut für Mechanik der Universität Innsbruck 1986.
(= Bericht. Nr. 5/86.)*

*Bramhas, E. u. Fantl, K.: Kriterien für die Beurteilung der Erhaltungs- und Sanierungswürdig-
keit alter Wohnungen, Wohnhäuser und Wohngebiete. Wien: IB 1975.
(= Forschungsbericht. Nr. 91.)*

*Bramhas, E.: Sanierungsprobleme großer Städte. Wien - Berlin. Wien: IB 1974.
(= Forschungsbericht. Nr. 109.)*

*Bramhas, E., Riccabona, C. u. Schmidl, W.: Althaussubstanz im Röntgenbild. Strukturelle
Analyse des Althausbestandes. Wien: FGW 1977. (= Monographie. Nr. 25.)*

*Breitschaft, G. u. Seyfert, H.J.: Internationale Entwicklung auf dem Gebiet der Baunormung.
Kooperation und Tendenzen in der Europäischen Gemeinschaft und deren Auswirkungen auf die
gesamteuropäische Normung. In: ÖIAZ, Jg. 132, H. 9, 1987.*

*Brocher, E. u. Ebert, H.: Folgeschäden bei der Modernisierung von Altbauten. Forschungsarbeit.
Hannover: Institut für Bauforschung 1984.*

*Bucur, V. u. Archer, R.R.: Elastic constants for wood by an ultrasonic method. In: Wood Science
and Technology, Nr. 18, 1984.*

Bundesholzwirtschaftsrat (Hrsg.): Heimisches Holz. Wien: Bundesholzwirtschaftsrat 1975.

*Conrad, K.-H.: Steinverfestigung mit Epoxidharzsystemen. Zukünftige Perspektiven.
In: BB, Sonderheft "Bausubstanzerhaltung in der Denkmalpflege", 1986.*

*Cramer, J. (Hrsg.): Bauforschung und Denkmalpflege. Umgang mit historischer Bausubstanz.
Stuttgart: Deutsche Verlags-Anstalt 1987.*

*Daiber, G.: Die Treppenkonstruktionen in Miethäusern von 1850 bis 1940. Aspekte zu ihrer
Entwicklung und Verbreitung am Beispiel Berlin, Hamburg und Hannover.
Düsseldorf: Werner 1986.*

*Dartsch, B.: Jahrhundertbaustoff Stahlbeton. Kritisches Protokoll einer Entwicklung.
Stuttgart: Beton-Verlag 1984.*

*Dartsch, B.: Konservieren, Sanieren, Restaurieren. Techniken zur Instandsetzung von und mit
Beton. Düsseldorf: Beton-Verlag 1978.*

*Deinhard, M.: Die Tragfähigkeit historischer Holzkonstruktionen.
Karlsruhe: Bruderverlag 1963.*

*Deutsches Nationalkomitee für Denkmalschutz (Hrsg.): Das Baudenkmal und seine Ausstattung.
Substanzerhaltung in der Denkmalpflege. (= Schriftenreihe des Deutschen Nationalkomitees für
Denkmalschutz. Bd. 31/1986.)*

Deutsches Institut für Normung (Hrsg.): Grundlagen zur Festlegung von Sicherheitsanforderungen für bauliche Anlagen. 1. Aufl. Berlin u. Köln: Beuth 1981.

Dittrich, H.: Bauphysikalische Problemlösungen bei der Altbaumodernisierung. Verbesserter Schall-, Wärme- und Feuchteschutz. 2. Aufl. Köln-Braunsfeld: R. Müller 1981.

Dittrich, H.: Feuchteschäden im Altbau. Köln-Braunsfeld: R. Müller 1986.

Einfeldt, Th., Schmid, J. u. Feldmeier, F.: Beurteilung der Tauwassergefahr bei Bauanschlüssen. In: Fenster und Fassade, H. 2, 1987.

Eisenbiegler, G.: Zur Biegebeanspruchung in durchlaufenden Treppenspindeln. In: Beton- und Stahlbetonbau, H. 4, 1981.

Fitzner, B.: Erfassung und Beurteilung von Verwitterungsschäden an Sandsteinen. In: BB, Sonderheft "Bausubstanzerhaltung in der Denkmalpflege", 1986.

Foramitti, H.: Elementarschäden an Altbauten und der Preis der Sicherheit in solchen Bauten. Wien: FGW 1981. (= Schriftenreihe der FGW. H. 91.)

Forschungsinstitut des Vereines der Österreichischen Zementfabrikanten (Hrsg.): Untersuchungen an Natursteinen des Wiener Domes St. Stefan. Forschungsbericht. Wien 1987.

Forum Mängel und Qualität im Bauwesen (Hrsg.): Baumängel. Behebung und Vorbeugung. H. 3: Witterungsbeanspruchung und Wasserdampfdiffusion. Zürich: Baufachverlag 1981.

Freingruber, H.C.: Anwendung des neuen Sicherheitskonzeptes im Bereich des Holzbaues. Vorteile und Vergleich mit der bisherigen Bemessungspraxis. Besonderheiten des Holzbaues. In: ÖIAZ, Jg. 132, H. 9, 1987.

Freudenthal, A.M.: Die Sicherheit der Baukonstruktionen. In: Acta Techn. Hung., Nr. 46, 1964.

Frey, K.: Erfassung von Altbaumängeln. In: DBZ, Nr. 8, 1979.

Frey, K., Spitzer, J. u. Stanzel, W.: Kritische Erprobung von Energiesanierung an Altwohnbauten. Graz: Institut für Umweltforschung 1986.

Fricke, J. et al.: Schall und Schallschutz. Grundlagen und Anwendungen. Weinheim: Physik-Verlag 1983.

Furler, R. u. Thürlimann, B.: Versuche über die Rotationsfähigkeit von Backsteinmauerwerk. Zürich: Institut für Baustatik und Konstr. der ETH Zürich 1977. (= Bericht. Nr. 7502-1.)

Gemert van, D.: Eine neue Methode zur Qualitätssicherung einer Mauerwerksverfestigung. In: BB, Jg. 11, H. 3, 1988.

Gerner, M.: Fachwerk. Entwicklung, Gefüge, Instandsetzung. Stuttgart: Deutsche Verlags-Anstalt 1985.

Gertis, K.A.: Steinzerstörung aus bauphysikalischer Sicht. Ist mangelhafter Regenschutz schuld? In: BB, Sonderheft "Bausubstanzerhaltung in der Denkmalpflege", 1986.

Gertis, K. u. Hauser, G.: Instationärer Wärmeschutz. Untersuchungen, durchgeführt im Auftrage des Bundesministers für Raumordnung, Bauwesen und Städtebau und der Stiftung für Forschungen im Wohnungs- und Siedlungswesen, Berlin. Berlin, München u. Düsseldorf: W. Ernst u. Sohn 1975. (= Berichte aus der Bauforschung. H. 103.)

Glos, P.: Was darf der Holzbau von dem neuen probabilistischen Sicherheitskonzept erwarten? In: Bauen mit Holz, Nr. 1, 1983.

Gösele, K.: Schallschutz im Mauerwerksbau. In: Mauerwerk-Kalender. Berlin: Ernst u. Sohn 1988.

Gösele, K. u. Schüle, W.: Schall-Wärme-Feuchte. Grundlagen, Erfahrungen und praktische Hinweise für den Hochbau. Wiesbaden u. Berlin: Bauverlag 1983. (= Veröffentlichung der Forschungsgemeinschaft Bauen und Wohnen Stuttgart. Bd. 75.)

Grogan, J.C. u. Conway, J.T. (Hrsg.): Masonry. Research, Application and Problems. Symposium 1983. American Society for Testing and Materials 1985.

Grossner, D.: Tierische Holzschädlinge. Lebensbedingungen und Erkennung. In: BB, Jg. 7, H. 1, 1984.

Hähnle, O.: Baustoff-Lexikon. Stuttgart: Deutsche Verlags-Anstalt 1961.

Haferland, F.: Bauschäden an Außenwänden und Dächern. Stuttgart: Deutsche Verlags-Anstalt 1985.

Hampe, E. et al.: Bauliche Rekonstruktionen in der Industrie. Berlin: Bauinformation der DDR 1982. (= Bauforschung - Baupraxis. Nr. 111.)

Heimeshoff, B.: Zur statischen Berechnung des Kehlbalkendaches mit unverschieblichen Kehlbalken. In: BT, Jg. 46, H. 6, 1969.

Heindl, W. et al.: Wärmebrücken. Grundlagen, einfache Formeln, Wärmeverluste, Kondensation, 100 durchgerechnete Baudetails. Wien u. New York: Springer 1987.

Henning, O. u. Oelschläger, A.: Bindebaustoff-Taschenbuch. Bd. 1: Eigenschaften, Prüfverfahren, Untersuchungsmethoden. Berlin: VEB Verlag für Bauwesen 1983.

Henning, O. u. Knöfel, D.: Baustoffchemie. Eine Einführung für Bauingenieure und Architekten. 3. Aufl. Wiesbaden u. Berlin: Bauverlag 1982.

Hertwig, A.: Die Eisenbahn und das Bauwesen. In: TG, Bd. 24, 1935.

Hierl, J. u. Rasch, C.: Die Dauerstandfestigkeit von Mauerwerk. In: Berichte aus der Bauforschung, H. 89. Berlin, München u. Düsseldorf: W. Ernst u. Sohn 1973.

Historisches Museum der Stadt Wien (Hrsg.): 37. Sonderausstellung: Beispiele früher Ingenieurbauten in Wien. Eisenkonstruktionen. (Katalog.) 26.3.-27.4.1975, Wien.

Holzapfel, W.: Werkstoffkunde für Dach-, Wand- und Abdichtungstechnik. Köln-Braunsfeld: R. Müller 1984.

Hund, F.: Geschichte der physikalischen Begriffe. Teil 1: Die Entstehung des mechanischen Naturbildes. Mannheim, Wien u. Zürich: Bibliographisches Institut 1978.

Institut für Bauforschung Hannover (Hrsg.): k-Werte alter Bauteile. Arbeitsunterlagen zur Rationalisierung wärmeschutztechnischer Berechnungen bei der Modernisierung. RG-Bau 1983.

IVBH (Hrsg.): Berichte der Arbeitskommissionen. JCSS Joint Committee on Structural Safety. General Principles. General Principles on Reliability for Structural Design. Bd. 35. IVBH ETH Hönggerberg/Zürich, 1981.

*Janotta, O.: Zerstörungsfreie Prüfung von Holzdecken. Zustandsfeststellung. 1. Teil.
In: ÖGEB (Hrsg.): Erhaltung und Erneuerung von Bauten. Bd. 1. Wien 1986.*

*Janowski, Z. u. Amin, Z.: Verstärkung der Wände und der Stützen aus Ziegelmauerwerk.
In: Kolloquiumsbericht "Rekonstruktion im Industrie- und Wohnungsbau". Leipzig 1987.
(= Wissenschaftliche Berichte der Technischen Hochschule Leipzig.)*

*Jegorow, M.N.: Zum Entwicklungsstand eines Traglastverfahrens für den Mauerwerksbau.
In: Ziegelindustrie, H. 8, 1972.*

Johannsen, O.: Geschichte des Eisens. Düsseldorf: Stahleisen 1953.

*Jornet, A. u. Romer, A.: Erarbeitung von Grundlagen für die Sanierung von Naturstein.
In: BB, Jg. 9, H. 3, 1986.*

Kavyrchine, M.: Inspection and Monitoring. In: IVBH-R, Vol. 45, IVBH ETH Hönggerberg/Zürich, 1983.

Kirtschig, K.: Mauerwerk nach DIN 1053, Teil 2. In: Mauerwerk-Kalender, 1985.

Kirtschig, K. et al.: Zur Berechnung der Tragfähigkeit von Mauerwerk mit Hilfe von Spannungsdehnungslinien. In: Documentation - 3. Internationale Mauerwerkskonferenz vom 8.-11.4.1973, Essen.

*Klement, P. u. Tschemmernegg, F.: Die Anwendung des neuen Sicherheitskonzeptes im Stahlbau.
In: ÖIAZ, Jg. 132, H. 9, 1987.*

Knöfel, D.: Stichwort Baustoffkorrosion. 2. Aufl. Wiesbaden u. Berlin: Bauverlag 1982.

Knöfel, D.: Bautenschutz mineralischer Baustoffe. Wiesbaden u. Berlin: Bauverlag 1979.

*Köneke, R.: Schäden am Haus. Ursachen, Beseitigung, Kosten.
Köln-Braunsfeld: R. Müller 1985.*

Köneke, R.: Feuchteschäden im Haus. Erkennen, beheben, vermeiden. Köln: R. Müller 1988.

*Köneke, R.: Schäden an Balkonen, Loggien, Laubengängen. Erkennen, beheben, vermeiden.
Köln: R. Müller 1988.*

*König, G. u. Heunisch, M.: Zur statistischen Sicherheitstheorie im Stahlbetonbau.
Berlin, München u. Düsseldorf: W. Ernst u. Sohn 1972.
(= Mitteilungen aus dem Institut für Massivbau der Technischen Hochschule Darmstadt. H. 16.)*

Kolbitsch, A. u. Harm, J.: Keller. Wien 1985. (= Schriftenreihe des Ordinariates für Hochbau der TU Wien. Bd. 3.)

Kolbitsch, A.: Verstärkung von Bauwerken. Diagnose und Behandlung. In: Wohnbauforschung in Österreich. (= Schriftenreihe der FGW. Nr. 3/4, 1984.)

*Kolbitsch, A.: Deckensysteme und Deckensanierungen in Altbauten. Eine Übersicht.
In: ÖGEB (Hrsg.): Erhaltung und Erneuerung von Bauten. Bd. 1. Wien 1986.*

*Kolbitsch, A.: Untersuchung und Sanierung von Holzdecken in Wohnbauten der Gründerzeit.
In: Renovation, H. 1, 1987.*

Kolbitsch, A.: Außenwandkonstruktionen von Gründerzeitbauten. Charakteristik und Sanierungsansätze. In: Baumagazin, H. 4, 1987.

Kolbitsch, A.: Deckenverstärkung und -erneuerung bei durchgehend genutzten Gebäuden.
In: IVBH-Kongreß-Bericht, 13. Kongreß, Helsinki, 1988. IABSE/ETH Zürich (Hrsg.), 1988.

Kolbitsch, A.: Zustandsbewertung von Holzbauteilen in Wohnbauten des 19. Jahrhunderts.
In: IVBH-Kongreß-Bericht, 13. Kongreß, Helsinki, 1988. IABSE/ETH Zürich (Hrsg.), 1988.

Konarski, B. u. Wazny, J.: Zusammenhang zwischen der Ultraschallgeschwindigkeit und den mechanischen Eigenschaften pilzbefallenen Holzes.
In: Holz als Roh- und Werkstoff, Nr. 35, 1977.

Kovac, W.: Hölzerne Dachkonstruktionen von Gründerzeithäusern. Diplomarbeit, ausgeführt am Institut für Hochbau und Industriebau der Technischen Universität Wien.
Wien: Technische Universität 1988.

Koziol, F. et al.: Handbuch zur Instandsetzung und Verbesserung von Altbauten. Wien: IB 1986.

Krause, R.: Fachwerkbauten. Berlin: Bauinformation der DDR.
(= Bauforschung - Baupraxis. Nr. 172.)

Krawietz, A.: Materialtheorie. Mathematische Beschreibung des phänomenologischen thermomechanischen Verhaltens. Berlin, Heidelberg u. New York: Springer-Verlag 1986.

Kremnitzer, P. et al.: Wiedererlangung der Tragfähigkeit von Holzdecken in Altbauten. Forschungsarbeit. Wien: Österreichisches Kunststoffinstitut und Österreichisches Holzforschungsinstitut 1987.

Krumbein, W.E. u. Schönborn-Krumbein, C.E.: Biogene Bauschäden. Anamnese, Diagnose und Therapie in Bautenschutz und Denkmalpflege. In: BB, Jg. 10, H. 3, 1987.

Künzel, H.: Sind wirklich Schadstoffe aus der Luft an der fortschreitenden Zerstörung unserer Denkmäler schuld? In: BB, Jg. 10, H. 4, 1987.

Künzel, H.: Mechanismen der Steinschädigung bei Krustenbildung. Erklärung auf Grund von Erfahrungen mit modernen Außenbeschichtungen. In: BB, Jg. 11, H. 2, 1988.

Künzel, H. u. Böhm, H.: Außenseitige Wärmedämmung von Außenwänden in Verbindung mit mineralischen Putzen. Stuttgart: IRB-Verlag 1986.

Kuipers, J.: Langzeitversuche mit Holzverbindungen. In: Bauen mit Holz, Nr. 5, 1983.

Lamer, P.: Amélioration de l'Isolation Thermique des Briques Creuses. Les Briques G.
In: Proceedings - 4. Internationale Mauerwerkskonferenz vom 26.- 28.4.1976, Brugge.

Lampe, J.: Außen- und Innenwände - bauphysikalische Kennwerte.
Köln-Braunsfeld: R. Müller 1981.

Larsen, H.J.: Internationale Holznormenarbeit. In: Bauen mit Holz, Nr. 7, 1983.

Lensch, G.: Natursteinzerfall und Natursteinsanierung an Bauwerken des Saar-Nahe-Raumes.
In: BB, Jg. 11, H. 1, 1988.

Lenz, P.: Konstruktionsprinzipien alter Natursteinstiegen. Diplomarbeit, ausgeführt am Institut für Hochbau und Industriebau der TU Wien. Wien 1987.

Lo Bianco, M. u. Mazzarella, C.: Limit Load of Masonry Structures.
In: IVBH-R, Vol. 46, IVBH ETH Hönggerberg/Zürich, 1983.

Mainka, G. - W. u. Paschen, H.: Wärmebrückenkatalog. Tafeln mit Temperaturverläufen, Isothermen und Angaben über zusätzliche Wärmeverluste. Stuttgart: B.G. Teubner 1986.

Malhotra, S.K.: Structural Design Considerations in Strengthening of Timber Buildings. In: IVBH-R, Vol. 46, IVBH ETH Hönggerberg/Zürich, 1983.

Maniecki, G.: Umbau alter Häuser. Konstruktion, Tragverhalten, Berechnung. Köln-Braunsfeld: R. Müller 1983.

Mann, W.: Verformungen als Schadensursache im Hochbau. In: DBZ, Nr. 11, 1980.

Mann, W.: Grundlagen für die ingenieurmäßige Bemessung von Mauerwerk nach DIN 1053, Teil 2. In: Mauerwerk-Kalender, 1985.

Mann, W.: Grundlagen der vereinfachten Bemessung von Mauerwerk nach DIN 1053, Teil 1, Entwurf 1987. In: Mauerwerk-Kalender. Berlin: Ernst u. Sohn 1988.

Mann, W.: Grundlagen für die ingenieurmäßige Bemessung von Mauerwerk nach DIN 1053, Teil 2. In: Mauerwerk-Kalender. Berlin: Ernst u. Sohn 1988.

Martak, L.: Hochdruckbodenvermörtelung aus grundbautechnischer Sicht. In: ZuB, Jg. 31, H. 2, 1986.

Maydl, P.: Prüfung von Mauerwerk in situ und in der Versuchsanstalt. In: ÖGEB (Hrsg.): Erhaltung und Erneuerung von Bauten. Bd. 1. Wien 1986.

Mayer, J.: Statische und dynamische Probleme bei der Instandsetzung historischer Kirchen. In: BB, Jg. 10, H. 1, 1987.

Mehling, G. (Hrsg.): Natursteinlexikon. München: D.W. Callwey 1986.

Mehrtens, G.: Eisen und Eisenkonstruktionen in geschichtlicher, hüttentechnischer und technologischer Beziehung. Teil A: Allgemeine Geschichte des Eisens und der eisernen Tragwerke. Hrsg. v. E. Werner. Duisburg: W. Braun 1977.

Meisel, U.: Naturstein. Erhaltung und Restaurierung von Außenbauteilen. Wiesbaden u. Berlin: Bauverlag 1988.

Metje, W.-R.: Zur Feststellung der Tragfähigkeit von ausgeführtem Mauerwerk. Untersuchungsmethoden, Beurteilungen. In: BB, Jg. 11, H. 1, 1988.

Mignot, C.: Architektur des 19. Jahrhunderts. Stuttgart: Deutsche Verlags-Anstalt 1983.

Mislin, M.: Geschichte der Baukonstruktion und Bautechnik. Von der Antike bis zur Neuzeit. Eine Einführung. Düsseldorf: Werner 1988.

Möller, G.: Tabellenwerte zur Bemessung von zusammengesetzten Holz-Stahl-Querschnitten. In: BT, Jg. 46, H. 1, 1969.

Natterer, J. u. Hoeff, M.: Zum Tragverhalten von Holz-Beton-Verbundkonstruktionen. Lehrstuhl für Holzkonstruktionen der ETH Lausanne 1987. (= Forschungsbericht CERS. Nr. 1345.)

Neue Heimat Berlin (Hrsg.): Techniken der Instandsetzung und Modernisierung im Wohnungsbau. Grundsätze, Methoden und Details, dargestellt an den Sanierungsgebieten Berlin - Schöneberg und Charlottenburg. Berlin u. Wiesbaden: Bauverlag 1981.

Neuhold, J.: Fachwerke im Hochbau. Einwirkungen, Trends. Diplomarbeit, ausgeführt am Institut für Hochbau und Industriebau der TU Wien. Wien 1983.

Niesel, K. u. Schimmelwitz, P.: Zur quantitativen Kennzeichnung des Verwitterungsverhaltens von Naturwerksteinen anhand ihrer Gefügemerkmale. Berlin 1982.
(= BAM-Forschungsbericht. Nr. 86.)

Nischer, P. u. Soretz, S.: Die Prüfstreuung bei der Bestimmung des E-Moduls von Beton. Wien: Bundesministerium für Bauten und Technik 1978. (= Straßenforschung. H. 99.)

Noland, J. u. Atkinson, R.H.: Evaluation of Brick Masonry by Non-Destructive Methods. In: IVBH-R, Vol. 46, IVBH ETH Hönggerberg/Zürich, 1983.

Nordic Committee on Building Regulations (Hrsg.): Guidelines for Loading and Safety Regulations for Structural Design. (= NKB Report. No. 55E/.1987.)

Nowak, B.: Die historische Entwicklung des Knickstabproblems und dessen Behandlung in den Stahlbaunormen. Darmstadt 1981. (= Veröffentlichungen des Institutes für Statik und Stahlbau der TH Darmstadt. H. 35.)

ÖSTV (Hrsg.): Richtlinien für Verbundkonstruktionen im Hochbau. Wien 1985.

Österreichisches Normungsinstitut: Gegenüberstellung ÖNORM-DIN, DIN-ÖNORM. Stand: 1.7.1988. Wien 1988.

Oswald, R. et al.: Außenwände und Fensteranschlüsse. Konstruktionsempfehlungen zur Altbausanierung. Feuchtigkeitsschutz, Wärmeschutz, Oberflächenbehandlung, Tragwerksanierung. Wiesbaden u. Berlin: Bauverlag 1985.

Oxley, T.A. u. Gobert, E.G.: Feuchtigkeit in Gebäuden. Diagnose, Behandlung, Meßgeräte. Köln-Braunsfeld: R. Müller 1986.

Pauser, A. (Hrsg.): Zukunftsorientierter Mauerwerksbau. Seminarbericht. Wien 1984.
(= Schriftenreihe des Ordinariates für Hochbau der TU Wien. H. 2.)

Pauser, A. et al.: Probleme der Tragkonstruktion, Bauphysik, Technologie und Verfahrenstechnik bei der Erneuerung von Altbauten. Wien 1986. (= Schriftenreihe der FGW. H. 103.)

Pauser, A. u. Kolbitsch, A.: Erhöhung der Tragfähigkeit von Holztramdecken. Wien 1985.
(= Schriftenreihe der FGW. H. 101.)

Pauser, A.: Das neue Sicherheitskonzept im Bereich des Mauerwerksbaues. Ein Vergleich mit der bisherigen Bemessungspraxis unter Beachtung der Besonderheiten des Mauerwerksbaues. In: ÖIAZ, H.9, 1987.

Pauser, A.: Sicherheitserwartungen im Bauwesen - Gedanken zur Problematik. In: ZuB, H. 4, 1981.

Pauser, A.: Bauinnovationen im Spiegel der Zeit. In: Stahlbaurundschau, Nr. 65, 1985.

Pauser, A.: Schwerpunkte und technische Aspekte bei der Erhaltung und Erneuerung von Bestandsobjekten. In: Baumagazin, H. 3, 1986.

Pauser, A.: Ein Beitrag zur Entwicklungsgeschichte der zentrumsorientierten Raumtragwerke. In: Porr-Nachrichten, H. 100, 1987.

Pauser, A.: Wertung von Tragsystemen. In: Seminarbericht "Internationales Seminar für Wertung von Industriebauten", Nr. 6, 1985.

Pauser, A.: Entwicklungstendenzen im Hochbau. Grundsätzliche Überlegungen und bauphysikalische Aspekte. In: ZuB, H. 3 u. H. 4, 1983.

Pauser, A.: Entwicklungsgeschichte des Massivbrückenbaues. Wien: ÖBV 1987.

Pauser, A.: Der Einfluß frühgeschichtlicher Vorgaben auf die Brückengestalt von heute. In: Festschrift Prof. Kupfer. München: Technische Universität 1987.

Petzold, K.: Wärmelast. 1. Aufl. Berlin: VEB Verlag Technik 1975. (= Luft- und Kältetechnik. Hrsg. v. G. Heinrich.)

Pflüger, A.: Statik der Stabtragwerke. Berlin, Heidelberg u. New York: Springer 1978.

Pieper, K.: Sicherung historischer Bauten. Berlin u. München: W. Ernst u. Sohn 1983.

Pischl, R.: Verschiedene Aufstellungsarten für die Kurve der zulässigen Knickspannungen im Holzbau. In: Bauen mit Holz, Nr. 3, 1983.

Polonyi, S.: Einige Gedanken über den wissenschaftlichen Stand der Baustatik. Zum 30. Todestag von Emil Mörsch. In: BT, Jg. 58, H. 1, 1981.

Pottharst, R.: Zur Wahl eines einheitlichen Sicherheitskonzeptes für den Konstruktiven Ingenieurbau. Berlin, München u. Düsseldorf: W. Ernst u. Sohn 1974. (= Mitteilungen aus dem Institut für Massivbau der Technischen Hochschule Darmstadt. H. 22.)

Rau, O. u. Braune, U.: Der Altbau. Renovieren - Restaurieren - Modernisieren. Leinefeld-Echterdingen: A. Koch 1985.

Reischl, F.: Die praktischen Verfahren zur Bestandsanalyse von Hochbauten. Forschungsarbeit. Wien 1981.

Rekker, W.: Anwendung der Hochdruckbodenvermörtelung als Unterfangungsmaßnahme. In: ZuB, Jg. 31, H. 2, 1986.

Richtlinie: Druckfestigkeits-Ersatzprüfverfahren für Mauersteine. Fassung: Oktober 1987. In: Ziegelindustrie International, Nr. 6, 1988.

Robert, S. (Hrsg.): Systematische Baustofflehre. Bd. 1. Berlin: VEB Verlag f. Bauwesen 1971.

Rosmann, R.: Plattentreppen. In: DBZ, H. 9, 1982.

Royar, J.: Nachträgliche Wärmedämmung von Außenwänden von Gebäuden. Darmstadt: O. Elsner 1984.

Ruffert, G.: Sanierung historischer Bauwerke mit zementgebundenen Materialien. In: ZuB, Jg. 29, H. 1, 1984.

Rustmeier, H.: Versuche zur Drucktragfähigkeit von Bruchsteinmauerwerk. In: Mauerwerk-Kalender, 1985.

Rybicki, R.: Bauschäden an Tragwerken. Teil 1: Mauerwerksbauten und Gründungen. Düsseldorf: Werner 1978.

Sasse, H.R.: Polymere als Schutzstoffe für Naturstein. Anforderungskriterien und Stand der Entwicklung. In: BB, Sonderheft "Bausubstanzerhaltung in der Denkmalpflege", 1986.

Sasse, H.R.: Baustoffhandbuch der Altbausanierung. Instandhaltung, Instandsetzung, Modernisierung. Darmstadt: O. Elsner 1980.

Schellbach, G. u. Stern, H.: Gütekontrolle von Mauerziegeln durch Eigenüberwachung in den Ziegelwerken mittels indirekter Prüfverfahren. Teil 1. In: Ziegelindustrie International, Nr. 5, 1988.

Schellbach, G. (Bearb.): Empfehlungen für die Bemessung und Ausführung von Mauerwerk. In: Proceedings - 4. Internationale Mauerwerkskonferenz vom 26.- 28.4.1976, Brugge.

Schickert, G. u. Schnitger, D.: Zerstörungsfreie Prüfung im Bauwesen. Tagungsbericht. Berlin: Deutsche Gesellschaft für Zerstörungsfreie Prüfung 1986.

Schießl, P.: Zerstörungsarme Entnahme- und Prüfverfahren zur Aufnahme von Schädigungsprofilen. In: BB, Sonderheft "Substanzerhaltung in der Denkmalpflege", 1986.

Schild, E.: Konstruktionsempfehlungen zur Altbaumodernisierung. Bauteile im Erdreich. Wiesbaden u. Berlin: Bauverlag 1980.

Schild, E. (Hrsg.): Aachener Bausachverständigentage 1984. Wärme- und Feuchtigkeitsschutz von Dach und Wand. Wiesbaden u. Berlin: Bauverlag 1984.

Schmid, H. u. Oswald, F.: Querschnittsbericht Altbaumodernisierung. In: Schriftenreihe 04 "Bau- und Wohnforschung" des Bundesministers für Raumordnung, Bauwesen und Städtebau, H. 04102, 1984.

Schmidt, H.: Trag- und Verformungsverhalten von Bauwerken aufgrund von Probebelastungen. In: IVBH-R, Vol. 46, IVBH ETH Hönggerberg/Zürich, 1983.

Schmitz, H.: Altbaumodernisierung. Konstruktions- und Kostenvergleiche. Köln-Braunsfeld: R. Müller 1984.

Schnackers, P.J.H.: Berechnung von Mauerwerkskonstruktionen. In: BT, Jg. 51, H. 8, 1974.

Schönfeld, G.: Zerstörungsfreie Prüfung von Holzdecken. Zustandsfeststellung - 2. Teil. In: ÖGEB (Hrsg.): Erhaltung und Erneuerung von Bauten. Bd. 1. Wien 1986.

Schubert, P.: Zur Prüfung von Mauerwerk auf Druckfestigkeit und E-Modul nach DIN 18554. In: Mauerwerk-Kalender, 1985.

Schubert, P.: Zur Festigkeit des Mörtels im Mauerwerk. Prüfung, Beurteilung. In: Mauerwerk-Kalender. Berlin: Ernst u. Sohn 1988.

Schüle, W.: Wärmeschutz im Mauerwerksbau. In: Mauerwerk-Kalender. Berlin: Ernst u. Sohn 1988.

Schueller, G.I.: Einführung in die Sicherheit und Zuverlässigkeit von Tragwerken. Berlin u. München: W. Ernst u. Sohn 1981.

Schueller, G.I. u. Bourgund, U.: Über die Notwendigkeit eines umfassenden probabilistischen Sicherheitskonzeptes. In: ÖIAZ, Jg. 132, H. 6, 1987.

Schueller, G.I. u. Bourgund, U.: Entwicklung und Konzeption eines umfassenden semiprobabilistischen Sicherheitskonzeptes für das Bauwesen. In: ÖIAZ, Jg. 132, H. 9, 1987.

Schuhmann, H.: Steinfestigung und Reprofilierung. In: BB, Sonderheft "Bausubstanzerhaltung in der Denkmalpflege", 1986.

Schulze, H.: Hausdächer in Holzbauart. Konstruktion, Statik, Bauphysik. Düsseldorf: Werner 1987.

Sereda, P.J. u. Litvan, G.G. (Hrsg.): Durability of Building Materials and Components. Proceedings of the First International Conference. American Society for Testing and Materials 1980.

Sixdorf, H.-G.: Untersuchungen zur Tragfähigkeitserhöhung von Mauerwerkspfeilern. In: Wissenschaftliche Berichte der Technischen Hochschule Leipzig, Kolloquiumsbericht "Rekonstruktion im Industrie- und Wohnungsbau". Leipzig 1987.

Soretz, S.: Die Entwicklung des Sicherheitskonzeptes für Bauwerke. In: ZuB, H. 4, 1981.

Stehno, G. u. Heregger, G.: Zerstörungsfreie Prüfung von Natursteinstiegen. Forschungsvorhaben. Innsbruck 1987.

Stelzl, H.: Anwendung der Hochdruckvermörtelung zur Herstellung neuer Gründungselemente und als Hohlraumsicherung im Tunnelbau. In: ZuB, Jg. 31, H. 2, 1986.

Straub, H.: Die Geschichte der Bauingenieurkunst. Ein Überblick von der Antike bis in die Neuzeit. Basel u. Stuttgart: Birkhäuser 1964.

Stroh, A.: Zukunftsorientierte Aspekte bei der Entwicklung neuartiger Steinfestigungs- und Steinschutzmittel auf silicium-organischer Basis. In: BB, Sonderheft "Bausubstanzerhaltung in der Denkmalpflege", 1986.

Struck, W.: Statistische Auswertung der Ergebnisse von Versuchen an Bauteilen und Baustoffen. Mitteilung aus der Bundesanstalt für Materialprüfung (BAM) Berlin-Dahlem. In: BT, Jg. 46, H. 3, 1969.

Struck, W.: Ermittlung des Bauteilwiderstandes aus Versuchsergebnissen bei vereinbartem Sicherheitsniveau. Berlin 1979. (= BAM-Forschungsbericht. Nr. 58.)

Sutter, H.P.: Holzschädlinge an Kulturgütern erkennen und bekämpfen. Bern u. Stuttgart: P. Haupt 1986.

Szabo, I.: Die Geschichte der Materialkonstanten der linearen Elastizitätstheorie homogener isotroper Stoffe. In: BT, Jg. 51, H. 1, 1974.

Szabo, I.: Die ursprünglichen Fassungen einiger Gesetze der Mechanik. In: BT, Jg. 45, H. 1, 1968.

Szabo, I.: Geschichte der mechanischen Prinzipien und ihre wichtigsten Anwendungen. Basel, Boston u. Stuttgart: Birkhäuser 1987.

Szabo, I.: Die Grundlegung der linearen Elastizitätstheorie für homogene und isotrope Körper. In: TG, Bd. 40, Nr. 4, 1973.

Szabo, P.: Neue Ergebnisse aus Mauerwerksversuchen in der Prüf- und Forschungsstelle der Schweizerischen Ziegelindustrie. In: Ziegelindustrie, H. 6, 1972.

Szabo, P.: Einfluß der Steinformate auf die Tragfähigkeit und Schubfestigkeit des Mauerwerks. In: Documentation - 3. Internationale Mauerwerkskonferenz vom 8.-11.4.1973, Essen.

Szabo, P.: Luftschallisolation von Backsteinwänden. In: Proceedings - 4. Internationale Mauerwerkskonferenz vom 26.-28.4.1976, Brugge.

Tassios, T.P.: Physical and Mathematical Models for Re-design of Damaged Structures. In: IVBH-R, Vol. 45, IVBH ETH Hönggerberg/Zürich, 1983.

Tauscher, H.: Dauerfestigkeit von Stahl und Gußeisen. Leipzig: VEB Fachbuchverlag 1982.

Teuber, A.: Prüffähige statische Hochbauberechnungen in Zahlenbeispielen. 5. Aufl. Düsseldorf: Werner 1982.

Torraca, G.: Poröse Baustoffe. Eine Materialkunde für die Denkmalpflege. Wien: Der Apfel 1986.

Treue, W. u. Mauel, K. (Hrsg.): Naturwissenschaft, Technik und Wirtschaft im 19. Jahrhundert. Göttingen: Vandenhoeck u. Ruprecht 1976.

Troche, A.: Zur Berechnung hölzerner Hängewerke. In: Der Bauingenieur, Jg. 26, H. 1, 1951.

Tschegg, E., Heindl, W. u. Sigmund, A.: Grundzüge der Bauphysik, Akustik, Wärmelehre, Feuchtigkeit. Wien u. New York: Springer-Verlag 1984.

Tschötschel, M.: Zuverlässigkeitstheoretische Untersuchungen zur Tragfähigkeit von Mauerwerk. In: Wissenschaftliche Berichte der Technischen Hochschule Leipzig, Kolloquiumsbericht "Rekonstruktion im Industrie- und Wohnungsbau". Leipzig 1987.

Ude, H.: Zur Geschichte der Eisenbahnwerkstoffe. In: TG, Bd. 24, 1935.

Usemann, K.W.: Die baugeschichtliche Entwicklung der Außenwand. In: Bauphysik, Nr. 5, 1987.

Valentin, G. u. Wicke, M.: Das neue Sicherheitskonzept als Grundlage für konstruktive ÖNORMEN. Anwendung im Betonbau. In: ÖIAZ, H. 9, 1987.

Waubke, N.: Wärmeschutz und Fassadengestaltung. Berlin u. München: W. Ernst u. Sohn 1984.

Weber, H.: Fassadenschutz und Bausanierung. Der Leitfaden für Sanierung, Konservierung und Restaurierung von Gebäuden. Grafenau: Expert 1986. (= Kontakt u. Studium/Bauwesen. Bd. 40.)

Weber, H.: Steinkonservierung. Grafenau: Expert 1985. (= Kontakt u. Studium/Bauwesen. Bd. 59.)

Weber, H.: Wechselwirkung Wärmeschutz und Schallschutz. Eschborn 1984. (= Schriftenreihe der Rationalisierungs-Gemeinschaft Bauwesen im Rationalisierungs-Kuratorium der Deutschen Wirtschaft. H. 23.)

Wehdorn, M.: Die Bautechnik der Wiener Ringstraße mit einem Katalog technischer Bauten und Anlagen in der Ringstraßenzone. Wiesbaden: F. Steiner 1979. (= Die Wiener Ringstraße. Bild einer Epoche. Hrsg. v. R. Wagner-Rieger. Bd. 11.)

Wellenstein, R.: Prüfplan für die Druckfestigkeit von Hohlblocksteinen, Vollsteinen und Vollblöcken aus Leichtbeton. DIN 18151 und DIN 18152. In: Betonwerk und Fertigteil-Technik, H. 6, 1986.

Wendehorst, R.: Baustoffkunde. 22. Aufl. Hannover: C.R. Vincentz 1986.

Wenzel, F.: Structural Problems Connected with Restoration and Strengthening. In: IVBH-R, Vol. 46, IVBH ETH Hönggerberg/Zürich, 1983.

Wenzel, F.: Erhalten historisch bedeutsamer Bauwerke. Jahrbuch 1985.
Berlin u. Wiesbaden: W. Ernst u. Sohn 1986.

Wenzel, F.: Erhalten historisch bedeutsamer Bauwerke. Jahrbuch 1986.
Berlin u. Wiesbaden: W. Ernst u. Sohn 1987.

Wenzel, F.: Verbesserung von Mauerwerk durch Zementinjektion bzw. durch Vernadelung und Zementinjektion. Forschungsarbeit. Institut für Tragkonstruktionen der Universität Karlsruhe 1981.

Werner, E.: Technisierung des Bauens. Geschichtliche Grundlagen moderner Bautechnik. Düsseldorf: Werner 1980.

Werner, E.: Die Gießhalle der Sayner Hütte. In: Zentralblatt für Industriebau, Nr. 6, 1973.

Wesche, K.: Baustoffe für tragende Bauteile. Bd. 1: Baustoffkenngrößen, Meßtechnik, Statistik. Wiesbaden u. Berlin: Bauverlag 1977.

Wessig, J.: Stichwort Mauern. Materialkunde und handwerkliche Ausführung. Berlin u. Wiesbaden: Bauverlag 1983.

Wihr, J.: Restaurierung von Steindenkmälern. München: Callwey 1980.

Winkler, U.: Schallschutz als Teil der integrierten Bauphysik. In: Documentation - 3. Internationale Mauerwerkskonferenz vom 8.- 11.4.1973, Essen.

Winkler, U. u. Eggenberger, A.: Meßtechnische Bewertung der Temperaturträgheit von Außenwandelementen. In: Proceedings - 4. Internationale Mauerwerkskonferenz vom 26.-28.4.1976, Brugge.

Wisser, S. u. Knöfel, D.: Untersuchungen an historischen Putz- und Mauermörteln. In: BB, Jg. 10, H. 3, 1987.

Zapke, W. u. Ebert, H.: k-Werte alter Bauteile. Arbeitsunterlagen zur Rationalisierung wärmeschutztechnischer Berechnungen bei der Modernisierung. Eschborn 1983. (= Schriftenreihe der Rationalisierungs-Gemeinschaft Bauwesen im Rationalisierungs-Kuratorium der Deutschen Wirtschaft. H. 22.)

ANHANG: ZEICHEN BZW. ABKÜRZUNGEN

ZEICHEN	KAPITEL	BEDEUTUNG	DIMENSION
A	1...9	FLÄCHE, QUERSCHNITTSFLÄCHE	m^2 (mm^2, cm^2)
B	3	ZUFALLSGRÖSSE, DEREN REALISATIONEN β – WERTE SIND	
C	5, 8	FEDERKONSTANTE	kN/mm
C	9	SPEZIFISCHE WÄRME	Wh/kgK
d	3	KORNDURCHMESSER	mm
d	7	NIET-, SCHRAUBEN-, BOLZENDURCHMESSER	mm
d	9	SCHICHTSTÄRKE	m
E	3	ELASTIZITÄTSMODUL (ALLGEMEIN)	N/mm^2
E_e	4	ELASTIZITÄTSMODUL (BEWEHRUNGSEISEN, ZUG)	N/mm^2
$E_{e,k}$	4	ELASTIZITÄTSMODUL (BEWEHRUNGSEISEN, DRUCK)	N/mm^2
$E_{b,D}$	4	ELASTIZITÄTSMODUL (BETON, DRUCK)	N/mm^2
E_Z	3	ELASTIZITÄTSMODUL (ALLGEMEIN, ZUG)	N/mm^2
$E(x)$	3	ERWARTUNGSWERT	( )
f	4, 6	PFEILHÖHE	m
$\tilde{f}(x)$	2	RELATIVE HÄUFIGKEIT VON STICHPROBEN	–
f_0	5	EIGENFREQUENZ	Hz
$f_x(x)$	2	WAHRSCHEINLICHKEITSFUNKTION	–
G	7, 8	SCHUBMODUL	N/mm^2
G	8	EIGENGEWICHT (EINZELLAST)	kN
g	3	EIGENGEWICHT (FLÄCHENLAST)	kN/m^2
g'	3	EIGENGEWICHT (LINIENLAST)	kN/m
g	9	GESAMTENERGIEDURCHLASSGRAD	–
H	6	HORIZONTALE EINZELKRAFT	kN
K	8	DREHFEDERKONSTANTE	kNm
k	9	k-WERT (WÄRMEDURCHGANGSKOEFFIZIENT)	$W/m^2 K$
$k_{creep(kriech)}$	3, 5	KRIECHBEIWERT, HOLZ	–
l	5, 7	SPANNWEITE (TRÄGER, BALKEN)	m
m_x	2	MITTELWERT EINER VERTEILUNG	( )
n	3	ANZAHL DER BELASTETEN GESCHOSSDECKEN	–
P	1...8	EINZELLAST (ALLGEMEIN), NUTZLAST	kN
P_E	1	KNICKLAST (EULER)	kN
P_K	1	KNICKLAST	kN
p	3...8	NUTZLAST (FLÄCHENLAST)	kN/m^2
p'	5	NUTZLAST (LINIENLAST)	kN/m
p_f	2	VERSAGENSWAHRSCHEINLICHKEIT	
Q	8	GESAMTLAST (EINZELLAST)	kN
R	2	"RESISTANCE" RESULTIERENDER BAUTEILWIDERSTAND	( )

ZEICHEN	KAPITEL	BEDEUTUNG	DIMENSION
R^*	2	BEMESSUNGSWERT DES BAUTEILWIDERSTANDES	( )
R_P	2	CHARAKTERISTISCHER WERT (WIDERSTAND)	( )
R_W	9	BEWERTETES SCHALLDÄMMASS	dB
REL LF	9	RELATIVE LUFTFEUCHTIGKEIT	%
$\bar{R}_V$	3	MITTELWERT EINER VERSUCHSREIHE	( )
S	2	" STRESS " RESULTIERENDE EINWIRKUNG	( )
S^*	2	BEMESSUNGSWERT DER EINWIRKUNG	( )
S_q	2	CHARAKTERISTISCHER WERT (EINWIRKUNG)	( )
s	4, 9	MAUERSTÄRKE, SCHICHTSTÄRKE	m
s	4	SETZUNG	mm
s	4, 6	SPANNWEITE (BÖGEN, GEWÖLBE)	m
s	7	SCHNEELAST (FLÄCHENLAST)	kN/m^2
T	5	SCHWINGUNGSZEIT	s
t	4	ZEIT	s (d, a)
TAV	9	TEMPERATURAMPLITUDENVERHÄLTNIS	–
V	2, 3	VARIATIONSKOEFFIZIENT	–
V	4	VORSPANNKRAFT	kN
V	6	VERTIKALE EINZELKRAFT	kN
W (..)	3	WAHRSCHEINLICHKEIT, DASS (..)	–
$\bar{x}$	2, 3	MITTELWERT EINER STICHPROBE	( )
Z	2	GRENZZUSTANDSFUNKTION	( )
Z	7	ZUGKRAFT	kN
z	5	DURCHBIEGUNG	m (mm, cm)
zul X	1 .. 9	ZULÄSSIGER WERT (NORM, NACHWEIS DER GEBRAUCHSTAUGLICHKEIT..)	( )
α	3	LINEARER WÄRMEAUSDEHNUNGSKOEFFIZIENT	K^{-1}
α_R, α_S	2	WICHTUNGSFAKTOREN	–
ß	2	SICHERHEITSABSTAND, SICHERHEITSKOEFFIZIENT	–
$ß_{bZ}$	3	BRUCHFESTIGKEIT (BIEGUNG)	N/mm^2
$ß_D$	3	BRUCHFESTIGKEIT (DRUCK)	N/mm^2
$ß_M$	4	BRUCHFESTIGKEIT (MAUERWERK, DRUCK)	N/mm^2
$ß_m$	4	BRUCHFESTIGKEIT (MÖRTEL, DRUCK)	N/mm^2
$ß_S$	3	BRUCHFESTIGKEIT (ABSCHEREN)	N/mm^2
$ß_S$	3	QUETSCH–, STRECKGRENZE	N/mm^2
$ß_S$	4	BRUCHFESTIGKEIT (STEIN, DRUCK)	N/mm^2
$ß_Z$	3	BRUCHFESTIGKEIT (ZUG)	N/mm^2

ZEICHEN	KAPITEL	BEDEUTUNG	DIMENSION
γ	2	KONFIDENZZAHL, " SICHERHEIT " (ALLGEMEIN)	–
γ_S^G	2	TEILSICHERHEITSBEIWERT DER STÄNDIGEN LASTEN	–
γ_S^Q	2	TEILSICHERHEITSBEIWERT DER VERÄNDERLICHEN LASTEN	–
γ_m	2	TEILSICHERHEITSBEIWERT DER WIDERSTANDSSEITE	–
Δx	2..9	DIFFERENZ (MESS) WERT	( )
δ	3	NICHTZENTRALITÄTSPARAMETER EINER VERTEILUNG	–
δ	3, 6, 7	BLECHSTÄRKE	mm
η	3	ABMINDERUNGSFAKTOR FÜR NUTZLASTEN	–
ϑ	9	TEMPERATUR	K, °C
$\hat{\vartheta}$	9	AMPLITUDENWERT DER TEMPERATUR	K, °C
λ	1, 3	SCHLANKHEIT	–
λ	9	WÄRMELEITFÄHIGKEIT	W/mK
μ	9	(WASSERDAMPF) DIFFUSIONSWIDERSTANDS-FAKTOR	–
ν	1	VERFORMUNG QUER ZUR DRUCKKRAFT (KNICKEN)	m
ρ	1	KRÜMMUNGSRADIUS (BIEGUNG)	m
ρ	3	ROHDICHTE	kg/m^3
σ	1..8	SPANNUNG, ALLGEMEIN (GEBRAUCHSZUSTAND) (FUSSNOTEN WIE BRUCHFESTIGKEITEN)	N/mm^2
σ_K	3	DRUCKSPANNUNG BEI KNICKBEANSPRUCHUNG	N/mm^2
σ_L	7	LOCHLAIBUNGSSPANNUNG	N/mm^2
σ_x	2	STANDARDABWEICHUNG EINER VERTEILUNG	–
τ	3	SCHUBSPANNUNG	N/mm^2
$\Phi_{(n)}$	2	(TAFELWERT DER) NORMALVERTEILUNG	–
φ	9	PHASENVERSCHIEBUNG (TEMPERATURAMPLITUDE)	h
$\psi_{i,j}$	2	KOMBINATIONSBEIWERTE (EINWIRKUNG)	–

LEGENDE ZU DIMENSIONEN

  – ..... DIMENSIONSLOS

  ( ).. UNTERSCHIEDLICHE DIMENSIONEN MÖGLICH

NAMEN- UND SACHVERZEICHNIS

Neues unterm Dach!

Vary frame von MABA,
das System für den
Dachausbau.

Ein neues System:

Trägerrost und Abdeckplatten aus Beton!
Der Trägerrost wird aus einzelnen Rahmen zusammengesetzt. Ein Rahmen besteht aus 2 Elementen: dem geraden Riegel und dem geknickten Stiel.
Die Elemente werden nach Ausbauplan angefertigt. Sie sind mit kreisförmigen Durchlässen versehen: das bringt Gewichtsersparnis und die Möglichkeit, Kollektoren für Elektro- und Sanitärinstallationen zu führen.

Was kann es?

Die Fertigteile sind in Trockenbauweise zu versetzen.
Die Bauweise ist sauber und kommt ohne große Baustelle vor dem Haus aus.
Leichte Manipulierbarkeit durch geringe Abmessungen.
Die Montage erfolgt rasch und problemlos.
Allseitig elektrisch und sanitär zu vernetzen.

Hoher Brandwiderstand F90.
Gutes thermisches Speichervermögen und hohe Wohnqualität.

Die Anwendung

- Ausbau des bestehenden Dachraumes, wenn Dachhaut und Dachstuhl erhaltenswert sind.
- Neubau eines Dachgeschosses durch schrittweisen Ersatz des alten Daches durch die neue Konstruktion.
- Aufstockung eines Geschosses, wenn eine rasche Baudurchführung angestrebt wird.
- Neubau eines eigenständigen Bauwerkes für endgültigen oder vorübergehenden Bestand. (Von der Lagerhalle — max. Spannweite 10 m — bis hin zum Verwaltungsbau.)

Unser Spezialisten informieren Sie umfassend.

Rufen Sie uns an!   **Tel.-Nr. 02622/23 179**

Christian Menn

Stahlbetonbrücken

1986. 514 Abbildungen. XV, 533 Seiten.
Gebunden DM 158,–, öS 1.100,–. ISBN 3-211-81936-3

Preisänderungen vorbehalten

Das vorliegende Buch vermittelt einen Überblick über die Grundlagen und den heutigen Stand der Technik im Stahlbetonbrückenbau.

Aus der ausführlichen Darstellung der Entwurfsgrundlagen und -ziele ist ersichtlich, welche Aspekte bei der Projektierung und Ausführung von Stahlbetonbrücken besonders zu beachten sind. Die vorgeschlagenen Berechnungsmodelle und -methoden für den Nachweis der Tragsicherheit und der Gebrauchsfähigkeit sind einfach, übersichtlich und praxisnah dargestellt und liefern ausreichend genaue Ergebnisse. Großes Gewicht wurde auf die Erläuterung und die Lösung der bezüglich Dauerhaftigkeit besonders wichtigen konstruktiven Probleme gelegt. In Anbetracht der vielen grundsätzlichen Überlegungen und Hinweise leistet das vorliegende Buch auch dem Stahlbetonkonstrukteur, der sich nicht direkt mit Brückenbau befaßt, wertvolle Dienste.

Springer-Verlag
Wien New York

Mölkerbastei 5, A-1010 Wien · Heidelberger Platz 3, D-1000 Berlin 33 · 175 Fifth Avenue, New York, NY 10010, USA ·
37-3, Hongo 3-chome, Bunkyo-ku, Tokyo 113, Japan